육군 부사관

필기평가

최단기 문제풀이

Preface

군의 중추 역할을 하는 부사관은 스스로 명예심을 추구하여 빛남으로 자긍심을 갖게 되고, 사회적인 인간으로서 지켜야 할 도리를 지각하면서 행동할 수 있어야 하며, 개인보다는 상대를 배려할 줄 아는 공동체 의식을 견지하며 매사 올바른 사고와 판단으로 건설적인 제안을 함으로써 내가 속한 부대와 군에 기여하는 전문성을 겸비한 인재들이다. 또한 부사관은 국가공무원으로서 안정된 직장, 군 경력과 목돈 마련, 자기발전의 기회 제공, 전문분야에서의 근무가능, 그 밖의 다양한 혜택 등으로 해마다 그 경쟁은 치열해지고 있으며 수험생들에게는 선발전형에 대한 철저한 분석과 꾸준한 자기관리가 요구되고 있다.

이에 본서는 현재 시행되고 있는 시험유형과 출제기준을 분석하여 다음과 같은 구성으로 출간하였다. 먼저 PART 1에는 지적능력평가 영역인 공간능력, 지각속도, 언어논리, 자료해석 문제들을 수록하여 어떤 문제들이 출제되는지 살펴볼 수 있도록 하였다. PART 2에는 상황판단검사 / 국사 / 직무성격검사를 수록하여 필기평가에 만전을 기할 수 있도록 하였다. PART 3에서는 최근 시행되고 있는 인성검사의 개요와 예시를 수록하여 필기평가 준비를 위한 최종 마무리가 될 수 있도록 하였다.

“진정한 노력은 결코 배반하지 않는다.” 본서가 수험생 여러분의 목표를 이루는 데 든든한 동반자가 되기를 바란다.

Structure

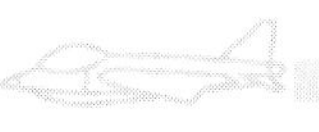

1 지적능력평가

주요과목에 대한 출제 가능성이 높은 예상문제를 통해 각 영역별로 문제 유형을 익히고 학습할 수 있도록 하였습니다.

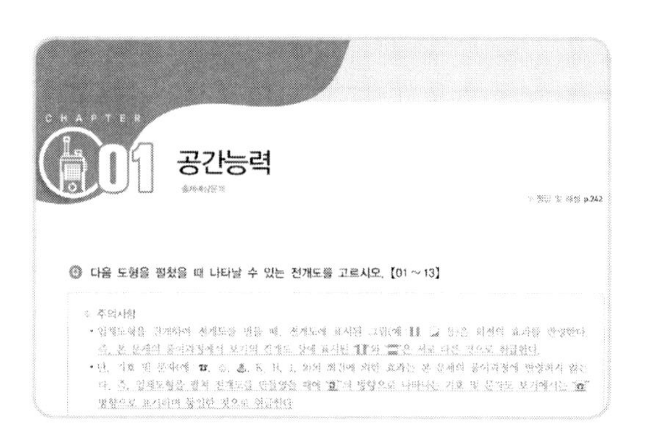

2 국사

고교 과정 수준에서 출제가 예상되는 핵심문제로 구성하였습니다.

3 상황판단검사 및 직무성격검사

간부선발도구에 포함되는 상황판단검사 및 직무성격검사도 실전처럼 풀어볼 수 있도록 하였습니다.

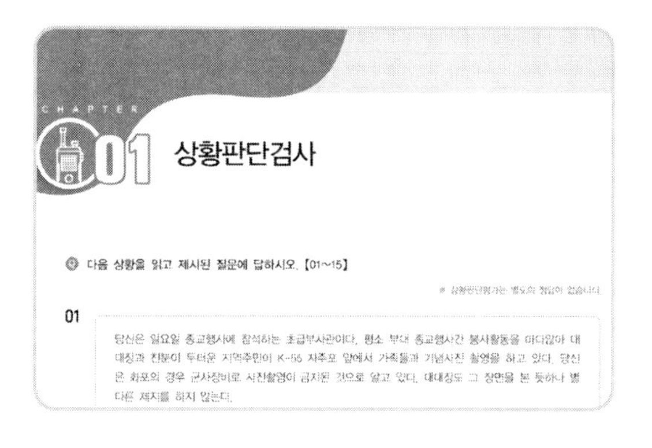

4 인성검사

응시자의 인성을 파악하기 위해 실시하는 인성검사의 개요와 실전 인성검사를 수록하여 부사관 시험의 마지막까지 책임집니다.

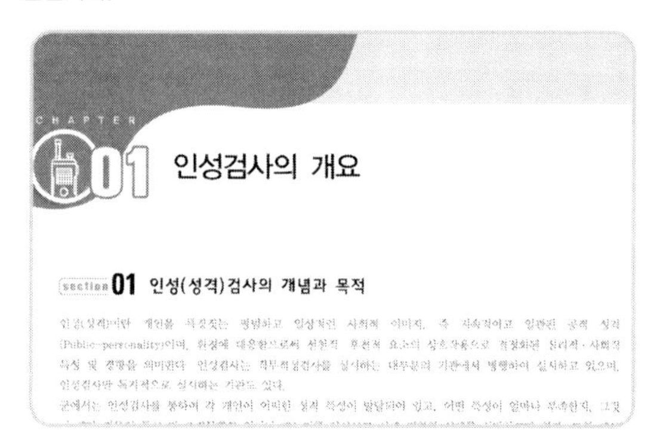

Contents

Information

▌지원자격

① 학력

㉠ 고등학교 3학년 재학생(임관일 이전 고등학교 졸업 예정자) 및 졸업한 사람, 이와 같은 수준 이상의 학력이 있다고 교육부장관이 인정하는 사람(검정고시 합격자 포함)

㉡ 중학교 졸업자는 국가기술자격증 취득자에 한하여 지원 가능

② 연령

㉠ 임관일 기준 만 18세 이상부터 만 27세 이하인 사람

㉡ 예비역은 제대군인지원에 관한 법률 시행령 제 19조(응시연령 상한 연장)에 의거 군 복무기간을 합산하여 1년 이상 3년 이하까지 연령의 연장 적용

<table>
<tr><th colspan="2">군 복무기간</th><th>지원가능한 연령</th><th>비고</th></tr>
<tr><td colspan="2">1년 미만</td><td>만 18세 이상~만 28세 이하</td><td>1991.12.2.~2002.12.1.</td></tr>
<tr><td colspan="2">1년 이상 ~ 2년 미만</td><td>만 18세 이상~만 29세 이하</td><td>1990.12.2.~2002.12.1.</td></tr>
<tr><td rowspan="3">2년 이상</td><td>하사 초급리더과정 미수료</td><td rowspan="3">만 18세 이상~만 30세 이하</td><td>1989.12.2.~2002.12.1.</td></tr>
<tr><td>하사 초급리더과정 수료</td><td>1989.11.2.~2002.11.1.</td></tr>
<tr><td>중사 이상</td><td>1989.11.2.~2002.11.1.</td></tr>
</table>

㉢ 현역에 복무중인 사람이 지원 시 응시연령 상한 연장은 제대군인에 관한 법률 16조 2항(채용 시 우대 등)에 의거 전역예정일 전 6개월 이내에 응시한 경우에 한하여 적용

㉣ 육군에 복무중인 사람은 육군부사관학교 입영일 이전에 전역 가능한 사람

③ 신체조건

㉠ 신장 : 남군/여군 해당 공고 참고

㉡ 시력 : 교정시력 양안 모두 0.6 이상(0.5 이하 불합격 처리)

㉢ 신체등위 3급 이상, BMI 등급 2급 이상

※ BMI 등급 3급도 지원 가능하나 선발위원회에서 합 · 불 여부 판정

㉣ 병과 · 특기별 신체조건

병과	특기명칭	신체조건	선발 제외
기갑	전차승무	• 신장 159cm ~184cm • 교정시력 : 양안모두 0.8이상	• 색각(색맹, 색약)자 • 디스크(목, 허리 등) 관절 이상자 • 폐쇄공포증 · 수전증, 틱장애 등
	전차정비	–	
	장갑차		
포병	야전포병	• 신체등위 2급 이상 • 신장 165cm ~ 185cm • 교정시력 : 양안모두 0.8이상	• 색각(색맹, 색약) 자 • 난청 / 언어소통제한자 · 디스크 관절 이상자 • 폐쇄공포증, 야맹증 보유자, 수전증, 틱장애 등
	로켓포병		
정보	인간정보	• 신체등위 2급 이상	–
	영상정보	• 교정시력 : 양안 모두 0.8이상	• 색각(색맹, 색약) 자
항공	항공운항	–	• 색각(색맹, 색약) 자 • 난청 / 언어소통제한자
수송	수송운용	–	• 색각(색맹, 색약) 자 • 고소공포증(항만운용만 적용)
	항만운용		
헌병	헌병	• 신체등위 2급 이상 • 신장 : 남(164~195cm) • 교정시력 : 양안 모두 0.8 이상	• 색각(색맹, 색약)자

※ 문신 : 경도(문신이나 자해로 인한 반흔 등이 신체의 한 부위에 지름이 7㎝ 이하이거나 두 부위 이상에 합계면적이 30㎠ 미만인 경우)에 한하여 가능

※ 문신 등의 항목을 허위, 은폐 시 관련법규에 따라 선발 취소

④ 지원 자격 제한

㉠ 군인사법 제10조(결격사유 등)에 해당하는 사람

• 부사관은 사상이 건전하고 품행이 단정하며 체력이 강건한 사람 중에서 임용한다

• 다음의 어느 하나에 해당하는 사람은 부사관으로 임용될 수 없다.

– 대한민국의 국적을 가지지 아니한 사람

– 대한민국 국적과 외국 국적을 함께 가지고 있는 사람

– 피성년후견인 또는 피한정후견인

– 파산선고를 받은 사람으로서 복권되지 아니한 사람

– 금고 이상의 형을 선고받고 그 집행이 종료되었거나 집행을 받지 아니하기로 확정된 후 5년이 지나지 아니한 사람

– 금고 이상의 형의 집행유예를 선고받고 그 유예기간 중에 있거나 유예기간이 종료된 날로부터 2년이 지나지 아니한 사람

– 자격정지 이상의 형의 선고유예를 받고 그 유예기간 중에 있는 사람

– 공무원 재직기간 중 직무와 관련하여 「형법 」 제355조 또는 제356조에 규정된 죄를 범한 사람으로서 300만 원 이상의 벌금형을 선고받고 그 형이 확정된 후 2년이 지나지 아니한 사람

– 「성폭력범죄의 처벌 등에 관한 특례법」제2조에 따른 성폭력 범죄루 100만 원 이상의 벌금형을 선고받고 그 형이 확정된 후 3년이 지나지 아니한 사람

– 미성년자에 대한 다음의 어느 하나에 해당하는 죄를 저질러 파면, 해임되거나 형 또는 치료감호를 선고받아 그 형 또는 치료감호가 확정된 사람(집행유예를 선고받은 후 그 집행유예기간이 경과한 사람을 포함한다)

* 「성폭력범죄의 처벌 등에 관한 특례법」 제2조에 따른 성폭력 범죄
* 「아동 · 청소년의 성보호에 관한 법률」 제2조 제2호에 따른 아동 · 청소년 대상 성범죄

– 탄핵이나 징계에 의하여 파면되거나 해임 처분을 받은 날로부터 5년이 지나지 아니한 사람

– 법률에 따라 자격이 정지 또는 상실된 사람

• 위의 결격사유에 해당하는데도 불구하고 임용되었던 장교, 준사관 및 부사관이 수행한 직무행위 및 군복무기간은 그 효력을 잃지 아니하며 이미 지급된 보수는 환수(환수)되지 아니한다.

㉡ 임관일 기준 결격사유에 해당 시 불합격 처리

㉢ 최종 합격 후에도 입영 전 임관 결격사유에 해당되는 경우 합격 취소

▌선발평가

① 평가요소 및 배점

㉠ 1차 선발 : 필기평가 최저 12점 이상자 중에서 선발

구분	세부 병과특기	선 발 방 법
비 전문성 특기	111(보병), 121(전차승무), 123(장갑차), 131(야전포병), 151(인간정보), 152(신호정보), 153(영상정보), 132(로켓포병), 133(포병표적), 141(방공무기운용), 311(인사), 441(탄약관리), 241(수송운용), 242(이동관리), 243(항만운용) 이상 15개 특기	필기평가(30점) + 직무수행능력(30점)
전문성 특기	122(전차정비) 등 22개 특기	필기평가(10점) + 직무역량(40점)

※ 필기평가 불합격 기준 : 종합점수만 적용
※ 국가유공자 등 예우에 관한 법률에 의거 취업보호대상자에 한해 평가과목별 배점의 5% 또는 10%의 가산점 적용(40% 미만 득점 시 미적용)

㉡ 2차(최종) 선발 : 2차 평가대상자 중 합산점수 고득점자 순 선발

구분	계	직무능력평가	체력평가	면접평가	신체검사	인성검사	신원조회
비전문성특기	100	30	20	50	합 · 불	합 · 불	최종 심의 반영
전문성특기	100	40	10	50	합 · 불	합 · 불	

※ 2차 평가는 신체검사, 면접평가를 평가하고 체력평가 및 직무능력평가는 제출된 서류로 평가하며, 인성검사는 필기평가 시 검사

② 1차 평가

- 평가대상 : 인터넷 지원 및 지원서류를 제출한 지원자
- 평가내용 : 필기평가, 인성검사(필기), 직무수행능력평가

㉠ 필기평가

- 평가 시간 및 과목

구분	1교시 (09:00~10:20 / 80분)	2교시 (10:40~12:00 / 80분)	3교시 (12:20~13:10 / 50분)
평가 과목	• 지적능력평가 – 공간능력 – 지각속도 – 언어논리 – 자료해석 ※ 공간, 지각, 상황판단 : 예시문제 풀이 후 평가	• 상황판단 검사 • 국사 • 직무성격 검사	인성검사

- 과목별 문항 수

구분	계	지적능력				상황판단 / 국사 / 직무성격			인성검사
		공간능력	지각속도	언어논리	자료해석	상황판단검사	국사	직무성격검사	
문항	646	18	30	25	20	15	20	180	338

- 평가 장소 : 지역별 12개 고사장

㉡ 직무수행능력평가

- 평가방법 : 제출한 서류에 의한 평가
- 평가배점 : 해당 공고 참고

③ 2차 평가

- 평가대상 : 1차 평가 합격자
- 평가내용 : 신체검사, 면접평가, 인성검사 및 신원조회 결과
- 평가일정 : 합격통지서에 표기된 일자 / 조정 불가

㉠ 신체검사

- 기간 : 1차 합격자에 한해 별도 일정 통보
- 장소 : 국군병원 8개소

㉡ 면접평가

- 기간 : 1차 합격자에 한해 별도일정 통보
- 장소 : 인재선발센터
- 면접 평가요소 및 배점

구분	계	제1면접장 (개별면접)	제2면접장 (발표/토론)	제3면접장 (개별면접)	고등학교 출결
		기본자세(태도) 품성평가	국가관/안보관 리더십/상황판단	인성검사(심층)	
배점	50	25	20	합 · 불	5

※ 고등학교 출결 배점

무단결석	없음	1~2일	3~4일	5~6일	7~9일	10일 이상
배점	5	4	3	2	1	0

※ 검정고시 합격자 출결점수는 검정고시 득점 반영 : 득점×0.05 = 점수(소수점 두 자리까지)

※ 협약대학 부사관학과 졸업자 중 해 군사특기 지원자 면접점수 1점 가점

※ 인성검사결과 확인(필기평가시 검사 결과 확인)
 – 인성검사결과를 활용하여 전문면접관이 심층 확인 후 합 · 불 판정

※ 평가 전 AI(Artificial Intelligence) 면접결과를 면접평가 시 참고자료로 활용

㉢ 신원조사 및 체력평가 인증서

- 서류제출 및 제출기한 : 1차 합격자 조회 및 합격자 안내문 참조하여 2차 평가(면접평가)시 반드시 휴대하여 제출
  ※ 미흡서류 추가제출 : 2차 평가(면접평가)종료 이후 5일 이내(등기우편), 미제출시 최종선발심의에서 제외
- 신원조사 결과를 최종선발심의시 반영

④ 최종 선발심의

- 평가대상 : 2차 응시자 중 신체검사 및 체력평가 인증서 결과 불합격 제외
- 심의방법 : 1, 2차 평가결과와 신원조사 결과를 종합하여 심의
- 심의일정 : 선발심의위원회 “병”반을 구성하여 일정에 실시

간부선발 필기평가
예시문항

공간능력, 지각속도, 언어논리, 자료해석

육군 간부선발 시 적용하고 있는 필기평가 중 지원자들이 생소하게 생각하고 있는 간부선발 필기평가의 예시문항이며, 문항 수와 제한시간은 다음과 같습니다.

구분	공간능력	지각속도	언어논리	자료해석
문항 수	18문항	30문항	25문항	20문항
시간	10분	3분	20분	25분

※ 본 자료는 참고 목적으로 제공되는 예시 문항으로서 각 하위검사별 난이도, 세부 유형 및 문항 수는 차후 변경될 수 있습니다.

CHAPTER

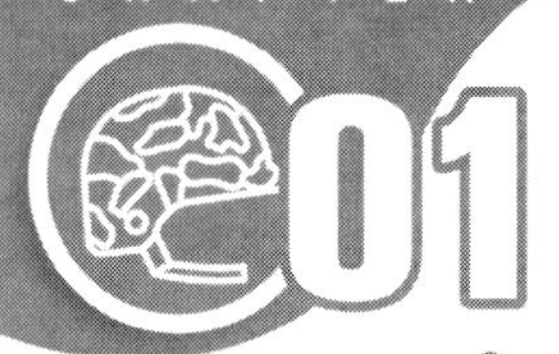

공간능력

간부선발도구 예시문

공간능력검사는 입체도형의 전개도를 고르는 문제, 전개도를 입체도형으로 만드는 문제, 제시된 그림처럼 블록을 쌓을 경우 그 블록의 개수를 구하는 문제, 제시된 블록들을 화살표 표시한 방향에서 바라봤을 때의 모양을 고르는 문제 등 4가지 유형으로 구분할 수 있다. 물론 유형의 변경은 사정에 의해 발생할 수 있음을 숙지하여 여러 가지 공간능력에 관한 문제를 접해보는 것이 좋다.

[유형 ① 문제 푸는 요령]

유형 ①은 주어진 입체도형을 전개하여 전개도로 만들 때 그 전개도에 해당하는 것을 찾는 형태로 주어진 조건에 의해 기호 및 문자는 회전에 반영하지 않으며, 그림만 회전의 효과를 반영한다는 것을 숙지하여 정확한 전개도를 고르는 문제이다. 그러므로 그림의 모양은 입체도형의 상, 하, 좌, 우에 따라 변할 수 있음을 알아야 하며, 기호 및 문자는 항상 우리가 보는 모양으로 회전되지 않는다는 것을 알아야 한다.
제시된 입체도형은 정육면체이므로 정육면체를 만들 수 있는 전개도의 모양과 보는 위치에 따라 돌아갈 수 있는 그림을 빠른 시간에 파악해야 한다. 문제보다 보기를 먼저 살펴보는 것이 유리하다.

문제 1 다음 입체도형의 전개도로 알맞은 것은?

- 입체도형을 전개하여 전개도를 만들 때, 전개도에 표시된 그림(예 : ◨, ◪ 등)은 회전의 효과를 반영함. 즉, 본 문제의 풀이과정에서 보기의 전개도 상에 표시된 "◨"와 "⊟"은 서로 다른 것으로 취급함.
- 단, 기호 및 문자(예 : ☎, ♤, ♨, K, H)의 회전에 의한 효과는 본 문제의 풀이과정에 반영하지 않음. 즉, 입체도형을 펼쳐 전개도를 만들었을 때에 "☎"의 방향으로 나타나는 기호 및 문자도 보기에서는 "☎"방향으로 표시하며 동일한 것으로 취급함.

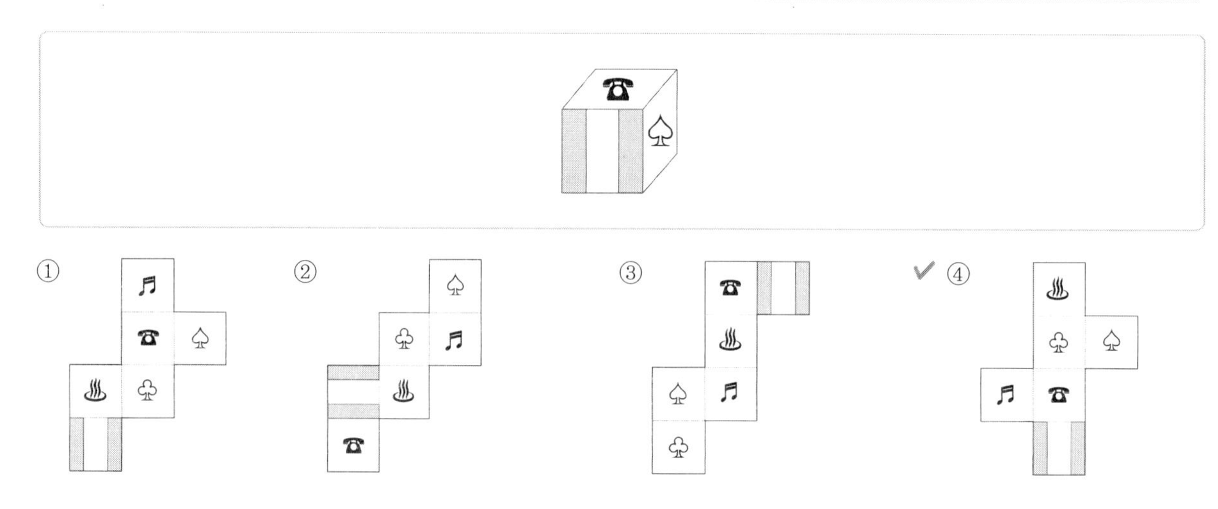

해설 ◨ 모양의 윗면과 오른쪽 면에 위치하는 기호를 찾으면 쉽게 문제를 풀 수 있다.
기호나 문자는 회전을 적용하지 않으므로 4번이 답이 된다.

[유형 ② 문제 푸는 요령]

유형 ②는 평면도형인 전개도를 접어 나오는 입체도형을 고르는 문제이다. 유형 ①과 마찬가지로 기호나 문자는 회전을 적용하지 않는다고 조건을 제시하였으므로 그림의 모양만 신경을 쓰면 된다.

보기에 제시된 입체도형의 윗면과 옆면을 잘 살펴보면 답의 실마리를 찾을 수 있다. 그림의 위치에 따라 윗면과 옆면에 나타나는 문자가 달라지므로 유의하여야 한다. 그림을 중심으로 어느 면에 어떤 문자가 오는지를 파악하는 것이 중요하다.

문제 2 다음 전개도로 만든 입체도형에 해당하는 것은?

- 전개도를 접을 때 전개도 상의 그림, 기호, 문자가 입체도형의 겉면에 표시되는 방향으로 접음
- 전개도를 접어 입체도형을 만들 때, 전개도에 표시된 그림(예 : , 등)은 회전의 효과를 반영함. 즉, 본 문제의 풀이과정에서 보기의 전개도 상에 표시된 " "와 " "은 서로 다른 것으로 취급함.
- 단, 기호 및 문자(예 : ☎, ♤, ♨, K, H)의 회전에 의한 효과는 본 문제의 풀이과정에 반영하지 않음. 즉, 전개도를 접어 입체도형을 만들었을 때에 " "의 방향으로 나타나는 기호 및 문자도 보기에서는 "☎" 방향으로 표시하며 동일한 것으로 취급함.

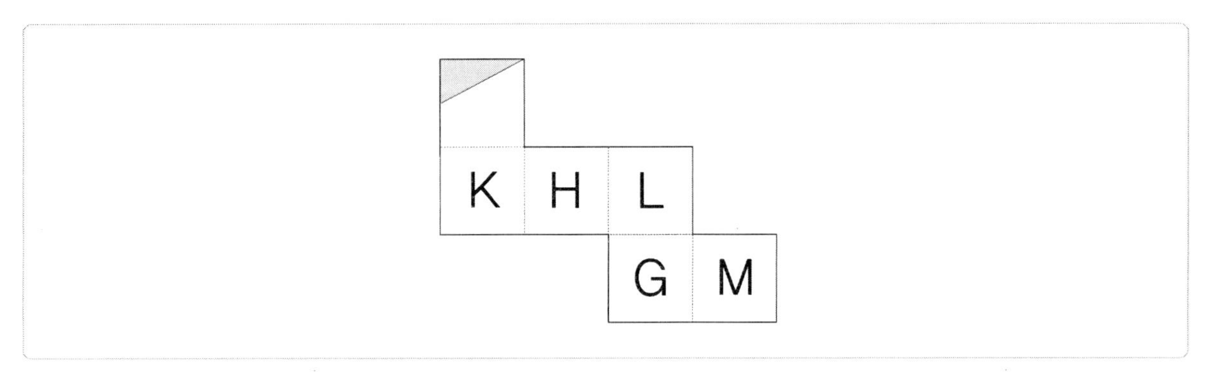

① 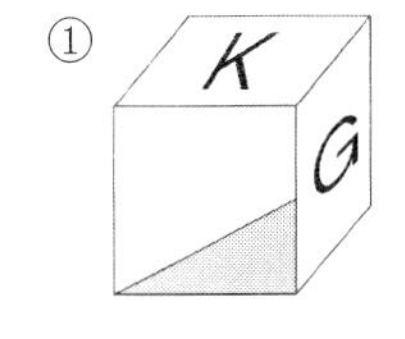

② 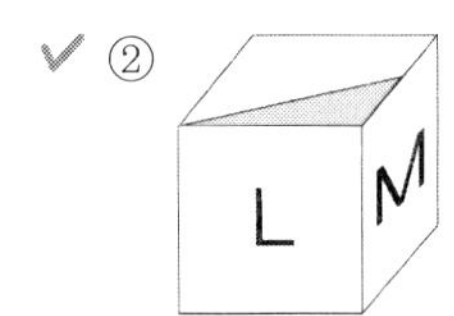

③ 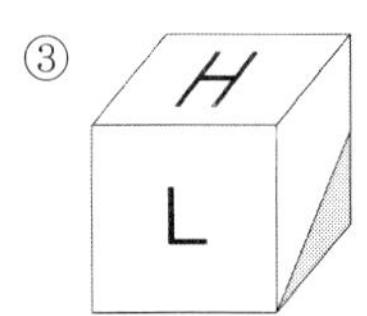

④ 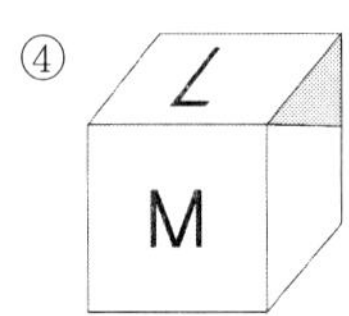

그림의 색칠된 삼각형 모양의 위치를 먼저 살펴보면

① G의 위치에 M이 와야 한다.

③ L의 위치에 H, H의 위치에 K가 와야 한다.

④ 그림의 모양이 좌우 반전이 되어야 한다.

[유형 ③ 문제 푸는 요령]

유형 ③은 쌓아 놓은 블록을 보고 여기에 사용된 블록의 개수를 구하는 문제이다. 블록은 모두 크기가 동일한 정육면체라고 조건을 제시하였으므로 블록의 모양은 신경을 쓸 필요가 없다.

블록의 위치가 뒤쪽에 위치한 것인지 앞쪽에 위치한 것 인지에서부터 시작하여 몇 단으로 쌓아 올려져 있는지를 빠르게 파악해야 한다. 가장 아랫면에 존재하는 개수를 파악하고 한 단씩 위로 올라가면서 개수를 파악해도 되며, 앞에서부터 보이는 블록의 수부터 개수를 세어도 무방하다. 그러나 겹치거나 뒤에 살짝 보이는 부분까지 신경 써야 함은 잊지 말아야 한다. 단 1개의 블록으로 문제의 승패가 좌우된다.

문제 3 아래에 제시된 그림과 같이 쌓기 위해 필요한 블록의 수는?
(단, 블록은 모양과 크기는 모두 동일한 정육면체이다)

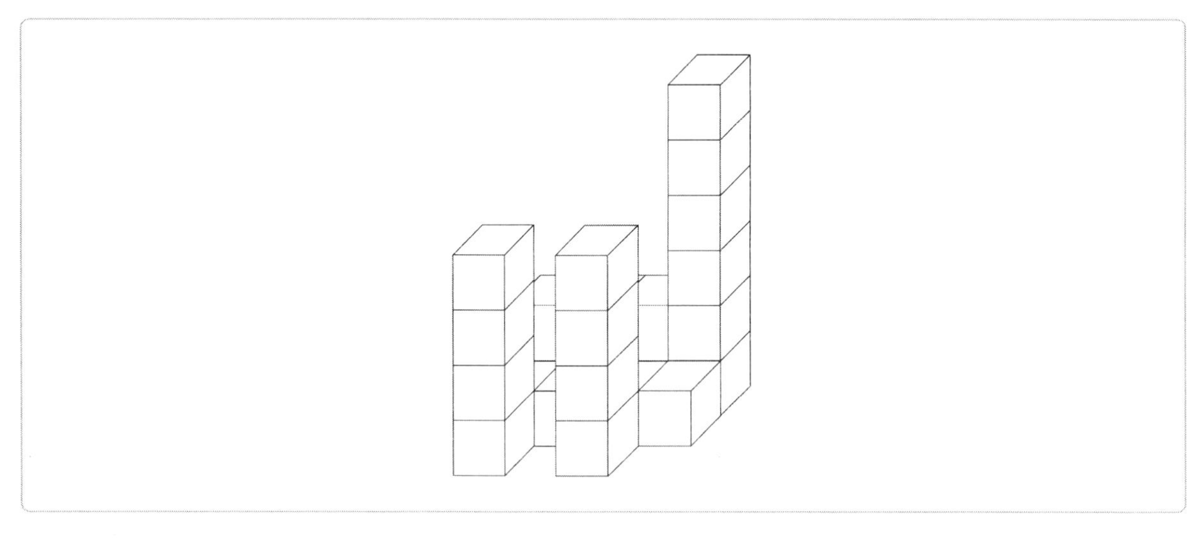

① 18　② 20
③ 22　✓ ④ 24

해설 그림을 쉽게 생각하면 블록이 4개씩 붙어 있다고 보면 쉽다. 앞에 2개, 뒤에 눕혀서 3개, 맨 오른쪽 눕혀진 블록들 위에 1개 4개씩 쌓아진 블록이 6개 존재하므로 24개가 된다.
시간이 많다면 하나하나 세어도 좋다.

[유형 ④ 문제 푸는 요령]

유형 ④는 제시된 그림에 있는 블록들을 오른쪽, 왼쪽, 위쪽 등으로 돌렸을 때의 모양을 찾는 문제이다.

모두 동일한 정육면체이며, 원근에 의해 블록이 작아 보이는 효과는 고려하지 않는다는 조건이 제시되어 있으므로 블록이 위치한 지점을 정확하게 파악하는 것이 중요하다.

실수로 중간에 있는 블록의 모양을 놓치는 경우가 있으므로 쉽게 모눈종이 위에 놓여 있다고 생각하며 문제를 풀면 쉽게 해결할 수 있다.

문제 4 아래에 제시된 블록들을 화살표 표시한 방향에서 바라봤을 때의 모양으로 알맞은 것은?

- 블록은 모양과 크기는 모두 동일한 정육면체임
- 바라보는 시선의 방향은 블록의 면과 수직을 이루며 원근에 의해 블록이 작게 보이는 효과는 고려하지 않음

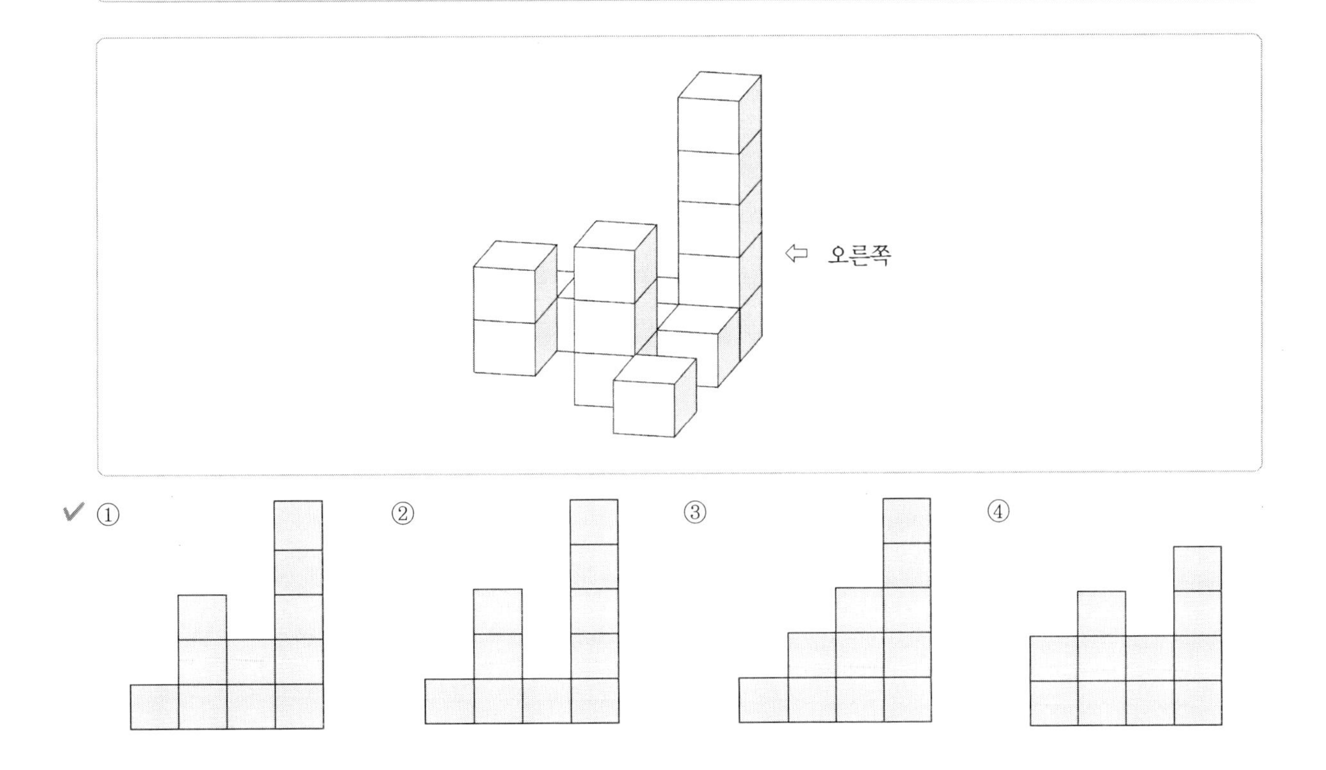

해설 그림을 위에서 살펴보면

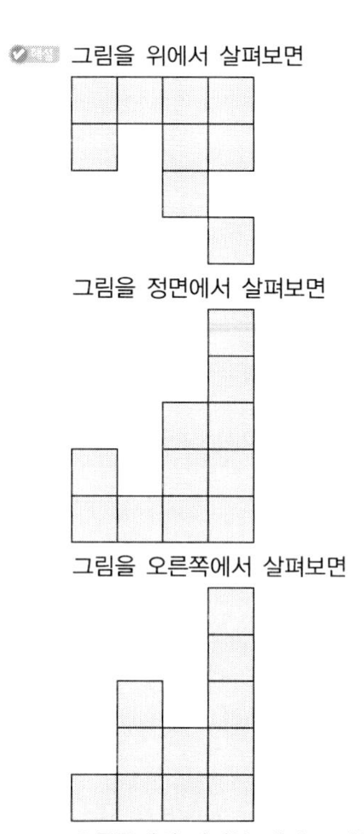

그림을 정면에서 살펴보면

그림을 오른쪽에서 살펴보면

오른쪽에서 바라볼 때의 모양을 맨 왼쪽에 위치한 블록부터 차례로 정리하면 1단 – 3단 – 2단 – 5단임을 알 수 있다.

CHAPTER

지각속도

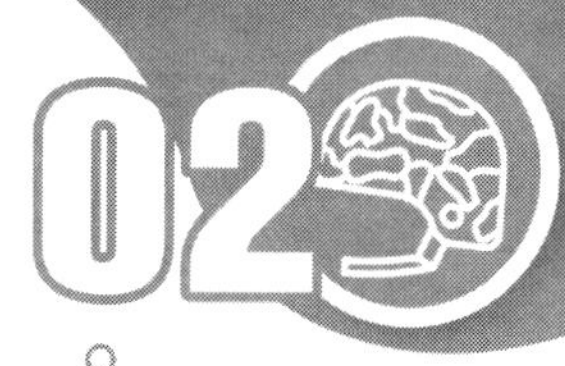

간부선발도구 예시문

지각속도검사는 암호해석능력을 묻는 유형으로 눈으로 직접 읽고 문제를 해결하는 능력을 측정하기 위한 검사로 빠른 속도와 정확성을 요구하는 문제가 출제된다. 시간을 정해 최대한 빠른 시간 안에 문제를 정확하게 풀 수 있는 연습이 필요하며 간혹 시간이 촉박하여 찍는 경우가 있는데 오답시에는 감점처리가 적용된다.
지각속도검사는 지각 속도를 측정하기 위한 검사로 틀릴 경우 감점으로 채점하고, 풀지 않은 문제는 0점으로 채점이 된다. 총 30문제로 구성이 되며 제한시간은 3분이므로 많은 연습을 통해 빠르게 푸는 요령을 습득하여야 한다.

본 검사는 지각 속도를 측정하기 위한 검사입니다.
제시된 문제를 잘 읽고 아래의 예제와 같은 방식으로 가능한 한 빠르고 정확하게 답해 주시기 바랍니다.

[유형 ①] 대응하기

아래의 문제 유형은 일련의 문자, 숫자, 기호의 짝을 제시한 후 특정한 문자에 해당되는 코드를 빠르게 선택하는 문제입니다.

문제 1 **아래 〈보기〉의 왼쪽과 오른쪽 기호의 대응을 참고하여 각 문제의 대응이 같으면 답안지에 '① 맞음'을, 틀리면 '② 틀림'을 선택하시오.**

〈보기〉

a = 강	b = 응	c = 산	d = 전
e = 남	f = 도	g = 길	h = 아

강 응 산 전 남 − a b c d e

✔ ① 맞음 ② 틀림

해설 〈보기〉의 내용을 보면 강 = a, 응 = b, 산 = c, 전 = d, 남 = e이므로 a b c d e이므로 맞다.

[유형 ②] 숫자세기

아래의 문제 유형은 제시된 문자군, 문장, 숫자 중 특정한 문자 혹은 숫자의 개수를 빠르게 세어 표시하는 문제입니다.

문제 2 **다음의 〈보기〉에서 각 문제의 왼쪽에 표시된 굵은 글씨체의 기호, 문자, 숫자의 갯수를 모두 세어 오른쪽 개수에서 찾으시오.**

〈보기〉

3 7830206420682048720387307962050406732 1

① 2개 ✔ ② 4개
③ 6개 ④ 8개

해설 나열된 수에 3이 몇 번 들어 있는가를 빠르게 확인하여야 한다.
78**3**0206420682048720**3**87**3**0796205040067**3**21 → 4개

〈보기〉

ㄴ 나의 살던 고향은 꽃피는 산골

① 2개 ② 4개
✔ ③ 6개 ④ 8개

해설 나열된 문장에 ㄴ이 몇 번 들어갔는지 확인하여야 한다.
나의 살**던** 고향**은** 꽃피**는** **산**골 → 6개

CHAPTER

언어논리

간부선발도구 예시문

언어논리력검사는 언어로 제시된 자료를 논리적으로 추론하고 분석하는 능력을 측정하기 위한 검사로 어휘력검사와 독해력검사로 크게 구성되어 있다. 어휘력검사는 문맥에 가장 적합한 어휘를 찾아내는 문제로 구성되어 있으며, 독해력검사는 글의 전반적인 흐름을 파악하는 논리적 구조를 올바르게 분석하거나 글의 통일성을 파악하는 문제로 구성되어 있다.

01 어휘력

어휘력에서는 의사소통을 함에 있어 이해능력이나 전달능력을 묻는 기본적인 문제가 나온다. 술어의 다양한 의미, 단어의 의미, 알맞은 단어 넣기 등의 다양한 유형의 문제가 출제된다. 평소 잘못 알고 사용되고 있는 언어를 사전을 활용하여 확인하면서 공부하도록 한다.

어휘력은 풍부한 어휘를 갖고, 이를 활용하면서 그 단어의 의미를 정확히 이해하고, 이미 알고 있는 단어와 문장 내에서의 쓰임을 바탕으로 단어의 의미를 추론하고 의사소통 시 정확한 표현력을 구사할 수 있는 능력을 측정한다. 일반적인 문항 유형에는 동의어/반의어 찾기, 어휘 찾기, 어휘 의미 찾기, 문장완성 등을 들 수 있는데 많은 검사들이 동의어(유의어), 반의어, 또는 어휘 의미 찾기를 활용하고 있다.

문제 1 다음 문장의 문맥상 ( ) 안에 들어갈 단어로 가장 적절한 것은?

계속되는 이순신 장군의 공세에 (　　)같던 왜 수군의 수비에도 구멍이 뚫리기 시작했다.

① 등용문
② 청사진
✓ ③ 철옹성
④ 풍운아
⑤ 불야성

해설 ① 용문(龍門)에 오른다는 뜻으로, 어려운 관문을 통과하여 크게 출세하게 됨 또는 그 관문을 이르는 말
② 미래에 대한 희망적인 계획이나 구상
③ 쇠로 만든 독처럼 튼튼하게 둘러쌓은 산성이라는 뜻으로, 방비나 단결 따위가 견고한 사물이나 상태를 이르는 말
④ 좋은 때를 타고 활동하여 세상에 두각을 나타내는 사람
⑤ 등불 따위가 휘황하게 켜 있어 밤에도 대낮같이 밝은 곳을 이르는 말

02 독해력

글을 읽고 사실을 확인하고, 글의 배열순서 및 시간의 흐름과 그 중심 개념을 파악하며, 글 흐름의 방향을 알 수 있으며 대강의 줄거리를 요약할 수 있는 능력을 평가한다. 장문이나 단문을 이해하고 문장배열, 지문의 주제, 오류 찾기 등의 다양한 유형의 문제가 출제되므로 평소 독서하는 습관을 길러 장문의 이해속도를 높이는 연습을 하도록 하여야 한다.

문제 1 다음 ㉠～㉤ 중 다음 글의 통일성을 해치는 것은?

> ㉠21세기의 전쟁은 기름을 확보하기 위해서가 아니라 물을 확보하기 위해서 벌어질 것이라는 예측이 있다. ㉡우리가 심각하게 인식하지 못하고 있지만 사실 물 부족 문제는 심각한 수준이라고 할 수 있다. ㉢실제로 아프리카와 중동 등지에서는 이미 약 3억 명이 심각한 물 부족을 겪고 있는데, 2050년이 되면 전 세계 인구의 3분의 2가 물 부족 사태에 직면할 것이라는 예측도 나오고 있다. ㉣그러나 물 소비량은 생활수준이 향상되면서 급격하게 늘어 현재 우리가 사용하는 물의 양은 20세기 초보다 7배, 지난 20년간에는 2배가 증가했다. ㉤또한 일부 건설 현장에서는 오염된 폐수를 정화 처리하지 않고 그대로 강으로 방류하는 잘못을 저지르고 있다.

① ㉠　　② ㉡
③ ㉢　　④ ㉣
✔ ⑤ ㉤

해설 ㉠㉡㉢㉣ 물 부족에 대한 내용을 전개하고 있다.
㉤ 물 부족의 내용이 아닌 수질오염에 대한 내용을 나타내므로 전체적인 글의 통일성을 저해하고 있다.

CHAPTER

자료해석

간부선발도구 예시문

자료해석검사는 주어진 통계표, 도표, 그래프 등을 이용하여 문제를 해결하는데 필요한 정보를 파악하고 분석하는 능력을 알아보기 위한 검사이다. 자료해석 문항에서는 기초적인 계산 능력보다 수치자료로부터 정확한 의사결정을 내리거나 추론하는 능력을 측정하고자 한다. 도표, 그래프 등 실생활에서 접할 수 있는 수치자료를 제시하여 필요한 정보를 선별적으로 판단 · 분석하고, 대략적인 수치를 빠르고 정확하게 계산하는 유형이 대부분이다

문제 1 다음은 국가별 수출액 지수를 나타낸 그림이다. 2000년에 비하여 2006년의 수입량이 가장 크게 증가한 국가는?

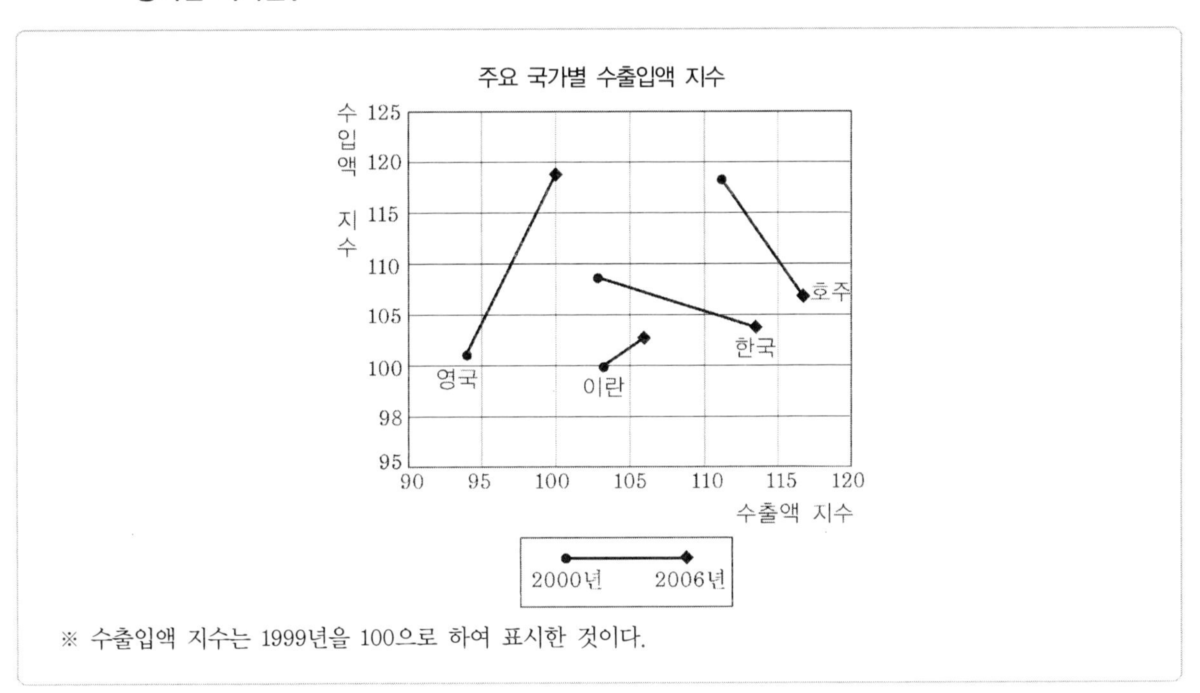

※ 수출입액 지수는 1999년을 100으로 하여 표시한 것이다.

✔ ① 영국　　② 이란
③ 한국　　④ 호주

해설 수입량이 증가한 나라는 영국과 이란 뿐이며, 한국과 호주는 감소하였다.
영국과 이란 중 가파른 상승세를 나타내는 것이 크게 증가한 것을 나타내므로 영국의 수입량이 가장 크게 증가한 것으로 볼 수 있다.

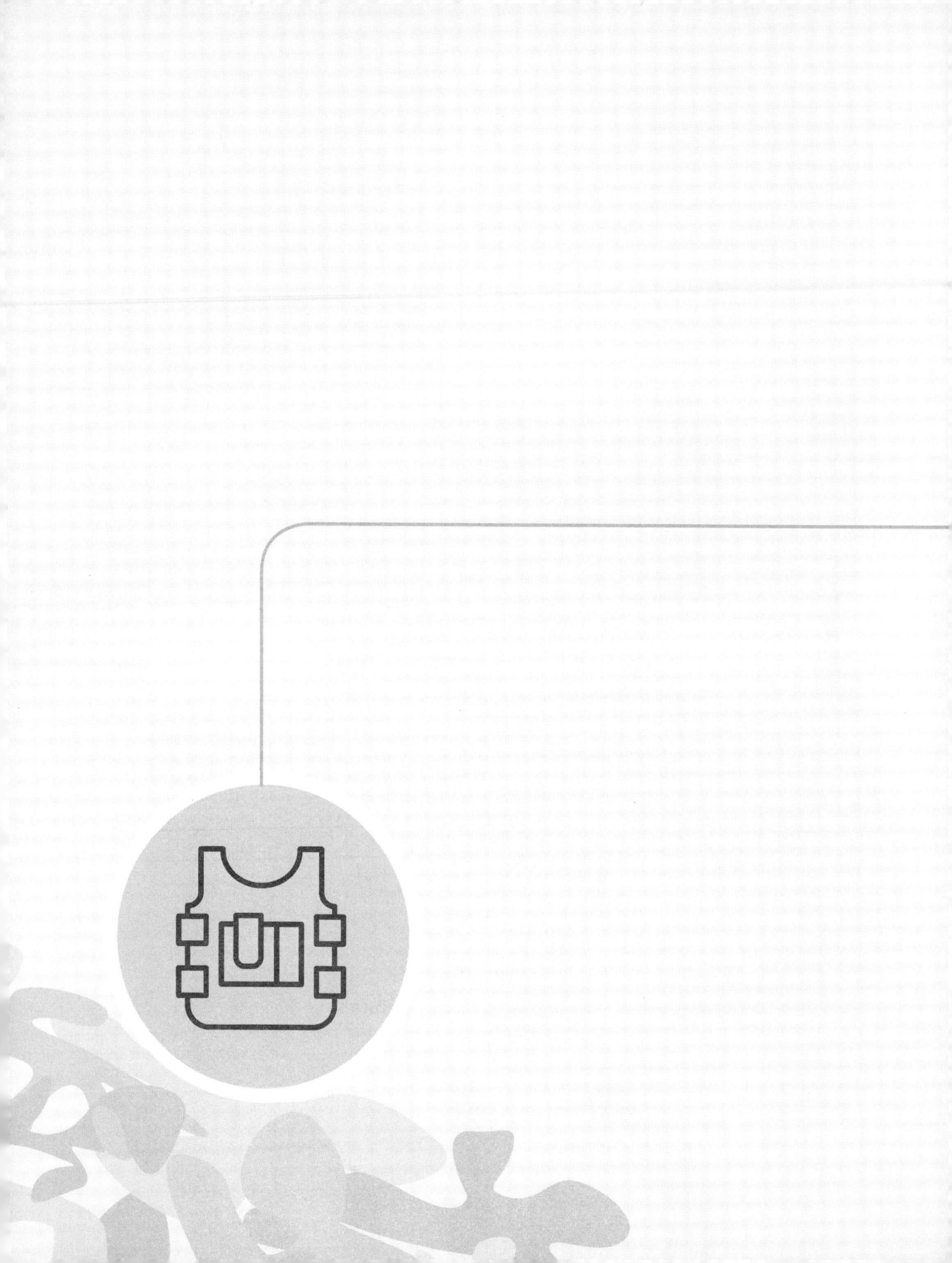

PART

01

지적능력평가

CHAPTER

01 공간능력

출제예상문제

≫ 정답 및 해설 p.242

Q 다음 도형을 펼쳤을 때 나타날 수 있는 전개도를 고르시오. 【01 ~ 13】

※ 주의사항

- 입체도형을 전개하여 전개도를 만들 때, 전개도에 표시된 그림(예 : ◫, ◪ 등)은 회전의 효과를 반영한다. 즉, 본 문제의 풀이과정에서 보기의 전개도 상에 표시된 "◫"와 "⊟"은 서로 다른 것으로 취급한다.
- 단, 기호 및 문자(예 : ☎, ♤, ♨, K, H, 1, 2)의 회전에 의한 효과는 본 문제의 풀이과정에 반영하지 않는다. 즉, 입체도형을 펼쳐 전개도를 만들었을 때에 "☎"의 방향으로 나타나는 기호 및 문자도 보기에서는 "☎" 방향으로 표시하며 동일한 것으로 취급한다.

01

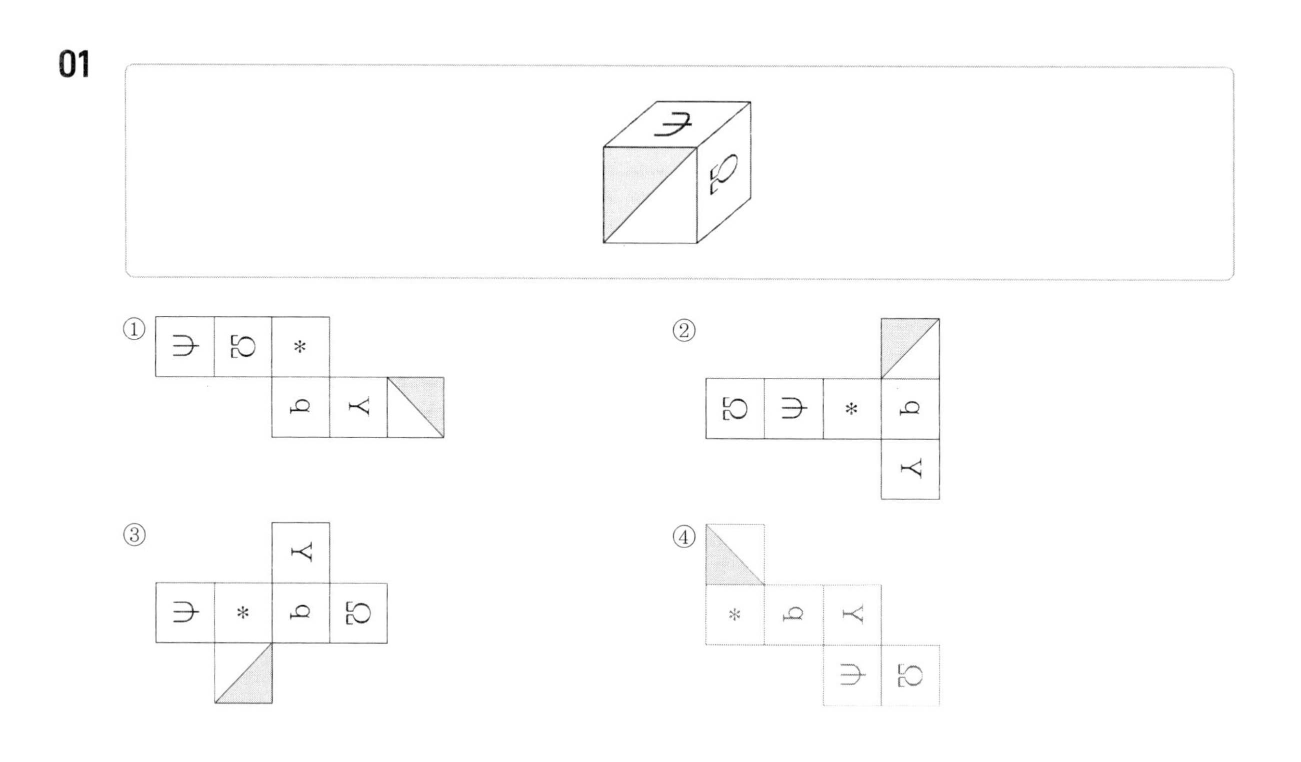

02

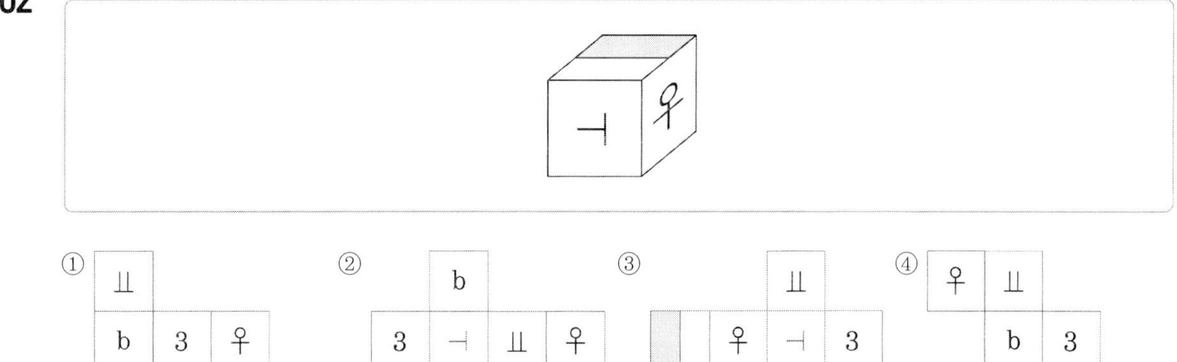

① ② ③ ④

03

① ② ③ ④

04

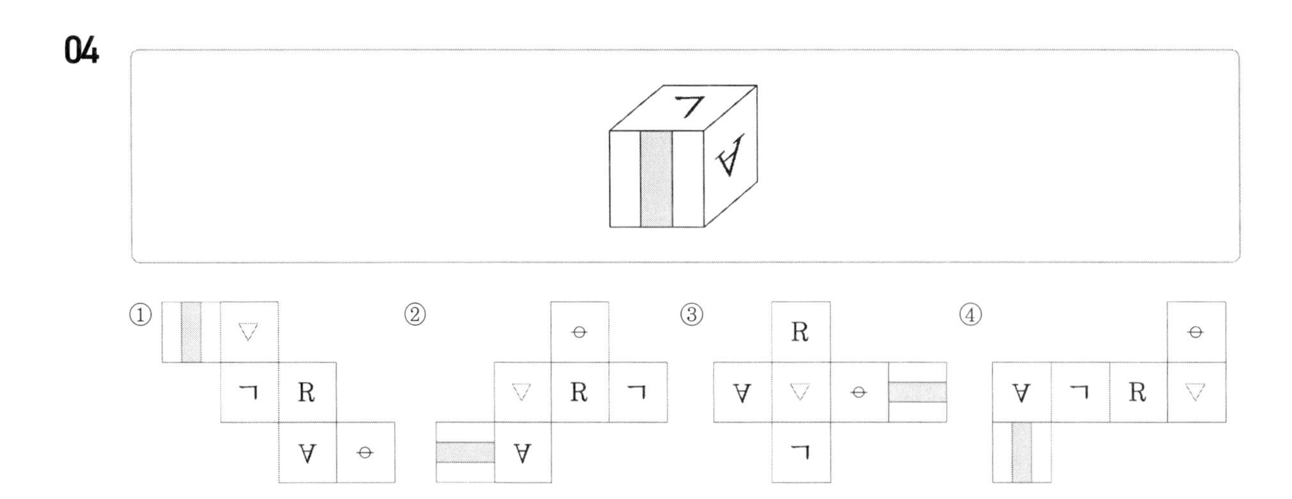

05

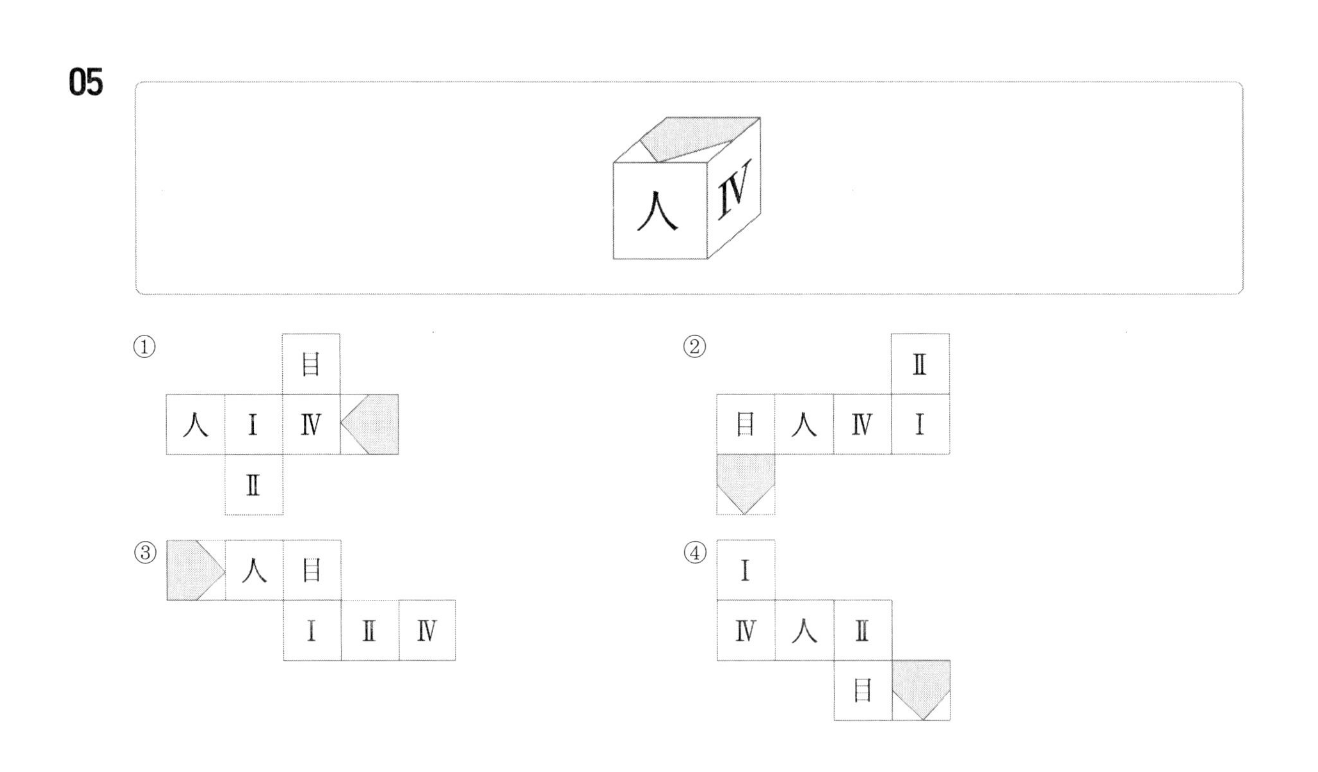

06

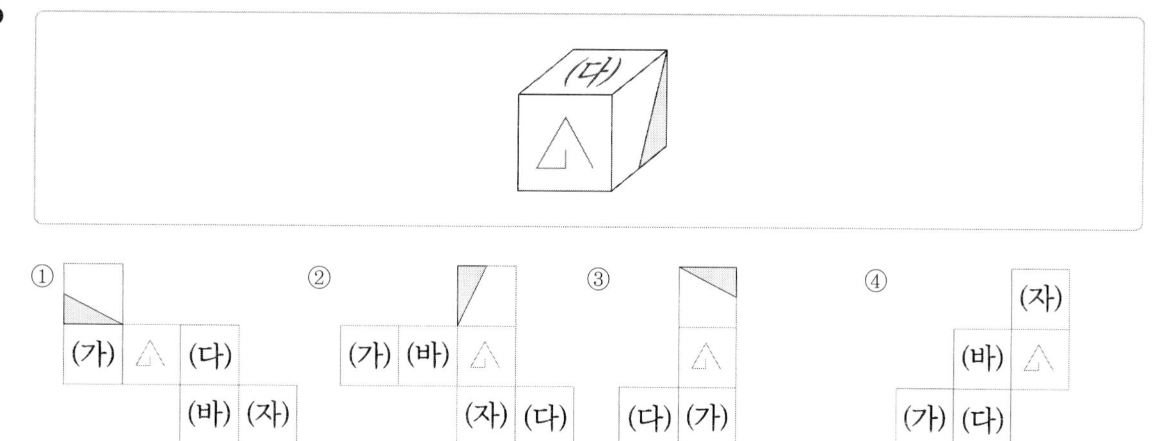

07

① ② ③ ④

08

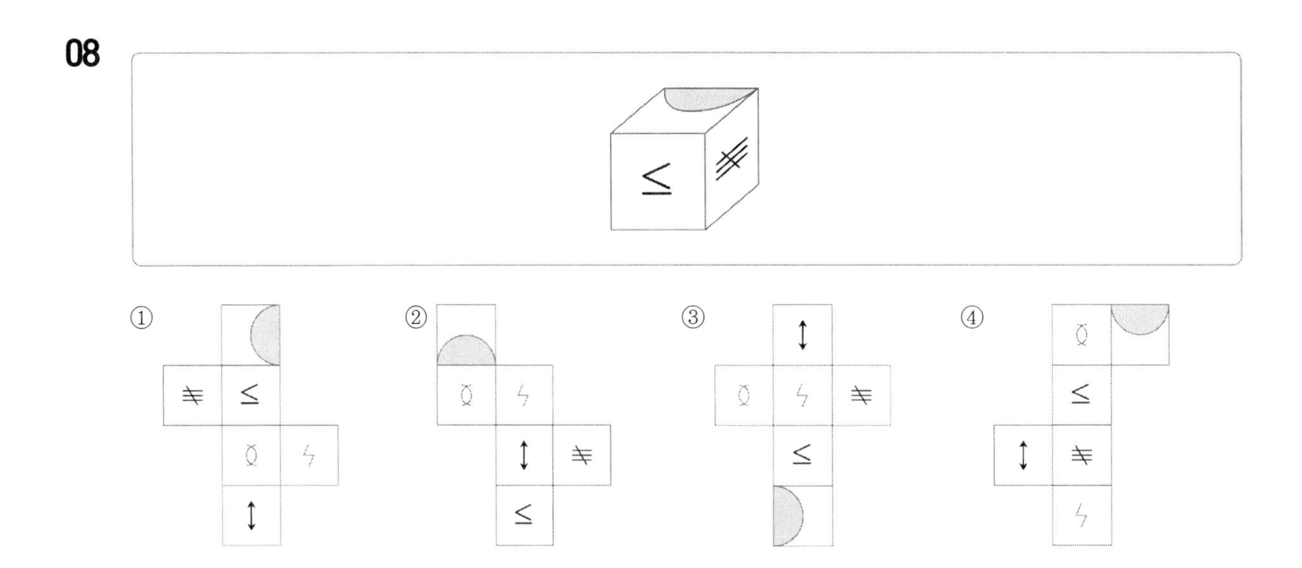

09

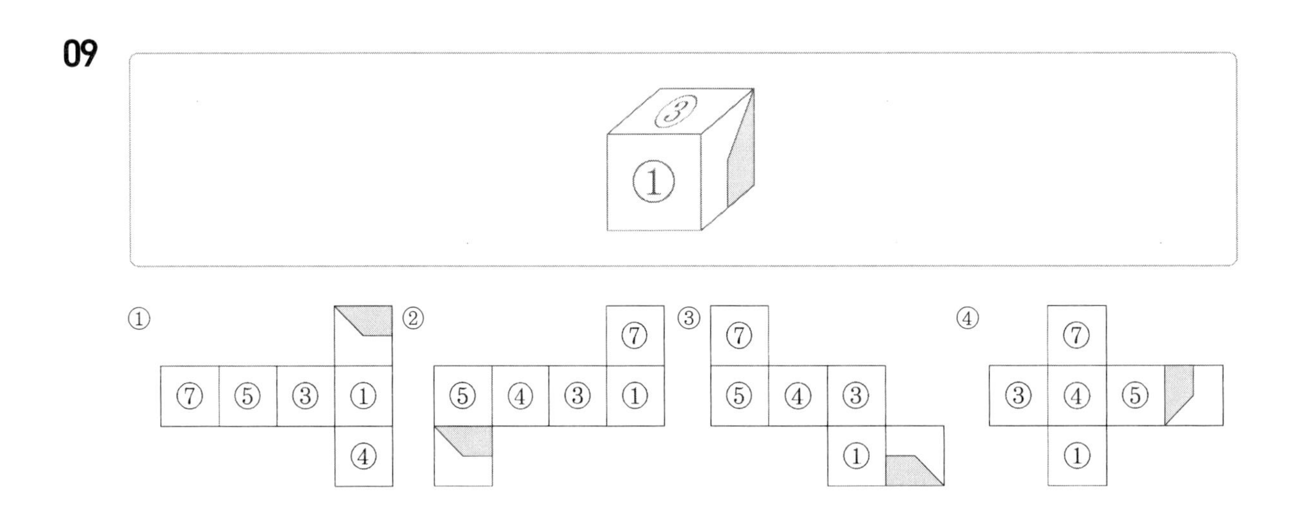

10

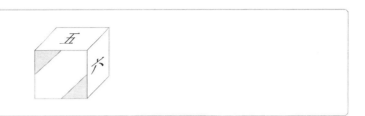

①
六
五 四 十
一

②
一 四
五 六 十

③
十
六 四 一
五

④
五 六 四
十 一

11

①
Ω
f π
f π

②
π
f Ω

③
Ω
π
f

④
f Ω
π

12

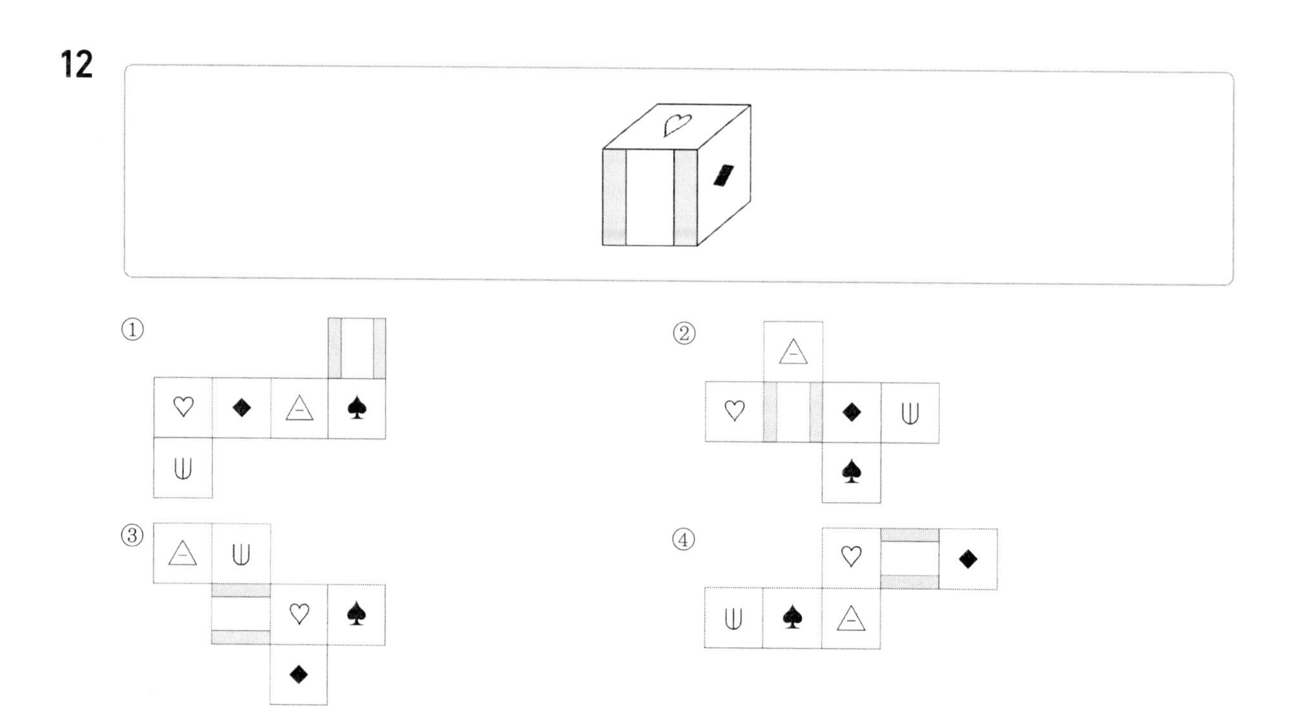

13

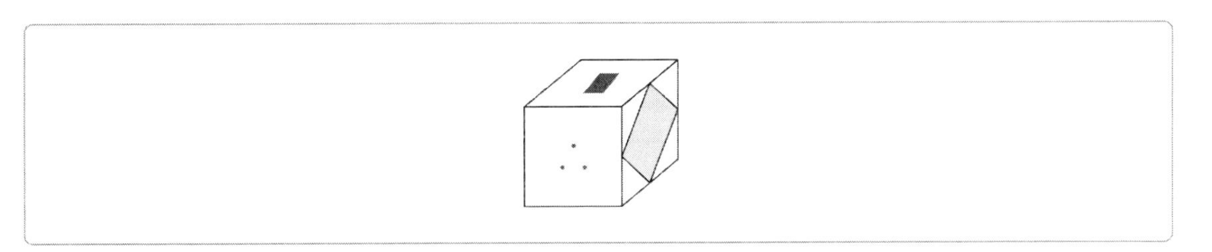

①

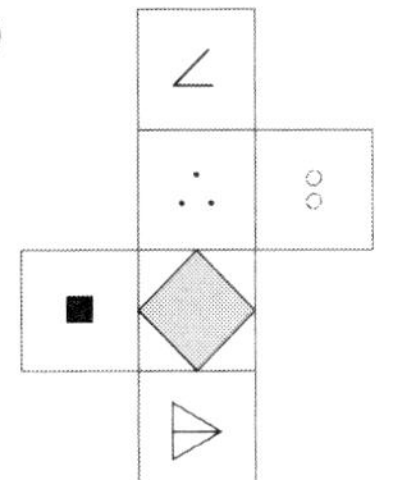

②

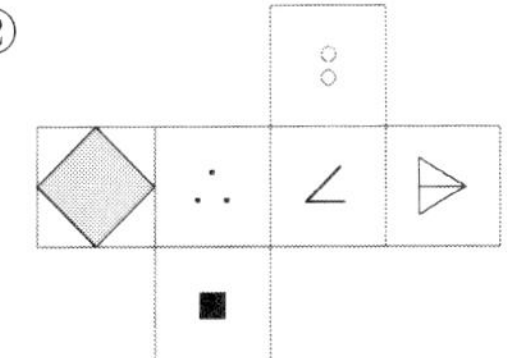

③

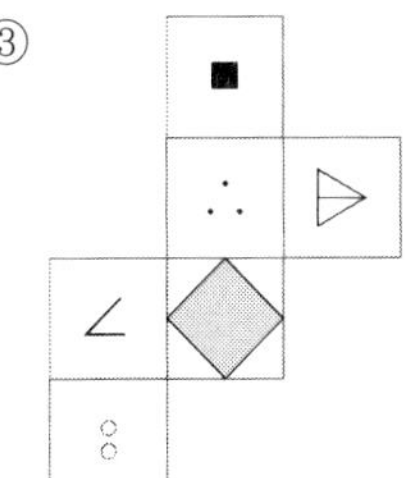

④

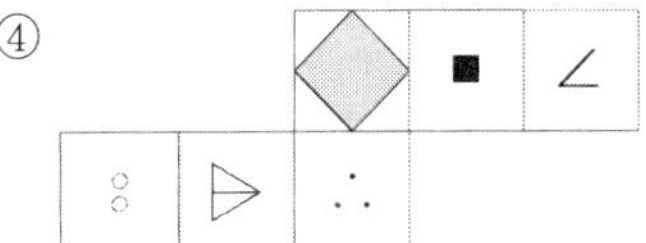

Ⓠ **다음 전개도를 접었을 때 나타나는 도형으로 알맞은 것을 고르시오.【14~27】**

> ※ 주의사항
> - 전개도를 접을 때 전개도 상의 그림, 기호, 문자가 입체도형의 겉면에 표시되는 방향으로 접음.
> - 전개도를 접어 입체도형을 만들 때, 전개도에 표시된 그림(예 : ▥, ◪ 등)은 회전의 효과를 반영함. 즉, 본 문제의 풀이과정에서 보기의 전개도 상에 표시된 "▥"와 "▤"은 서로 다른 것으로 취급함.
> - 단, 기호 및 문자(예 : ☎, ♤, ♨, K, H)의 회전에 의한 효과는 본 문제의 풀이과정에 반영하지 않음. 즉, 전개도를 접어 입체도형을 만들었을 때에 "☎"의 방향으로 나타나는 기호 및 문자도 보기에서는 "☎" 방향으로 표시하며 동일한 것으로 취급함.

14

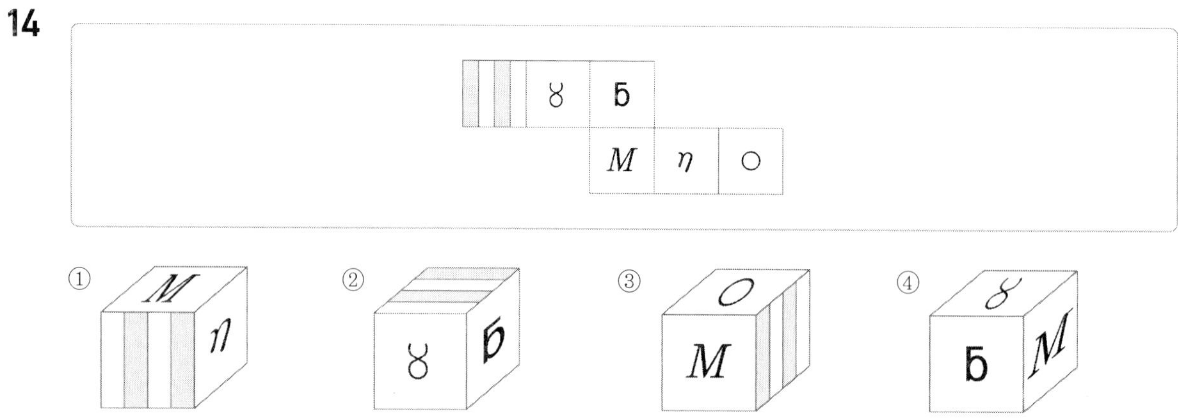

15

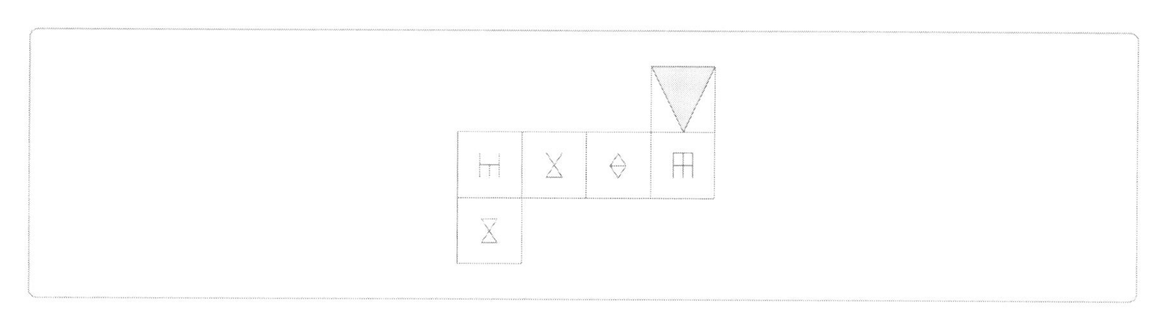

① ② ③ ④

16

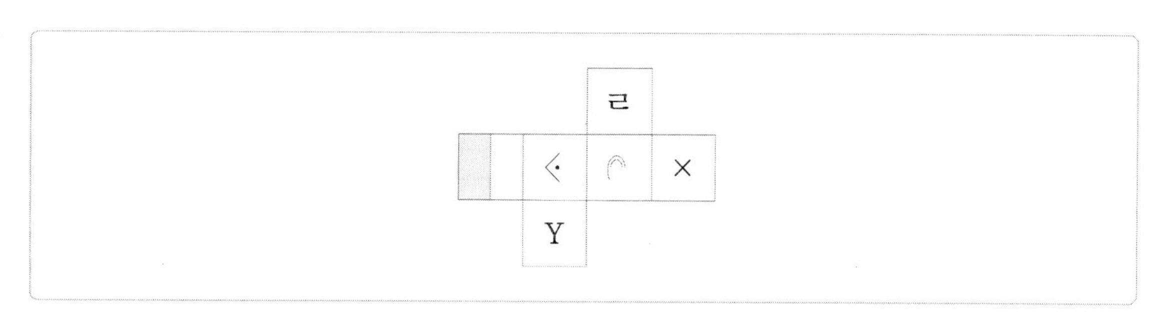

① 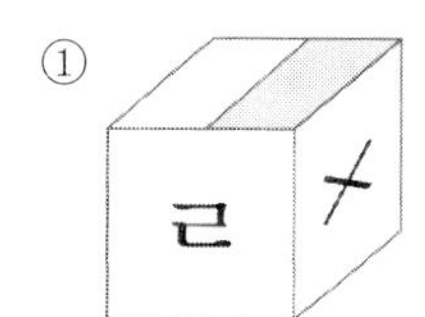

② 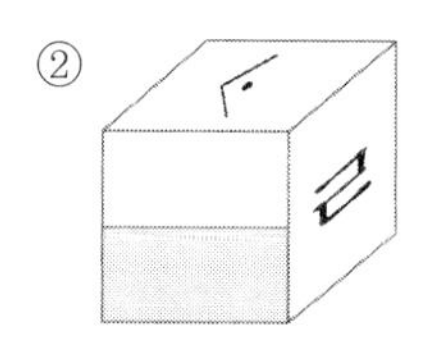

③ 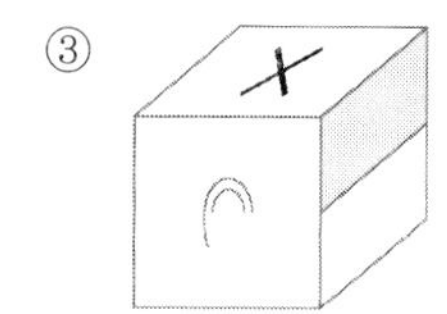

④ 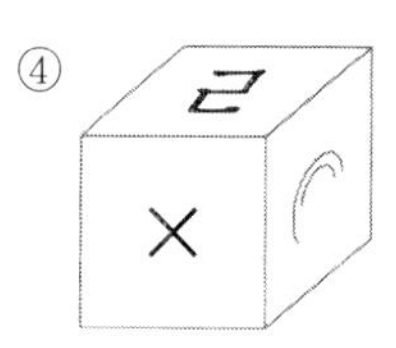

17

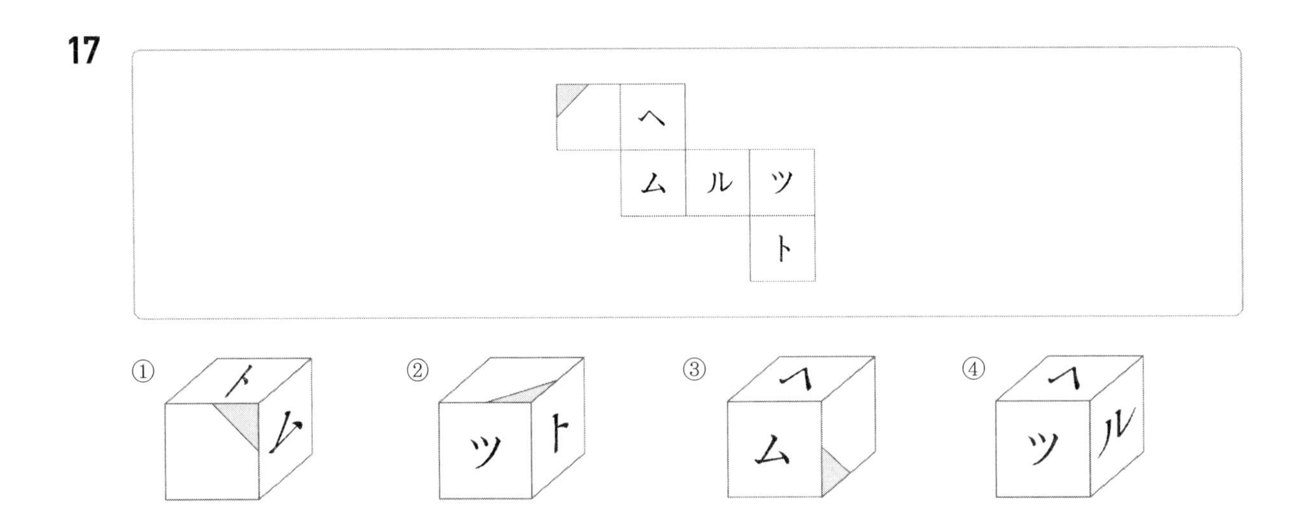

18

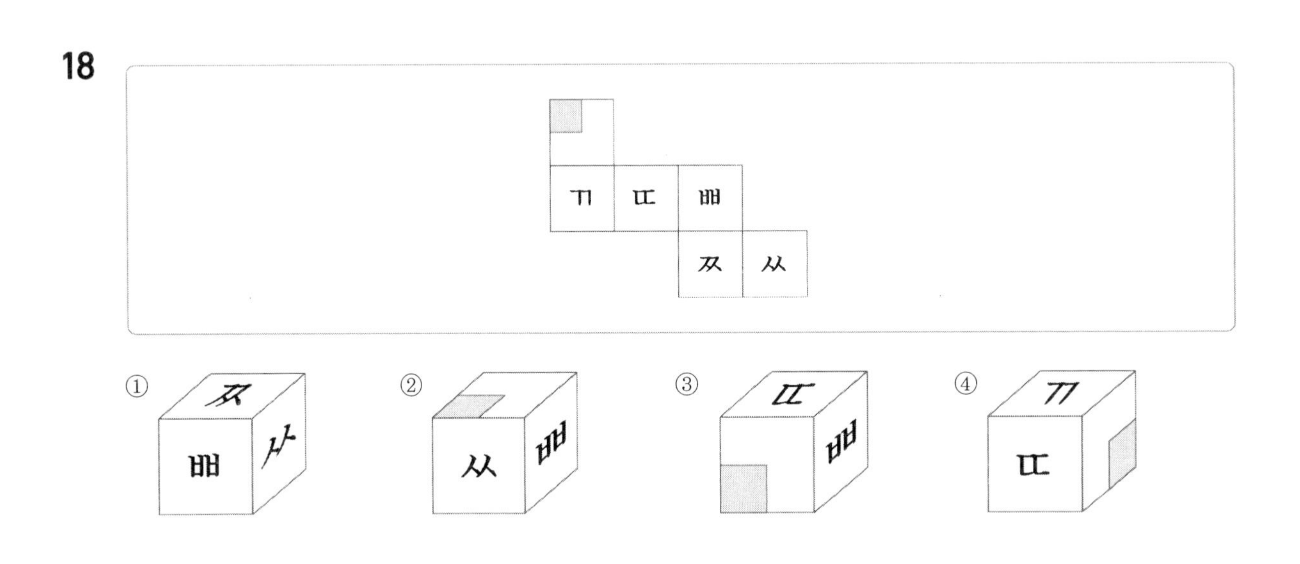

19

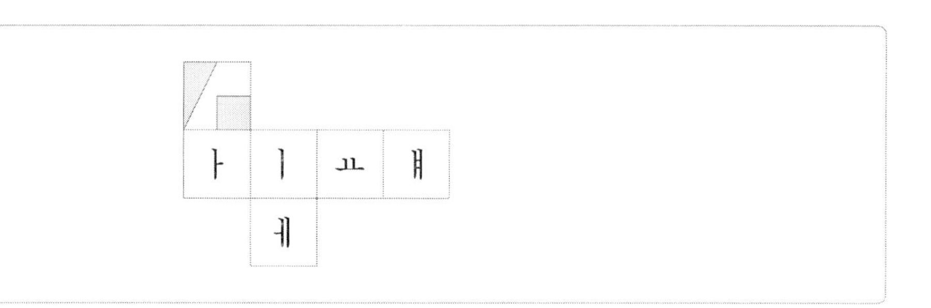

①

②
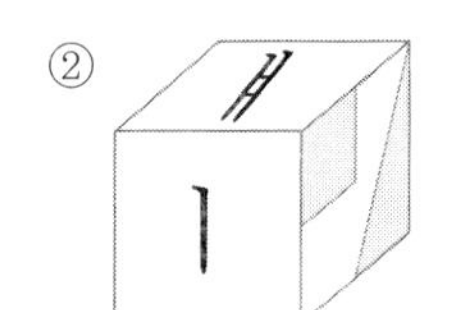

③
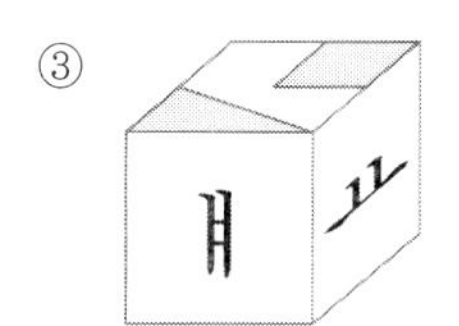

④
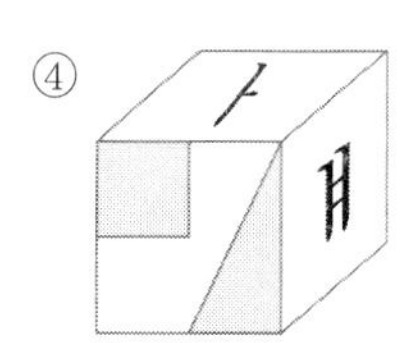

20

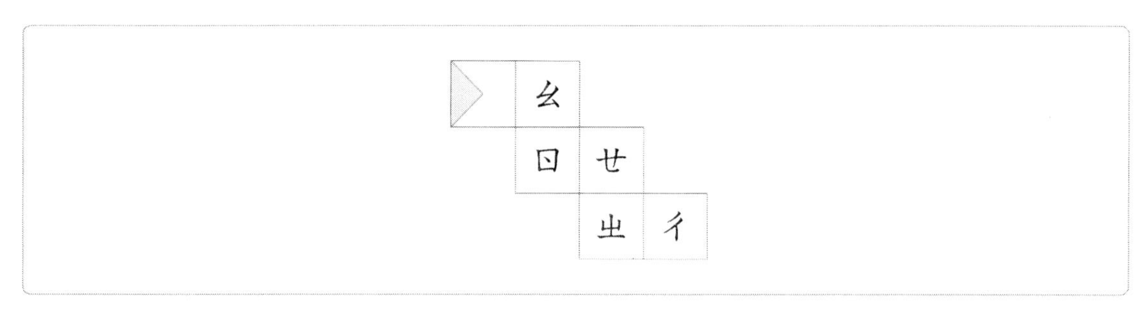

①
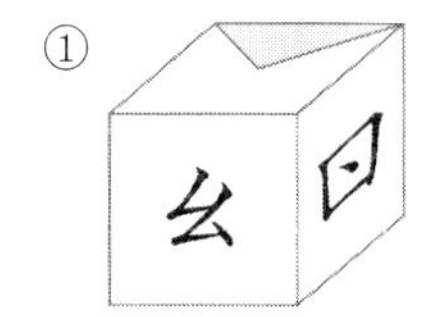

②
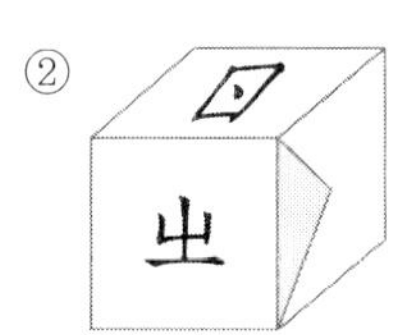

③
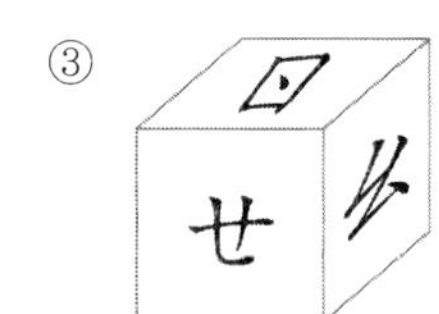

④
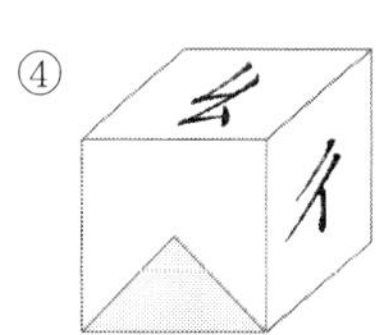

21

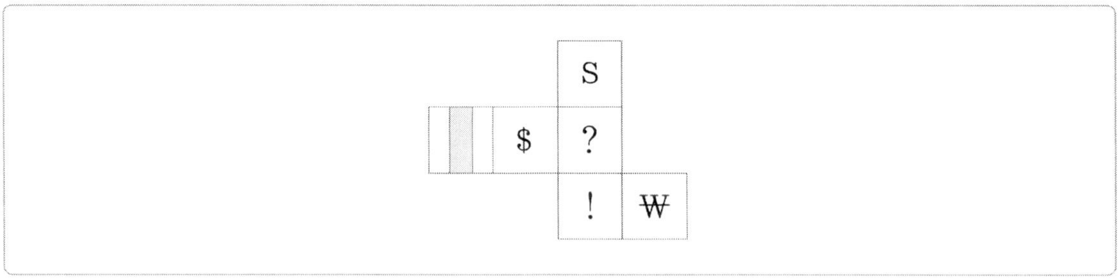

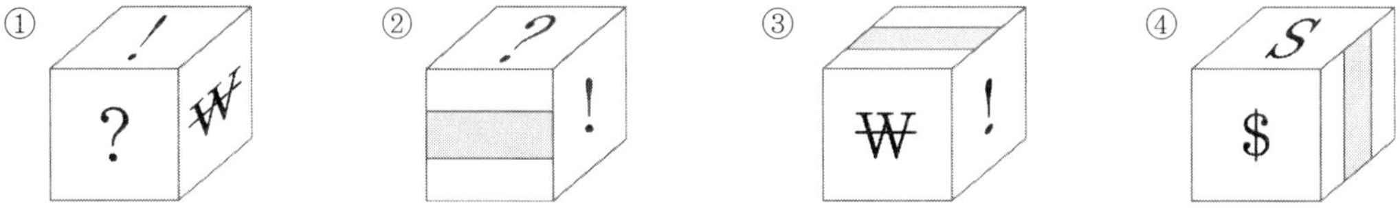

① ② ③ ④

22

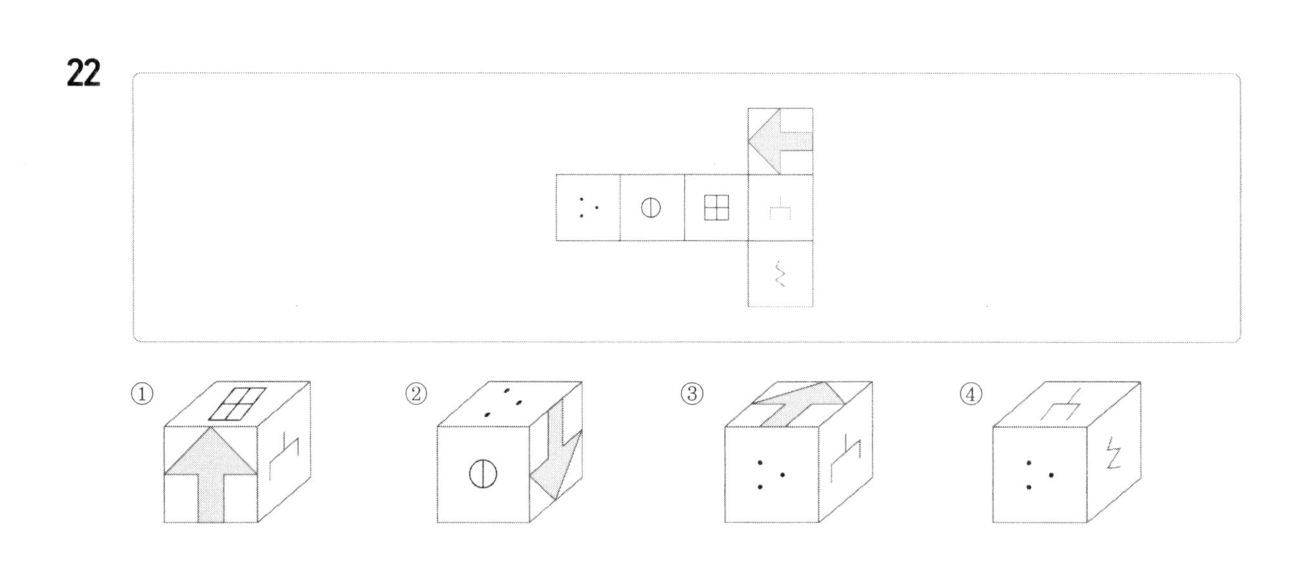

23

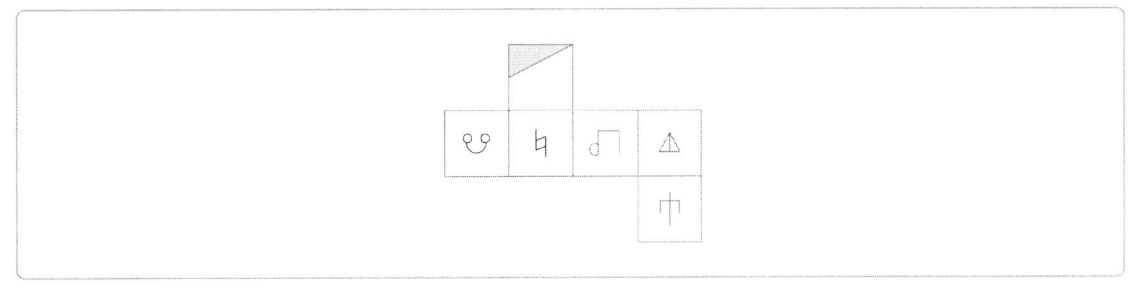

① 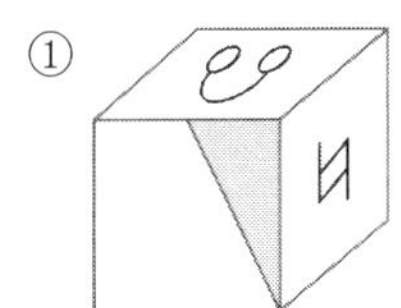
② 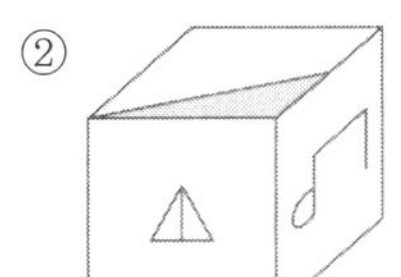
③ 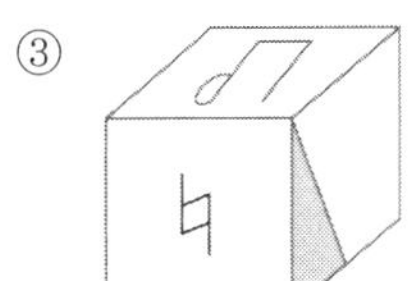
④ 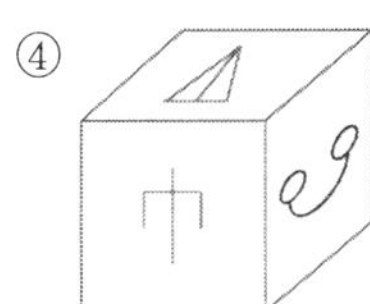

24

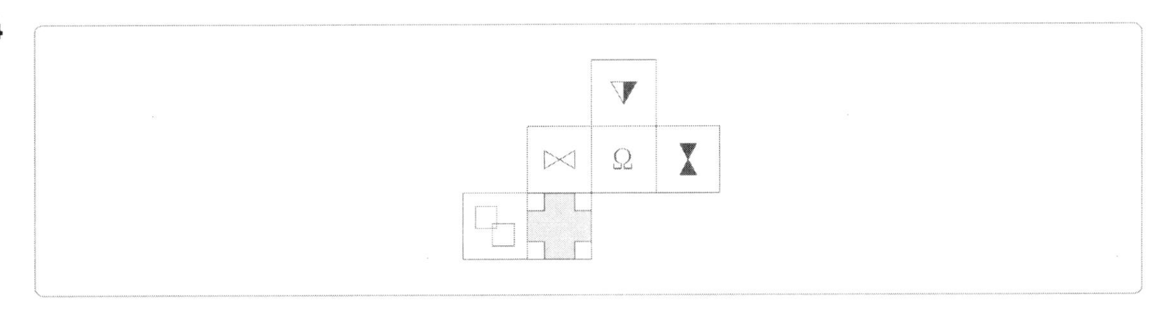

① 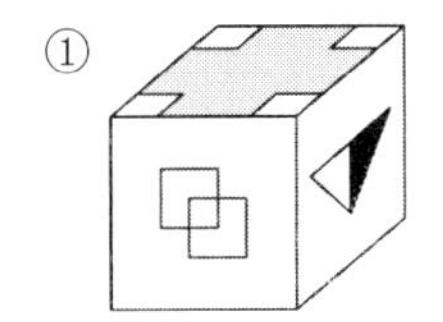
② 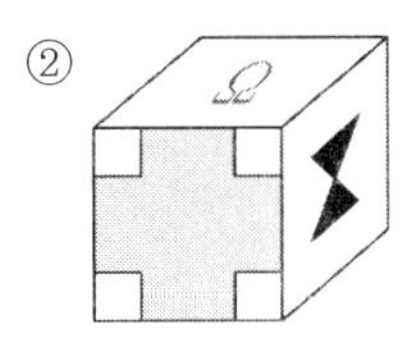
③ 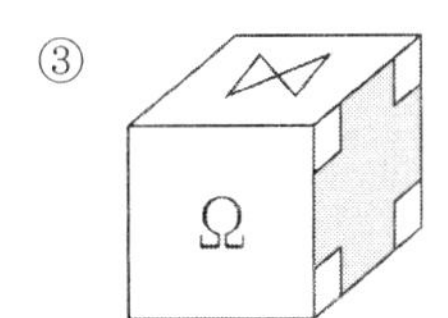
④ 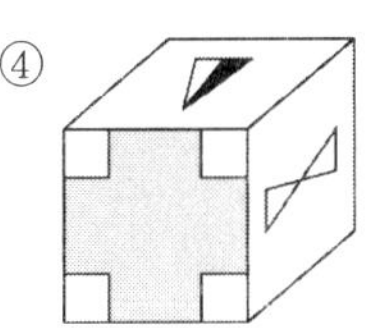

25

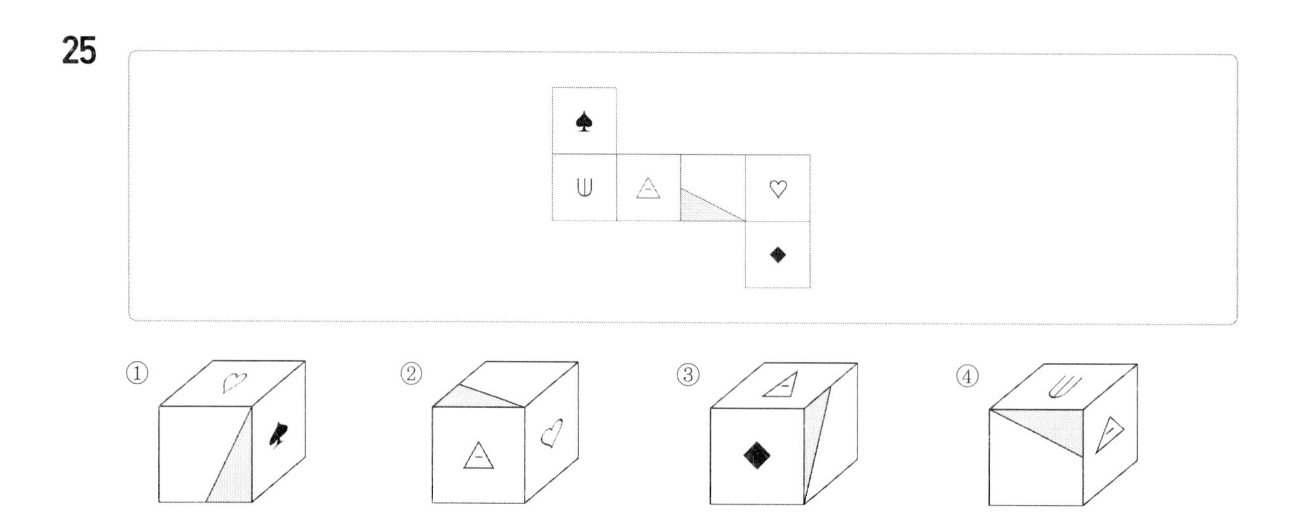

26

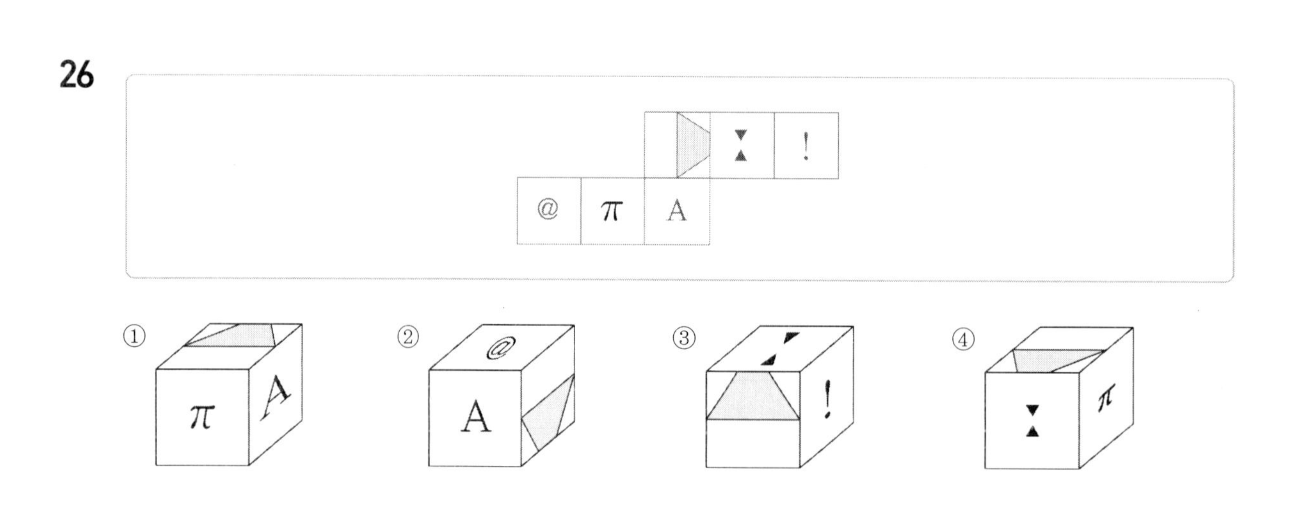

27

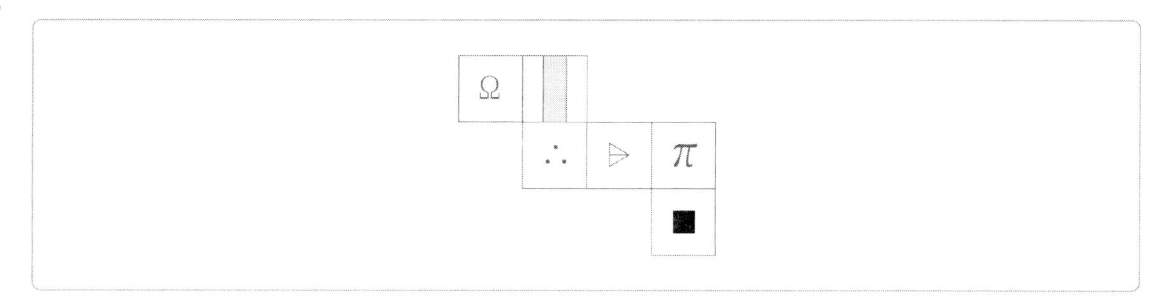

① 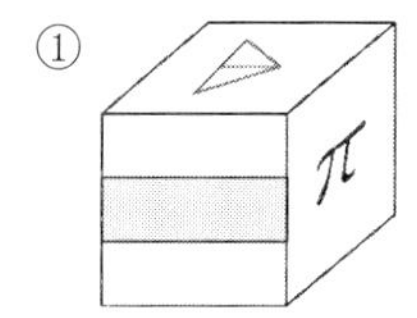

② 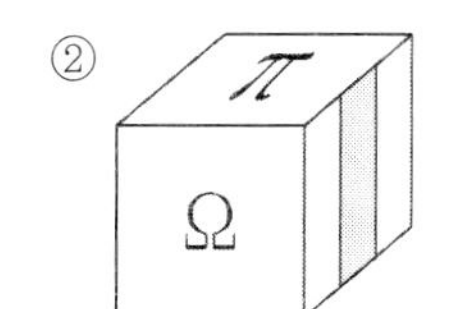

③ 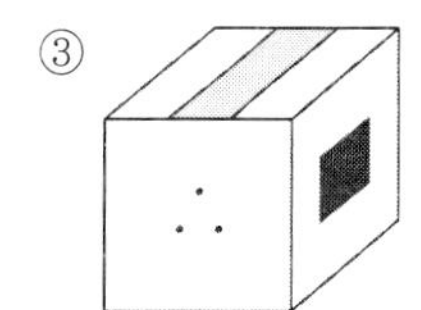

④ 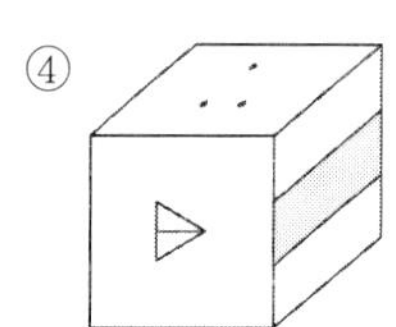

Q 아래에 제시된 그림과 같이 쌓기 위해 필요한 블록의 수는? 【28~41】

※ 블록의 모양과 크기는 모두 동일한 정육면체임

28

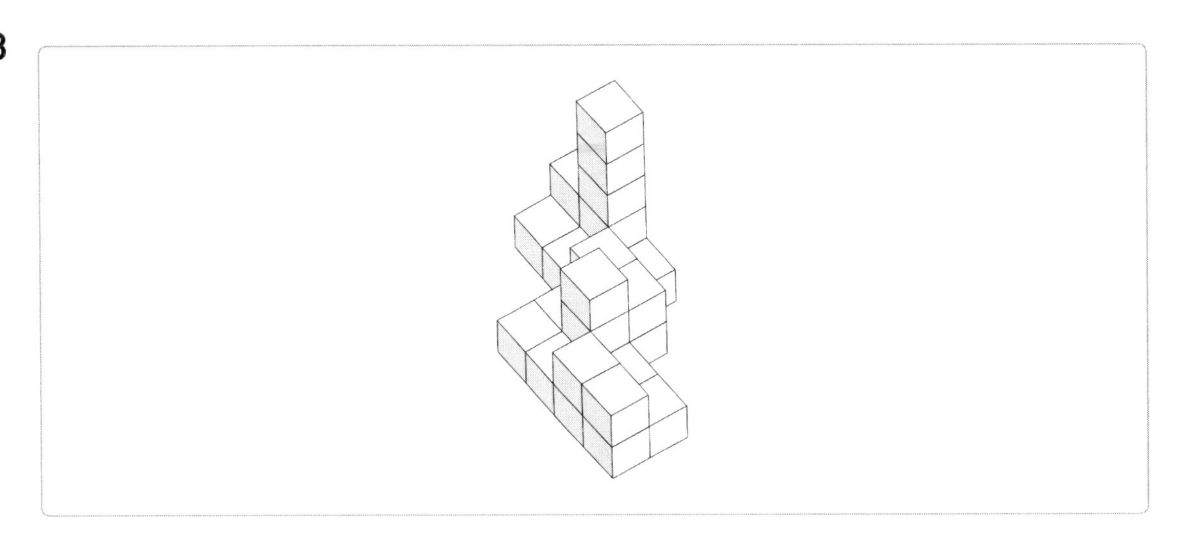

① 26
② 27
③ 28
④ 29

29

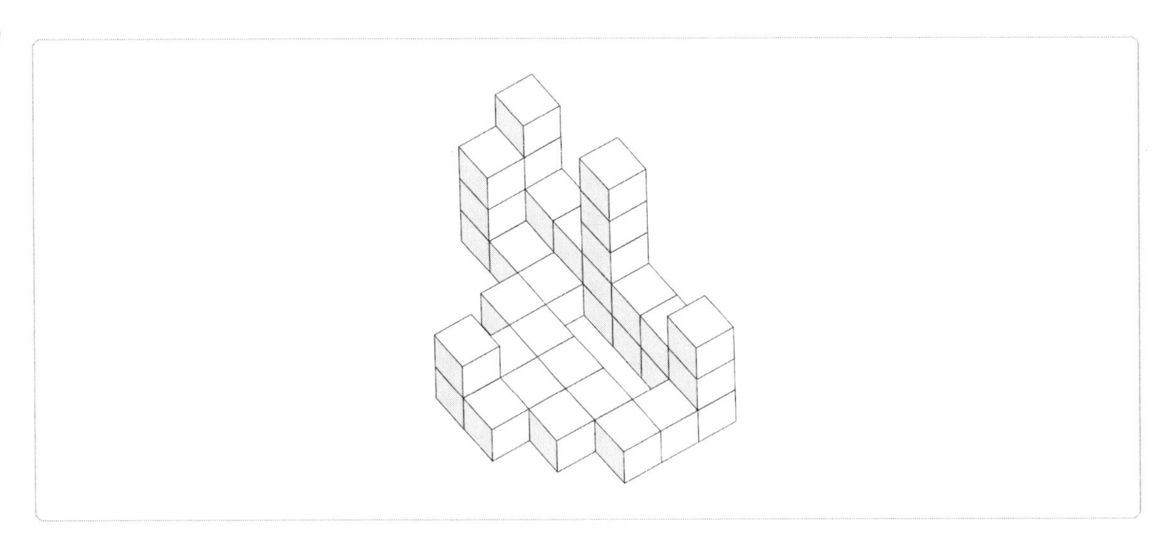

① 34
② 35
③ 36
④ 37

30

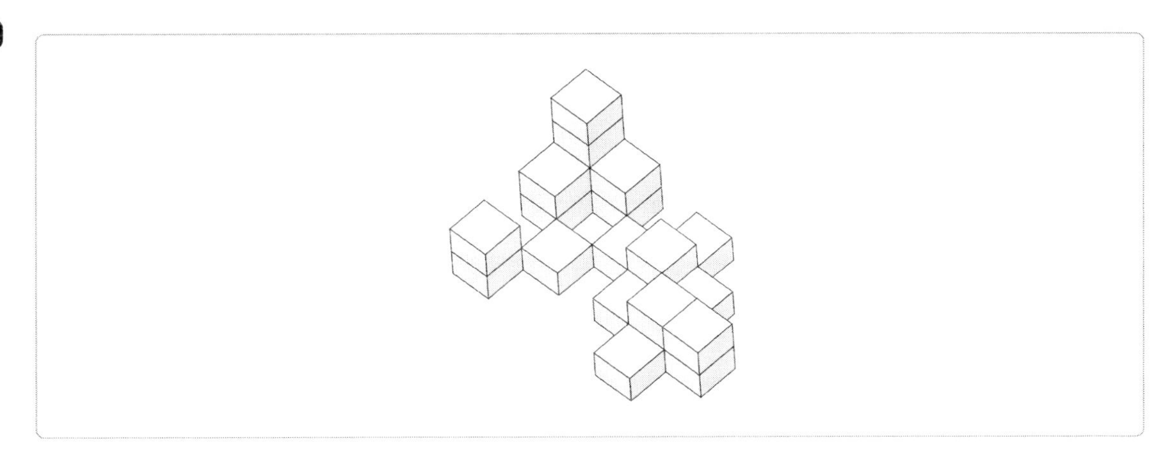

① 20　② 21
③ 22　④ 23

31

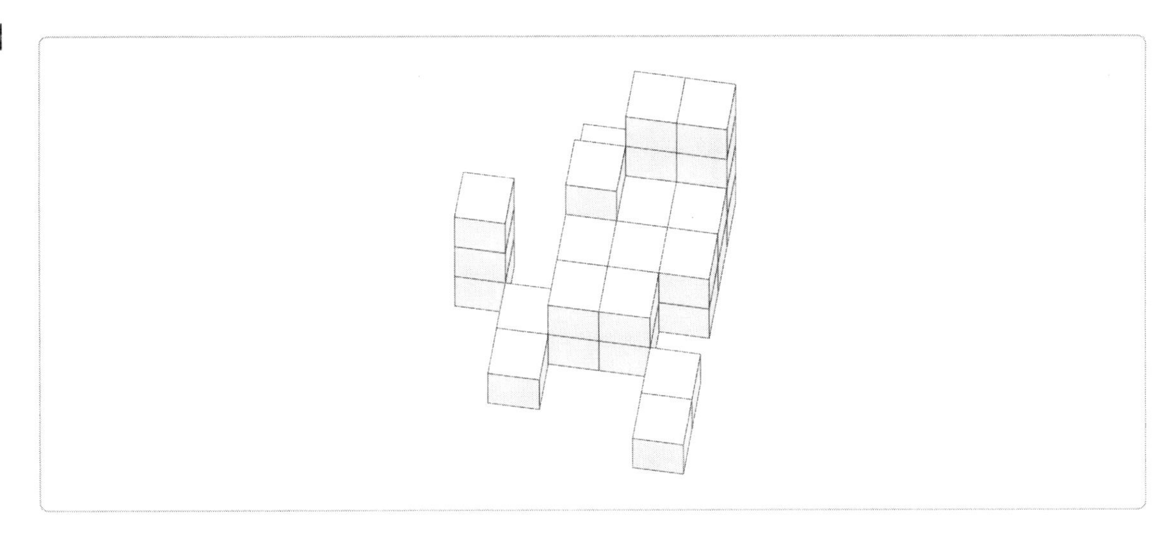

① 30　② 32
③ 34　④ 36

32

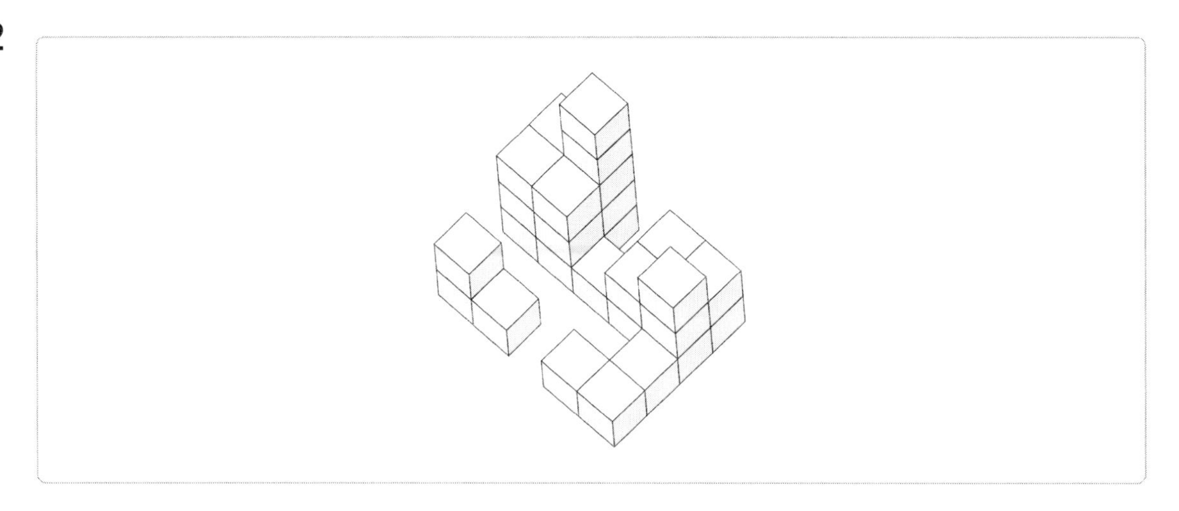

① 30　　② 32
③ 34　　④ 36

33

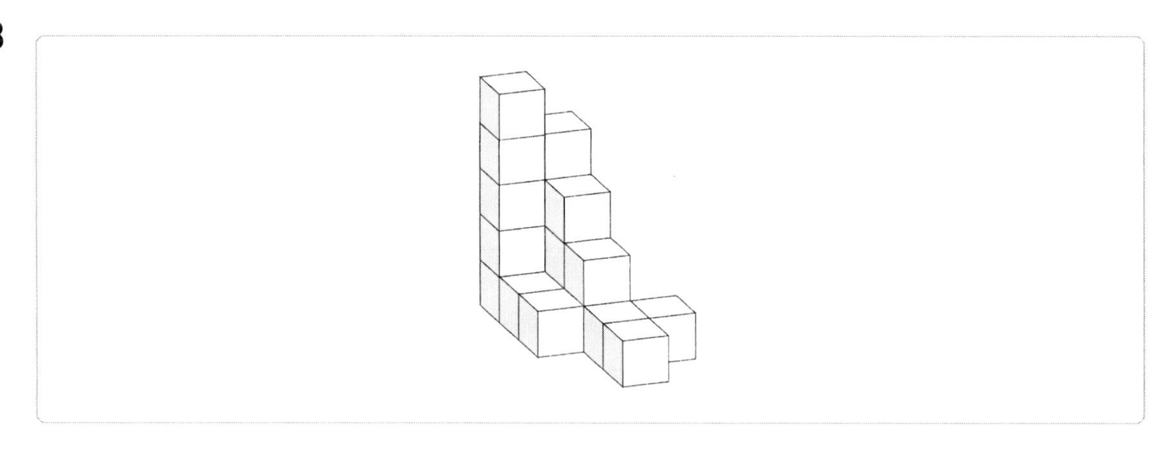

① 19　　② 20
③ 21　　④ 22

34

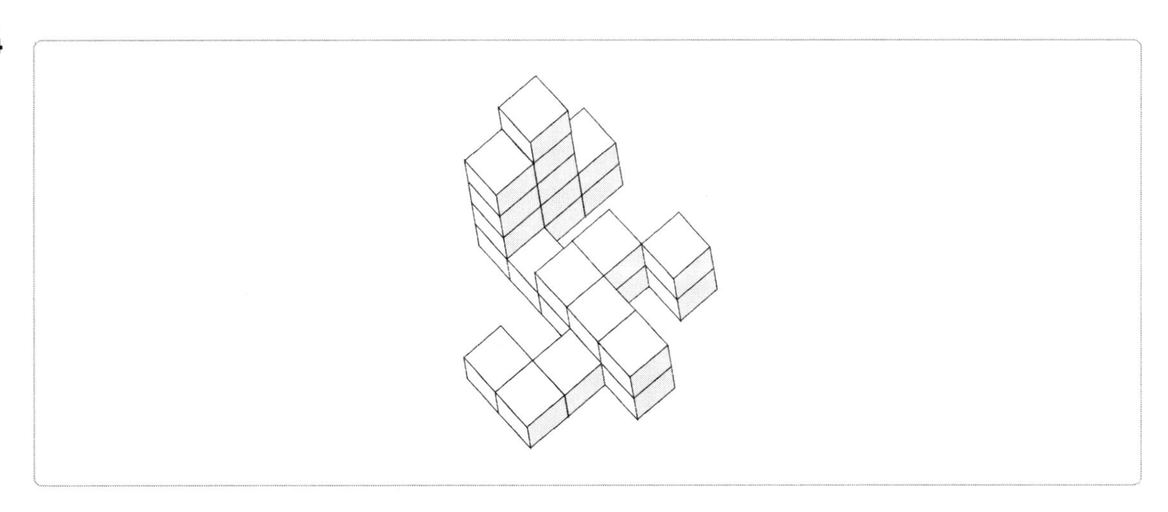

① 24　　② 25
③ 26　　④ 27

35

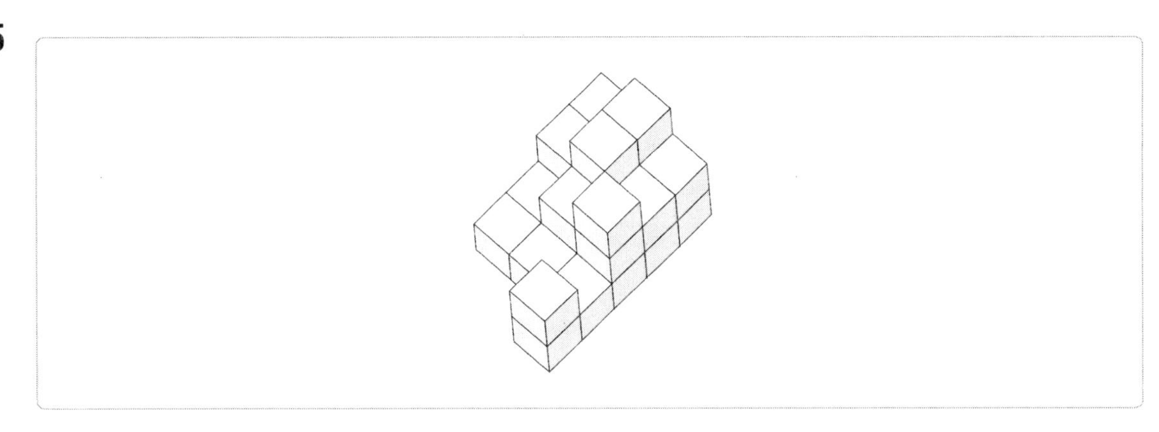

① 22　　② 23
③ 24　　④ 25

36

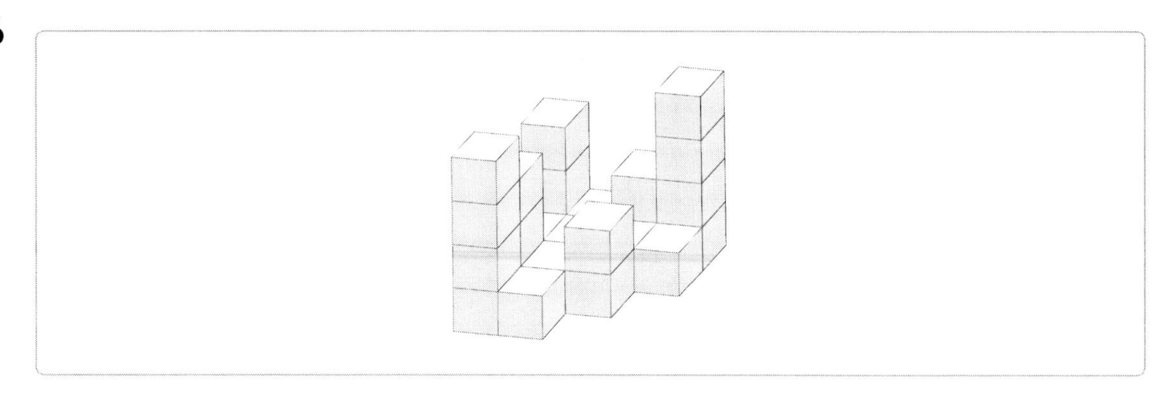

① 19
② 21
③ 23
④ 25

37

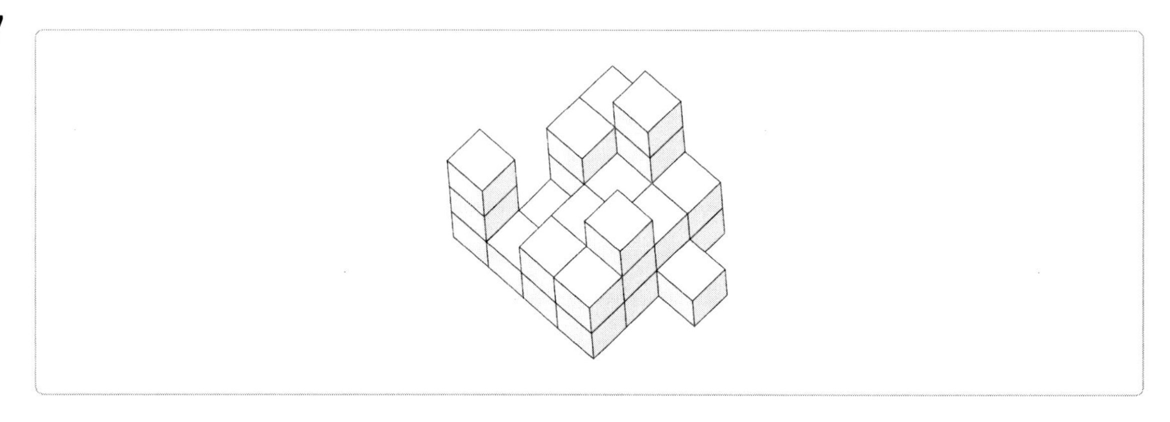

① 28
② 29
③ 30
④ 31

38

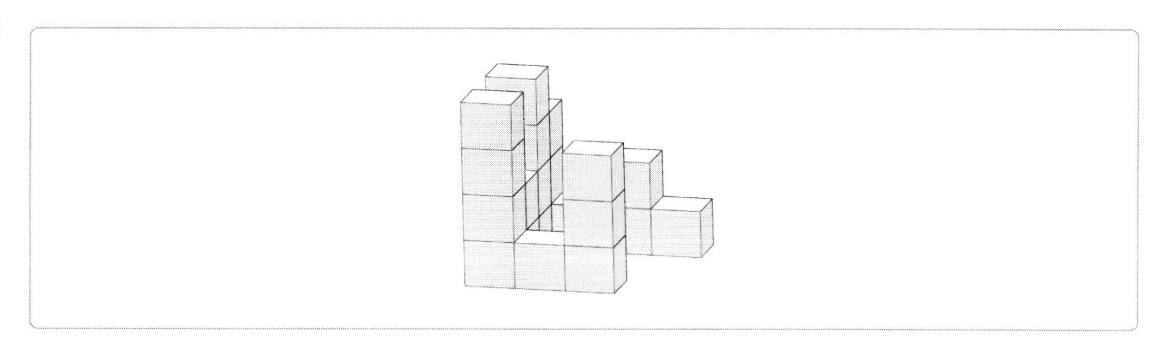

① 19 ② 20
③ 21 ④ 22

39

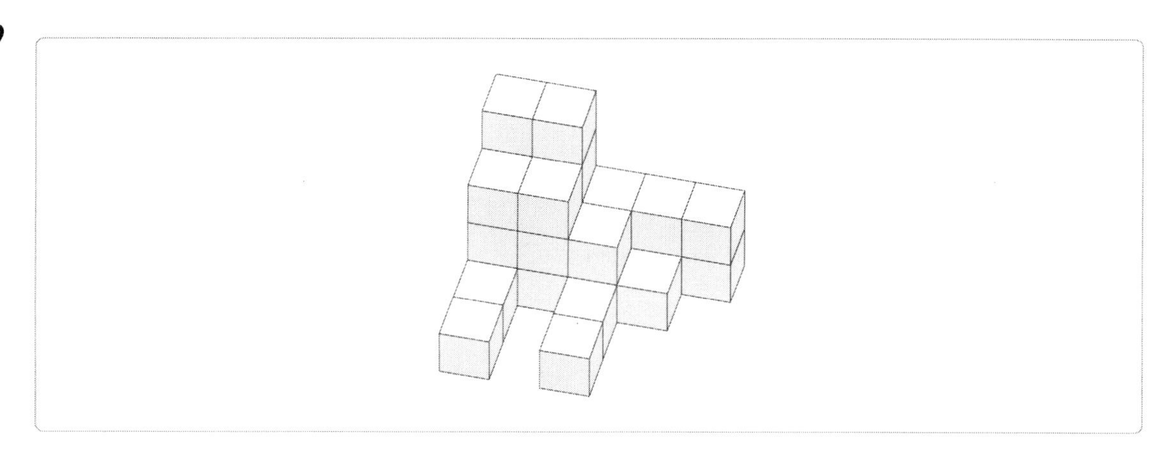

① 27 ② 28
③ 29 ④ 30

40

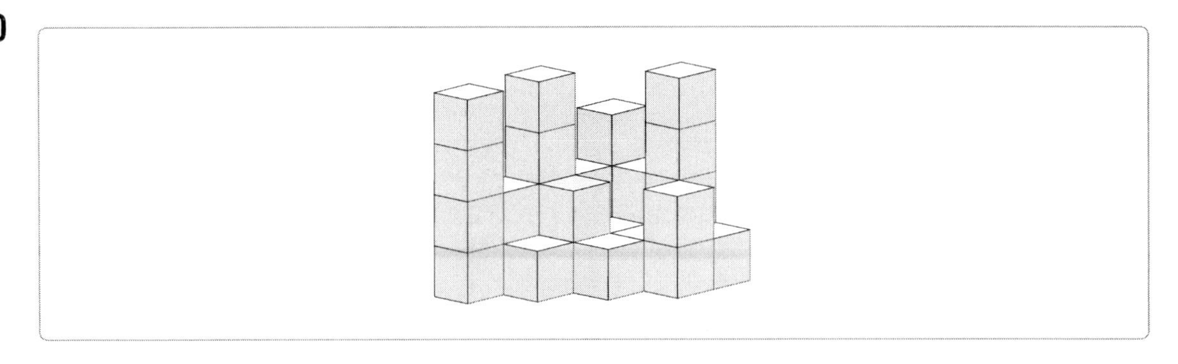

① 29　　② 30
③ 31　　④ 32

41

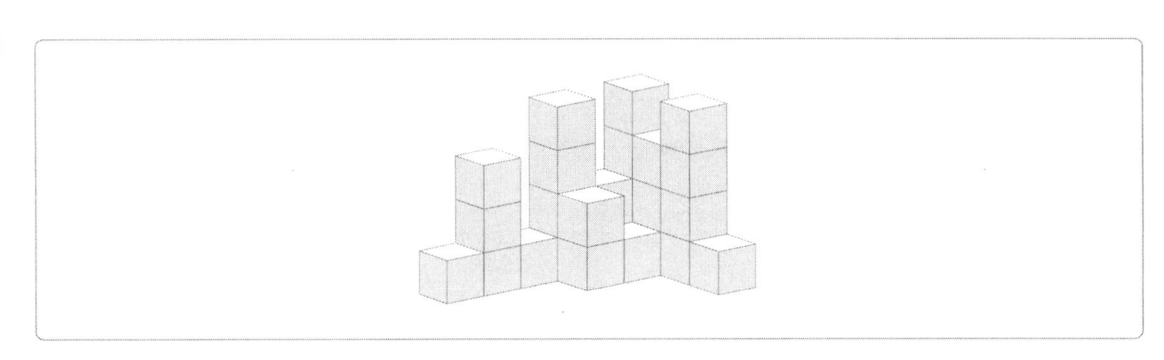

① 26　　② 27
③ 28　　④ 29

Q 아래에 제시된 블록들을 화살표 표시한 방향에서 바라봤을 때의 모양으로 알맞은 것은? 【42~54】

※ 주의사항

- 블록의 모양과 크기는 모두 동일한 정육면체임.
- 바라보는 시선의 방향은 블록의 면과 수직을 이루며 원근에 의해 블록이 작게 보이는 효과는 고려하지 않음.

42

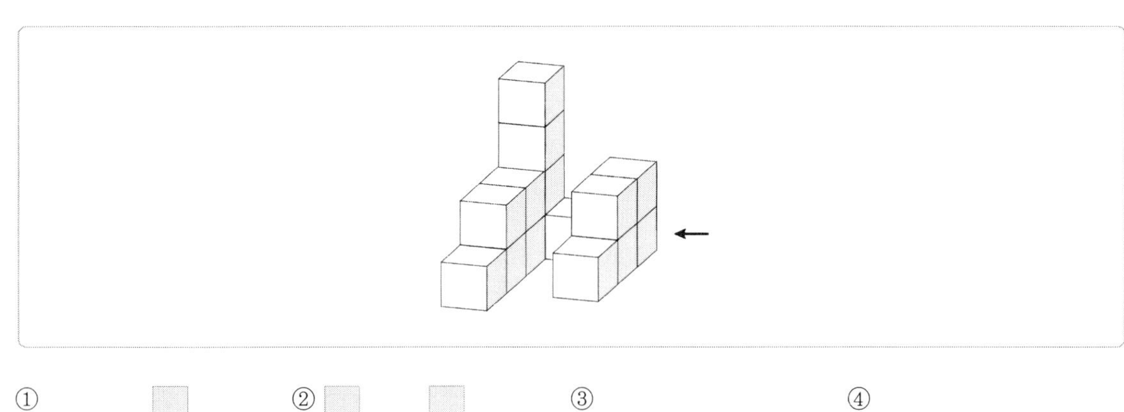

① 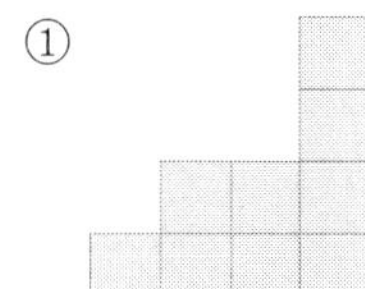

② 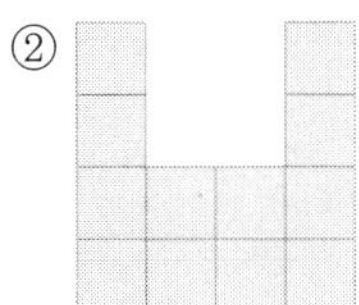

③ 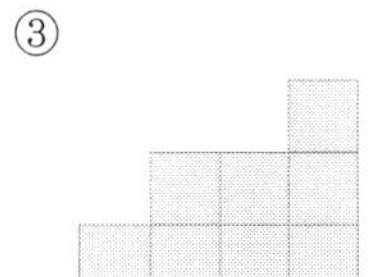

④ 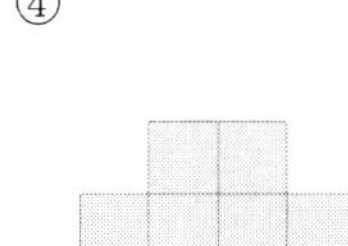

43

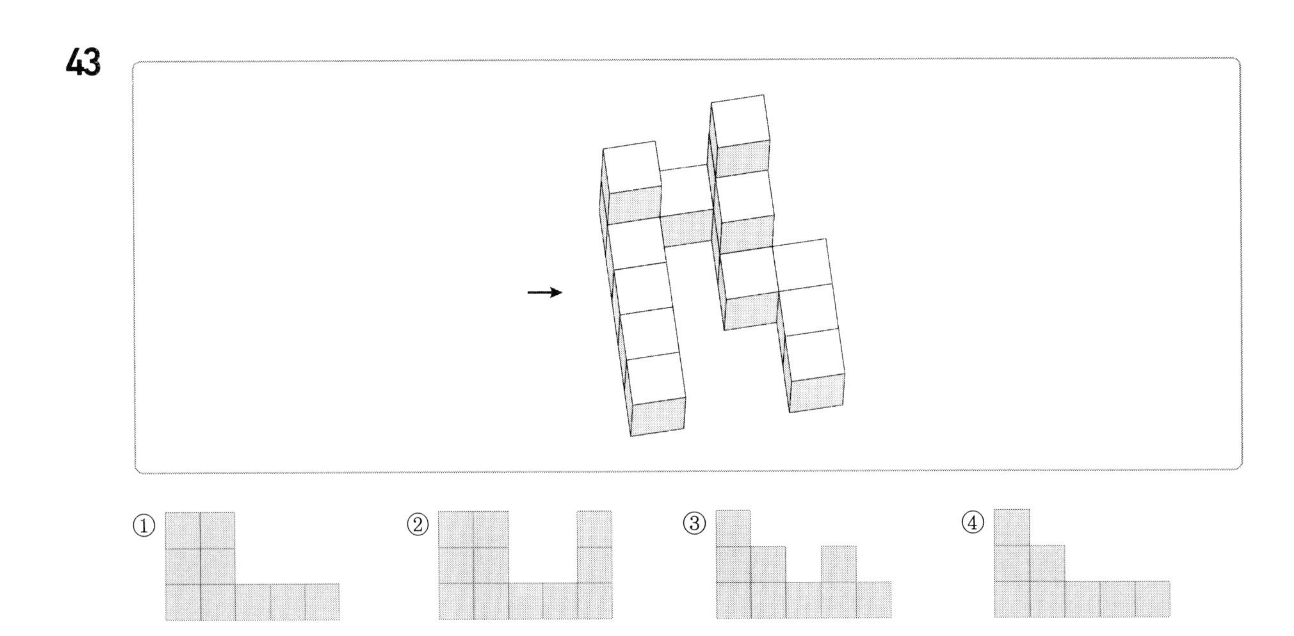

44

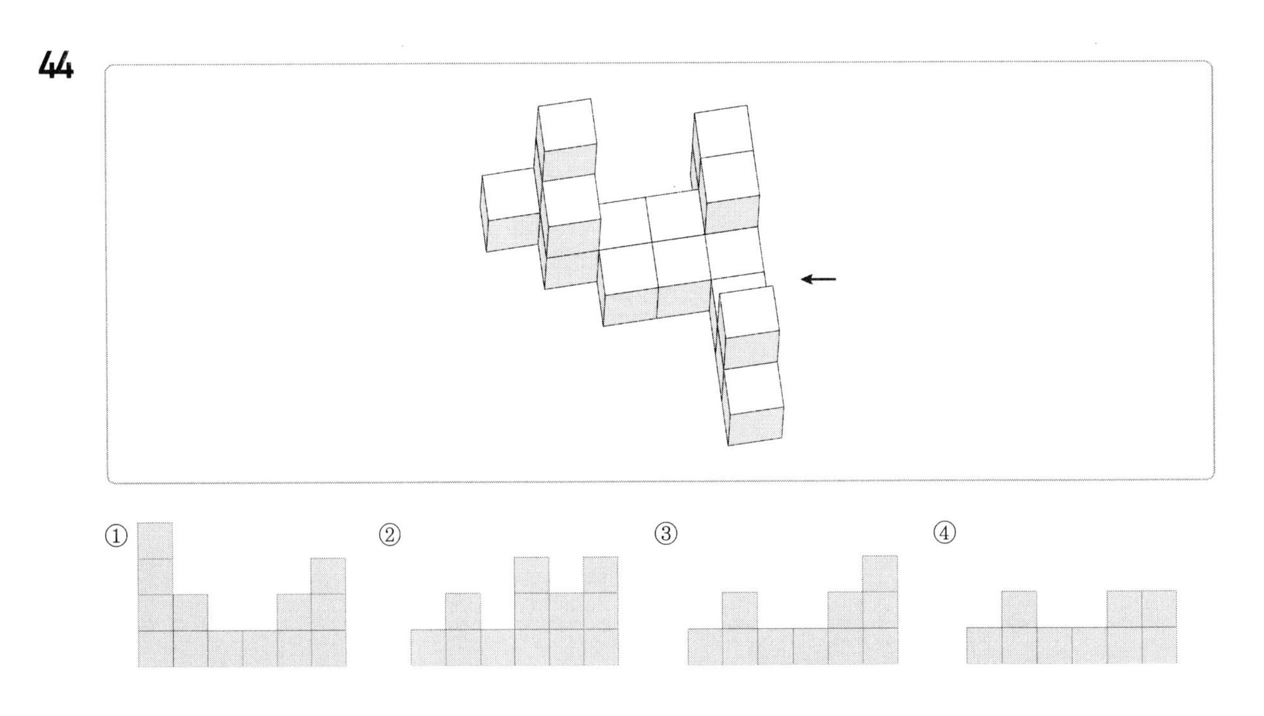

45

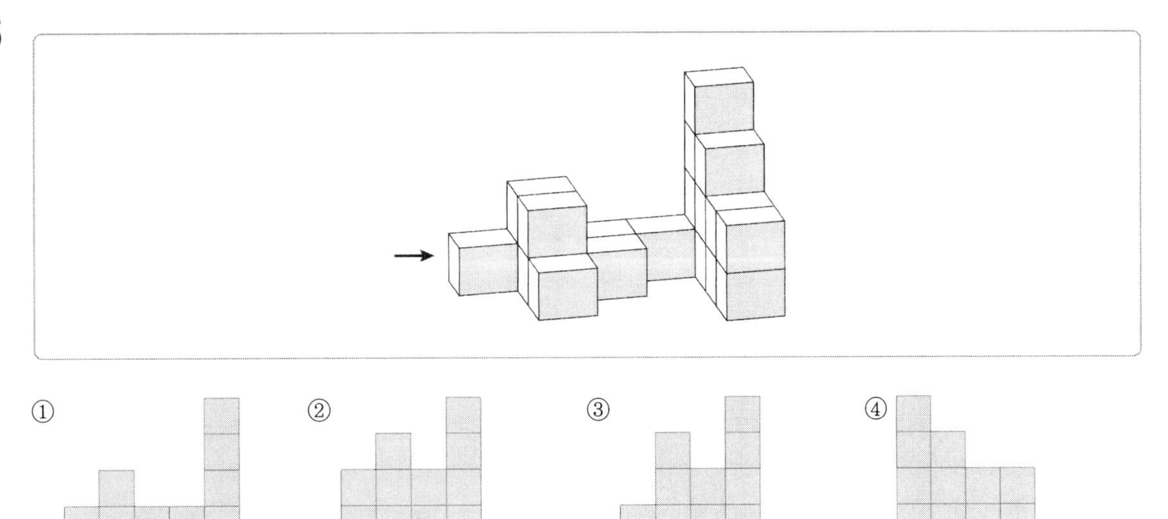

① ② ③ ④

46

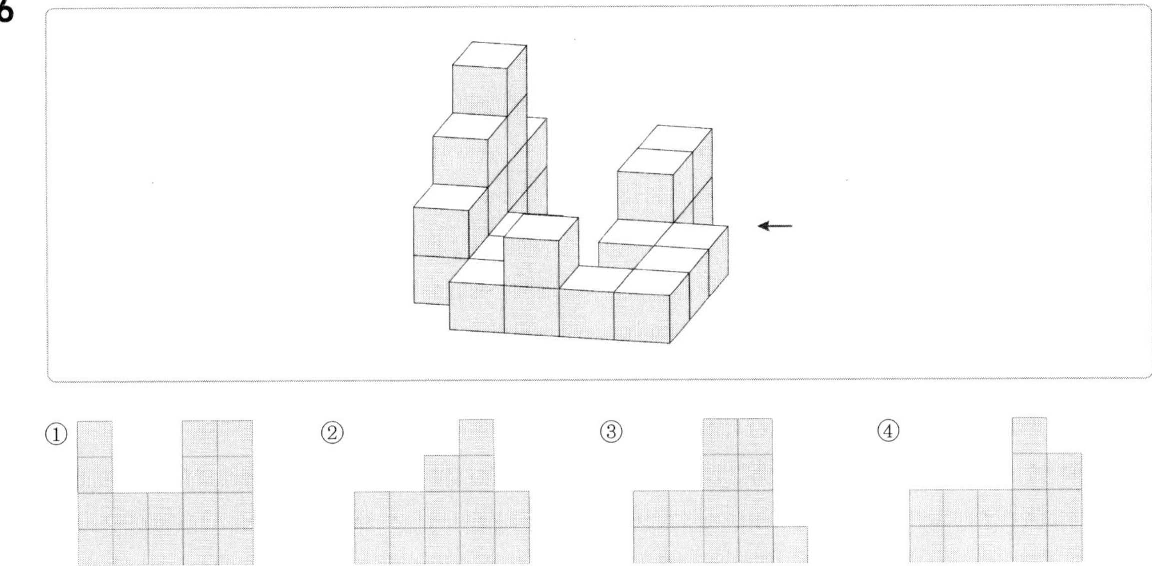

① ② ③ ④

47

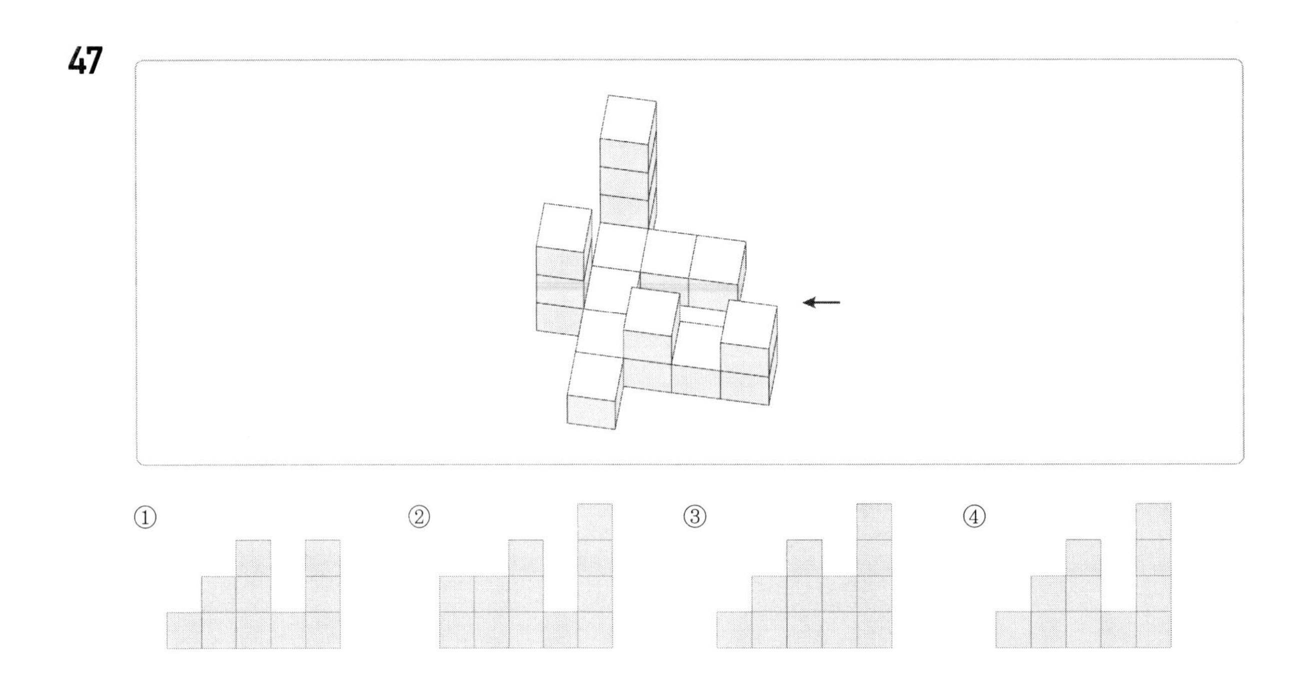

48

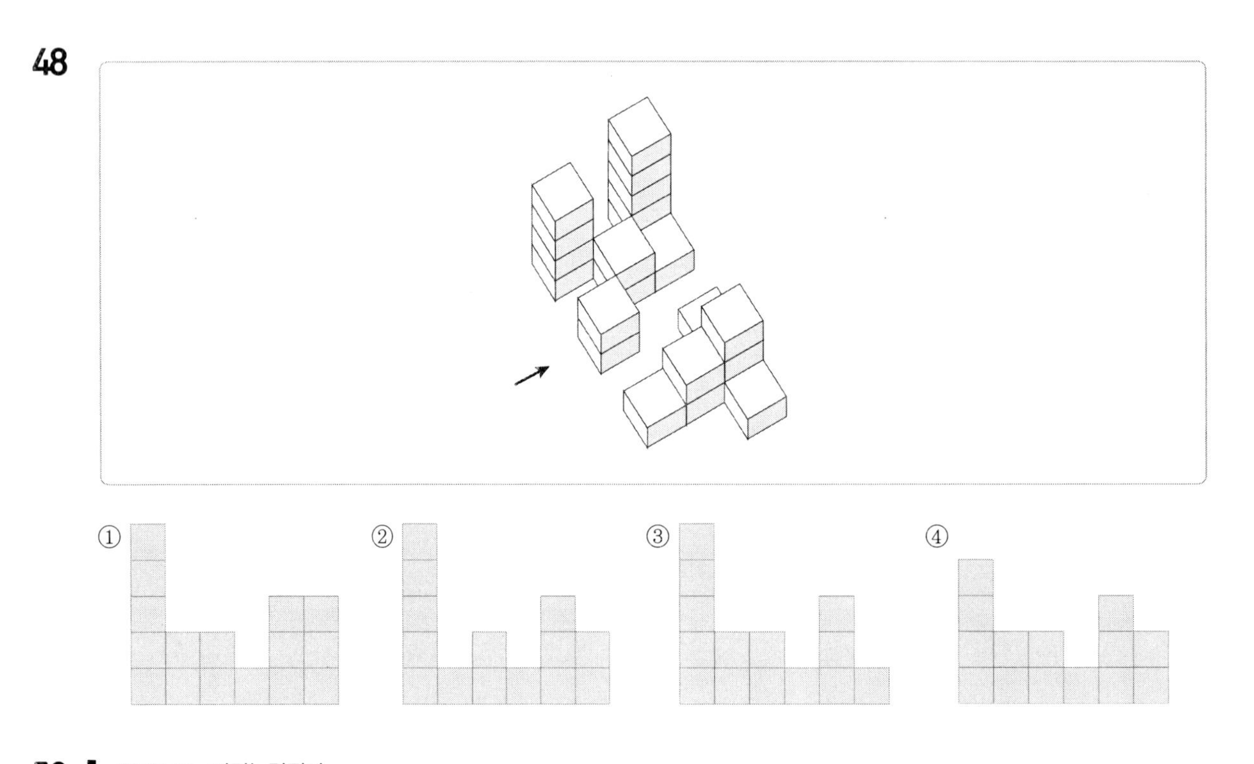

49

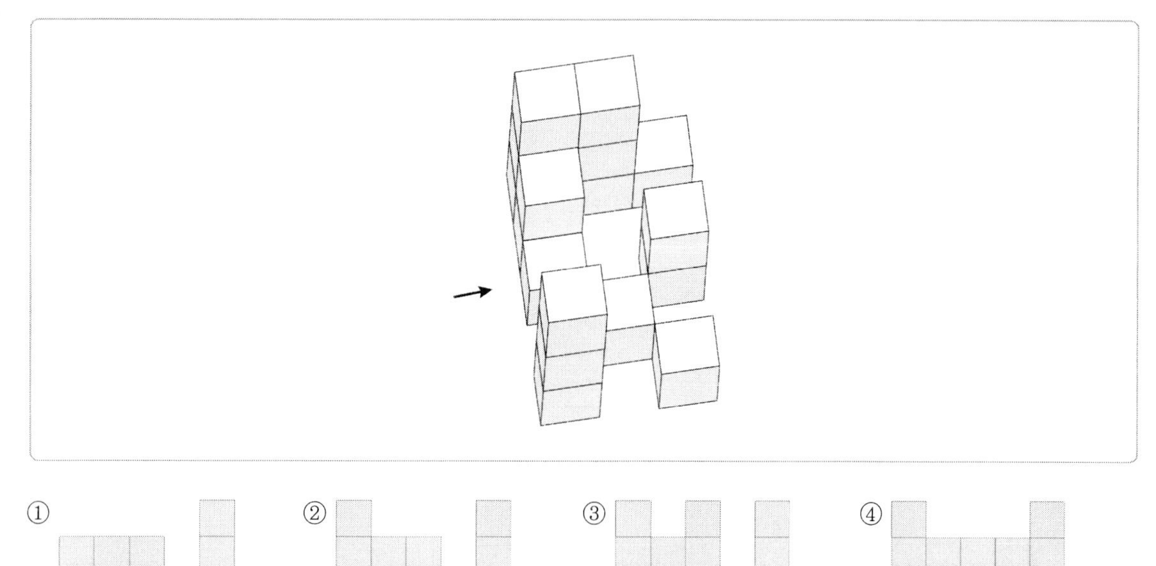

① ② ③ ④

50

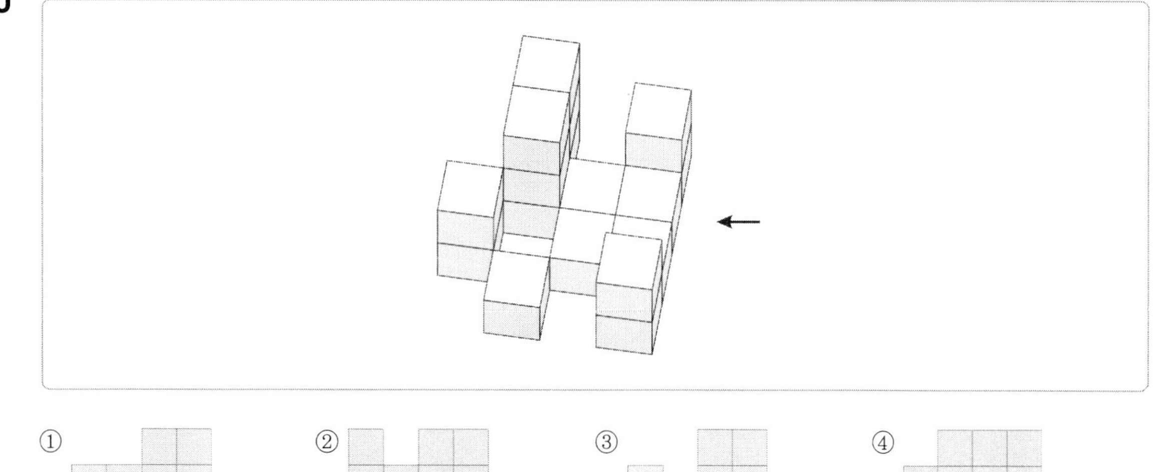

①

② 

③ 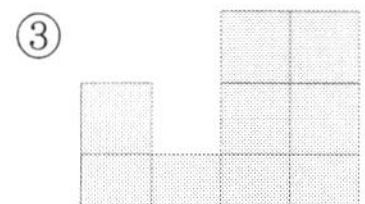

④ 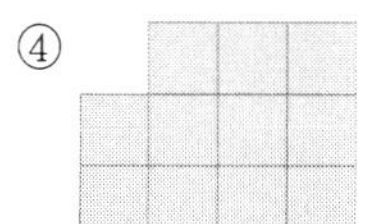

51

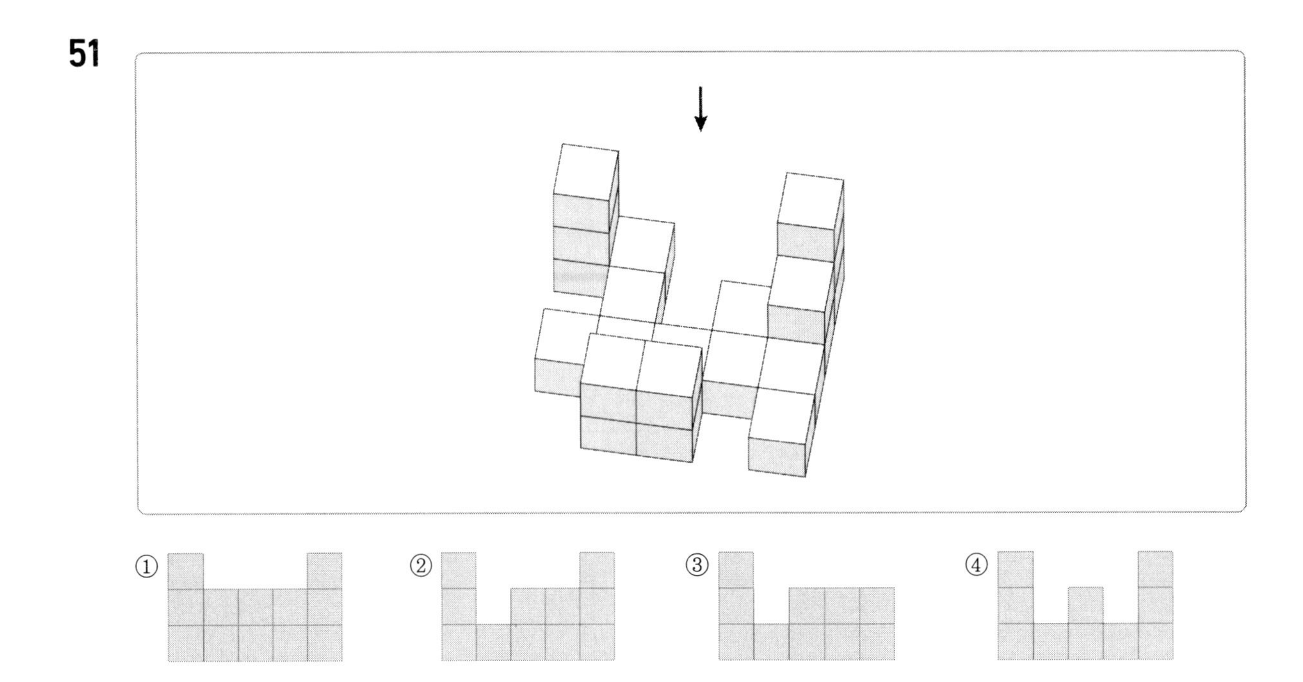

52

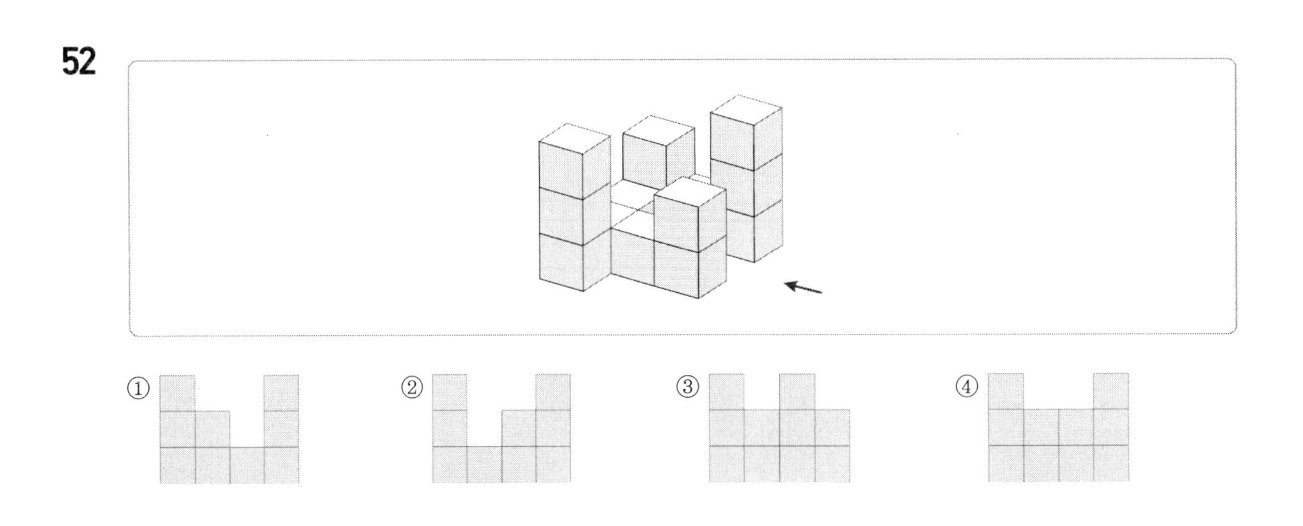

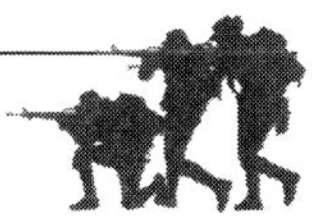

53

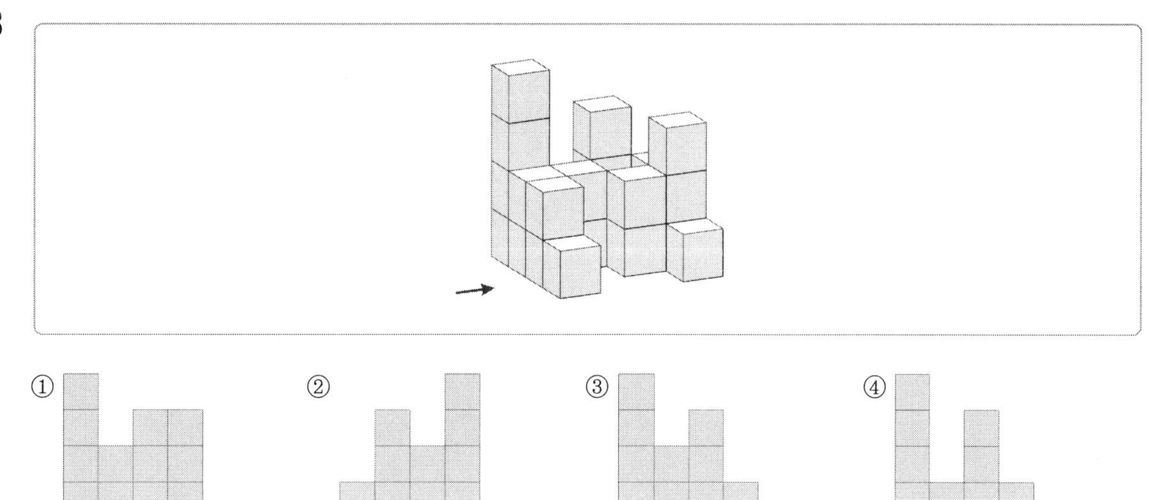

54

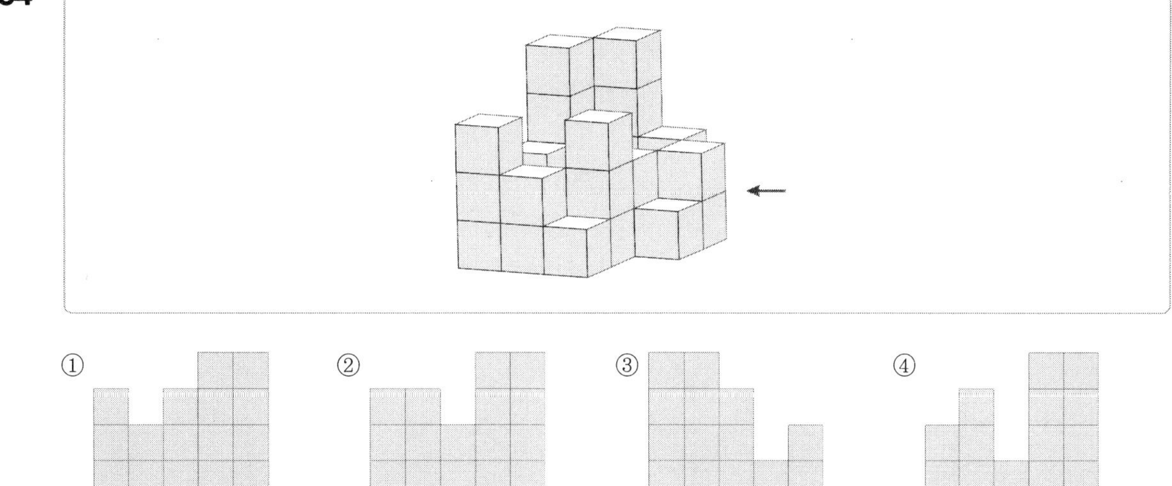

CHAPTER 02

지각속도

출제예상문제

≫ 정답 및 해설 p.252

Q 다음 왼쪽과 오른쪽 기호, 문자, 숫자의 대응을 참고하여 각 문제의 대응이 같으면 '① 맞음'을, 틀리면 '② 틀림'을 선택하시오. 【01~03】

韓 = 1	加 = c	有 = 5	上 = 8	德 = 11
武 = 6	下 = 3	老 = 21	無 = R	體 = Z

01

c R 11 6 3 – 加 無 德 武 下

① 맞음　　② 틀림

02

1 21 5 3 Z – 韓 老 有 下 體

① 맞음　　② 틀림

03

6 R 21 c 8 – 武 無 加 老 上

① 맞음　　② 틀림

Q 다음 왼쪽과 오른쪽 기호, 문자, 숫자의 대응을 참고하여 각 문제의 대응이 같으면 '① 맞음'을, 틀리면 '② 틀림'을 선택하시오. 【04~06】

예=A	글=O	도=S	표=G	해=F
약=D	높=P	유=Q	특=W	활=J

04

A P W G J – 예 높 특 표 활

① 맞음 ② 틀림

05

D S D O Q – 약 도 약 글 유

① 맞음 ② 틀림

06

F G J A S – 해 표 활 예 도

① 맞음 ② 틀림

Q 다음 왼쪽과 오른쪽 기호, 문자, 숫자의 대응을 참고하여 각 문제의 대응이 같으면 '① 맞음'을, 틀리면 '② 틀림'을 선택하시오. 【07~09】

$x^2 = 2$	$k^2 = 3$	$l = 7$	$y = 8$	$z = 4$
$x = 6$	$z^2 = 0$	$y^2 = 1$	$l^2 = 9$	$k = 5$

07

2 0 9 5 4 − x^2 z^2 l^2 k z

① 맞음 ② 틀림

08

3 7 4 6 1 − k l z x y^2

① 맞음 ② 틀림

09

8 1 5 2 0 − y y^2 k x z^2

① 맞음 ② 틀림

Q 다음 왼쪽과 오른쪽 기호, 문자, 숫자의 대응을 참고하여 각 문제의 대응이 같으면 '① 맞음'을, 틀리면 '② 틀림'을 선택하시오. 【10~12】

Ⅷ = 강	Ⅲ = 윤	Ⅹ = 이	Ⅳ = 신	Ⅸ = 진
Ⅵ = 박	Ⅱ = 서	Ⅻ = 도	Ⅰ = 김	Ⅴ = 표

10

강 서 이 김 진 – Ⅷ Ⅱ Ⅸ Ⅰ Ⅸ

① 맞음　　② 틀림

11

박 윤 도 신 표 – Ⅵ Ⅲ Ⅻ Ⅳ Ⅵ

① 맞음　　② 틀림

12

신 이 서 강 윤 – Ⅳ Ⅹ Ⅱ Ⅲ Ⅷ

① 맞음　　② 틀림

Q 다음 왼쪽과 오른쪽 기호, 문자, 숫자의 대응을 참고하여 각 문제의 대응이 같으면 '① 맞음'을, 틀리면 '② 틀림'을 선택하시오. 【13~15】

울 = a	둘 = 2	굴 = k	불 = 7	툴 = 1
술 = 5	물 = 3	줄 = j	룰 = p	쿨 = q

13

a 2 j p 1 – 울 둘 줄 쿨 툴

① 맞음 ② 틀림

14

5 3 k q 7 – 술 굴 불 쿨 불

① 맞음 ② 틀림

15

1 j k p 3 – 툴 줄 물 룰 굴

① 맞음 ② 틀림

Q 다음의 왼쪽과 오른쪽 기호의 대응을 참고하여 각 문제의 대응이 같으면 답안지에 '① 맞음'을, 틀리면 '② 틀림'을 선택하시오. 【16~18】

a=주	b=라	c=아	d=화
e=광	f=도	g=전	h=바

16

전 라 도 광 주 – g b f e a

① 맞음　　② 틀림

17

도 전 바 주 라 – f g d a b

① 맞음　　② 틀림

18

전 화 도 아 주 – g d f c a

① 맞음　　② 틀림

Q 다음의 왼쪽과 오른쪽 기호의 대응을 참고하여 각 문제의 대응이 같으면 답안지에 '① 맞음'을, 틀리면 '② 틀림'을 선택하시오. 【19~21】

1=W	2=E	3=P	4=C
5=O	6=S	7=Q	8=G

19

G Q W W E O C P − 8 7 1 1 2 5 4 3

① 맞음 ② 틀림

20

S O S P Q E W C G − 6 5 6 3 7 2 1 4 8

① 맞음 ② 틀림

21

C O P W O G P Q S − 4 5 3 5 1 8 3 7 6

① 맞음 ② 틀림

Q 다음 왼쪽과 오른쪽 기호, 문자, 숫자의 대응을 참고하여 각 문제의 대응이 같으면 '① 맞음'을, 틀리면 '② 틀림'을 선택하시오. 【22~24】

1 = 템	3 = 룻	F = 랜	4 = 던	k = 전
h = 팀	T = 플	j = 덤	2 = 오	0 = 토

22

오 팀 플 랜 던 – 2 h t F 4

① 맞음 ② 틀림

23

템 룻 전 토 덤 – 1 T k 0 j

① 맞음 ② 틀림

24

전 오 랜 덤 팀 – k 2 F j 0

① 맞음 ② 틀림

Q 다음 왼쪽과 오른쪽 기호, 문자, 숫자의 대응을 참고하여 각 문제의 대응이 같으면 '① 맞음'을, 틀리면 '② 틀림'을 선택하시오. 【25~27】

◑ = 행	♥ = 보	○ = 군	▽ = 통	◎ = 병
◈ = 정	♧ = 급	★ = 부	▶ = 신	△ = 참

25

행 보 병 참 급 – ◑ ♥ ◎ △ ◈

① 맞음　　② 틀림

26

군 통 정 군 부 – ○ ▽ ◈ ○ ★

① 맞음　　② 틀림

27

병 정 행 신 보 – ◎ ◈ ◑ ▶ ♥

① 맞음　　② 틀림

Q 다음 왼쪽과 오른쪽 기호, 문자, 숫자의 대응을 참고하여 각 문제의 대응이 같으면 '① 맞음'을, 틀리면 '② 틀림'을 선택하시오. 【28~30】

† = ㅜ	k = ㅍ	× = ㅗ	s = ㅇ	e = ㅛ
✚ = ㅟ	t = ㅋ	m = ㅚ	✖ = ㅕ	♓ = ㄴ

28

ㅍ ㅚ ㄴ ㅇ ㅕ − k m ♓ e ✖

① 맞음　　② 틀림

29

ㅜ ㅟ ㅋ ㅟ ㅕ − † ✚ t ✚ ✖

① 맞음　　② 틀림

30

ㅋ ㅛ ㄴ ㅛ ㅗ − t e ♓ × e

① 맞음　　② 틀림

Q 다음 왼쪽과 오른쪽 기호, 문자, 숫자의 대응을 참고하여 각 문제의 대응이 같으면 '① 맞음'을 틀리면 '② 틀림'을 선택하시오. 【31~35】

$ = (가)　　£ = (다)　　₣ = (타)　　₦ = (마)　　₩ = (차)　　₪ = (아)

¥ = (자)　　₱ = (나)　　฿ = (라)　　₮ = (바)　　¤ = (카)　　₯ = (사)

31

(가) (나) (다) (라) (마) – $ ₱ £ ฿ ₦

① 맞음　　② 틀림

32

(바) (사) (아) (자) (차) – ₮ ₯ ₪ ¥

① 맞음　　② 틀림

33

(카) (타) (가) (다) (마) – ¤ ₣ $ £ ₦

① 맞음　　② 틀림

34

(나) (라) (사) (자) (카) – ₱ ฿ ₯ ¥ $

① 맞음 ② 틀림

35

(타) (카) (차) (자) (아) – ₣ ¤ ₩ ₪ ¥

① 맞음 ② 틀림

Q 다음에서 각 문제의 왼쪽에 표시된 굵은 글씨체의 기호, 문자, 숫자의 개수를 모두 새어 보시오. 【36~65】

36

ㄹ	아름다운 이 땅에 금수강산에 단군 할아버지

① 1개
② 2개
③ 3개
④ 4개

37

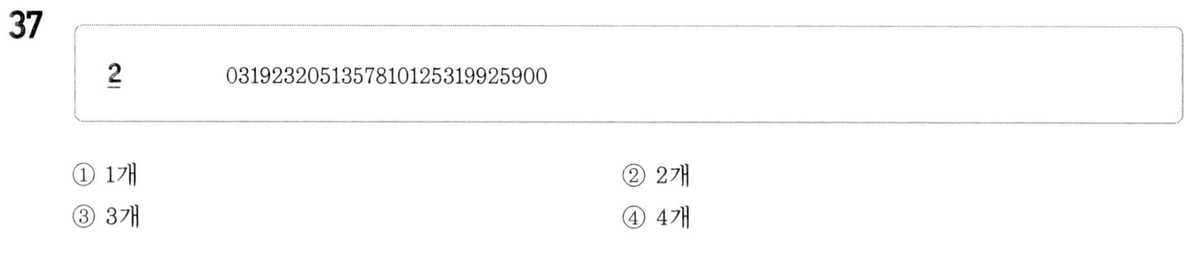

2	0319232051357810125319925900

① 1개
② 2개
③ 3개
④ 4개

38

♧	♤♠♡♥♧♣♧♥♡♠♤♠♥♣♧♥♡♠♤

① 1개
② 2개
③ 3개
④ 4개

39

火	木花春風南美北西冬木日火水金

① 1개 ② 2개
③ 3개 ④ 4개

40

ㄱ	욕망에 따른 행위는 모두 자발적인 것이다.

① 1개 ② 2개
③ 3개 ④ 4개

41

♣	☺◆↗⊙♡☆▽◁♧◑†♬♪▣♣

① 1개 ② 2개
③ 3개 ④ 4개

42

ㅾ	ᄫᅥᆼ ᄬᅧᆼ ㅺㅫㅪㄽㅨㅦ ㅾ ㅻ ㅷ ㅳ ㅰ ᄝᅥᆼ

① 1개
② 2개
③ 3개
④ 4개

43

8	978896285014859725865157805

① 4개
② 5개
③ 6개
④ 7개

44

Ȣ	ƔƜβ ΨΞϞϮϬƄϑπ τ φ λ μ ξ ήΟΞΜŸ

① 1개
② 2개
③ 3개
④ 4개

45

$\underline{\alpha}$	$\sum 4\lim 6\overrightarrow{A}\pi 8\beta\frac{5}{9}\Delta\pm\int\frac{2}{3}\text{Å}\theta\gamma 8$

① 0개 ② 1개
③ 2개 ④ 3개

46

으	역사를 기억하고 기록하느냐에 따라 의미와 깊이가 변할 수 있다.

① 5개 ② 6개
③ 7개 ④ 8개

47

₩	₠₡₢₣₤₥₦₧₨₩₪₫€₭₮₯₰₱

① 0개 ② 1개
③ 2개 ④ 3개

48

ㅁ	머루나비먹이무리만두먼지미리메리나루무림

① 4개
② 5개
③ 7개
④ 9개

49

4	GcAshH748vdafo25W641981

① 0개
② 1개
③ 2개
④ 3개

50

겵	걅겮겖게겗겗겔궑겇겍겡겊겥겍겵겱

① 0개
② 1개
③ 2개
④ 3개

51

<u>ㅇ</u>	軍事法院은 戒嚴法에 따른 裁判權을 가진다.

① 0개
② 1개
③ 2개
④ 3개

52

<u>る</u>	ゆよるらろくぎつであぱるれわゐを

① 0개
② 1개
③ 2개
④ 3개

53

<u>②</u>	④**9**②⑧⑥⑤①[7]**1**⑨**5**[8][4][3]❼②

① 0개
② 1개
③ 2개
④ 3개

54

≑	≦≢≍≢≏≁≄≕≗≜≓≑≲

① 1개 ② 2개
③ 3개 ④ 4개

55

⊅	∪∬∈∄⊅∑∀∩∯≮∓∗⊅∈∆

① 1개 ② 2개
③ 3개 ④ 4개

56

^	%#@&!&@*%#^!@$^~+−₩

① 1개 ② 2개
③ 3개 ④ 4개

57

$\frac{3}{2}$	$\frac{4}{5}$ $\frac{8}{2}$ $\frac{4}{5}$ $\frac{3}{4}$ $\frac{6}{7}$ $\frac{9}{5}$ $\frac{7}{9}$ $\frac{7}{3}$ $\frac{2}{2}$ $\frac{1}{7}$ $\frac{1}{2}$ $\frac{5}{6}$

① 0개　② 1개
③ 2개　④ 3개

58

𝅘𝅥𝅯	𝄞 ♪ 𝄪 ♪ ♫♬ 𝅘𝅥𝅯 𝅗𝅥 𝅘𝅥𝅯 ♬ ♩. ♪ 𝄢 ♫

① 0개　② 1개
③ 2개　④ 3개

59

ㅌ	the뭉크韓中日rock셔틀bus피카소%3986as5$₩

① 1개　② 2개
③ 3개　④ 4개

60

s	dbrrnsgornsrhdrnsqntkrhks

① 1개　② 2개
③ 3개　④ 4개

61

ㅁ	강물, 추위, 햇빛 따위가 어떤 대상에 미치지 못하게 하다.

① 1개　② 2개
③ 3개　④ 4개

62

s	My head was spinning from an excess of pleasure.

① 3개　② 4개
③ 5개　④ 6개

63

a	Listen to the song here in my heart

① 1개
② 2개
③ 3개
④ 4개

64

2	10059478628948624982492314867

① 2개
② 4개
③ 6개
④ 8개

65

東	一三車軍東海善美參三社會東

① 1개
② 2개
③ 3개
④ 4개

Q 다음에서 각 문제의 왼쪽에 표시된 굵은 글씨체의 기호, 문자, 숫자의 개수를 모두 세어 보시오. 【66~80】

66

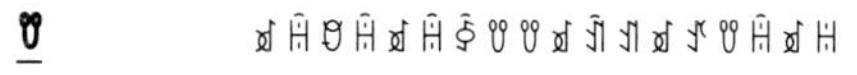

① 2개　② 3개
③ 4개　④ 5개

67

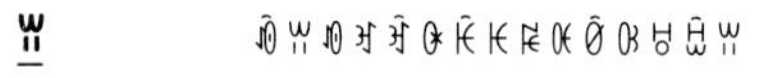

① 2개　② 3개
③ 4개　④ 5개

68

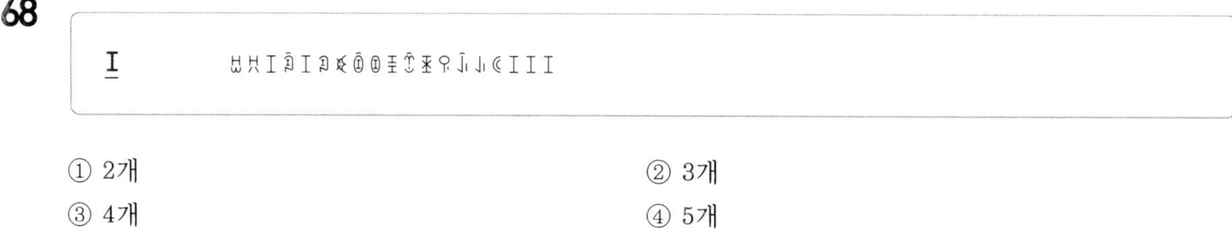

① 2개　② 3개
③ 4개　④ 5개

69

[illegible] [illegible]

① 2개
② 3개
③ 4개
④ 5개

70

[illegible] [illegible]

① 2개
② 3개
③ 4개
④ 5개

71

[illegible] [illegible]

① 2개
② 3개
③ 4개
④ 5개

72

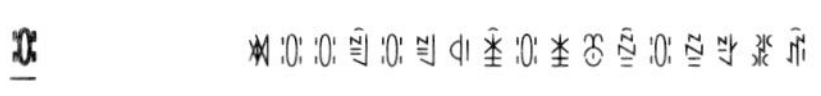

[illegible] [illegible]

① 2개
② 3개
③ 4개
④ 5개

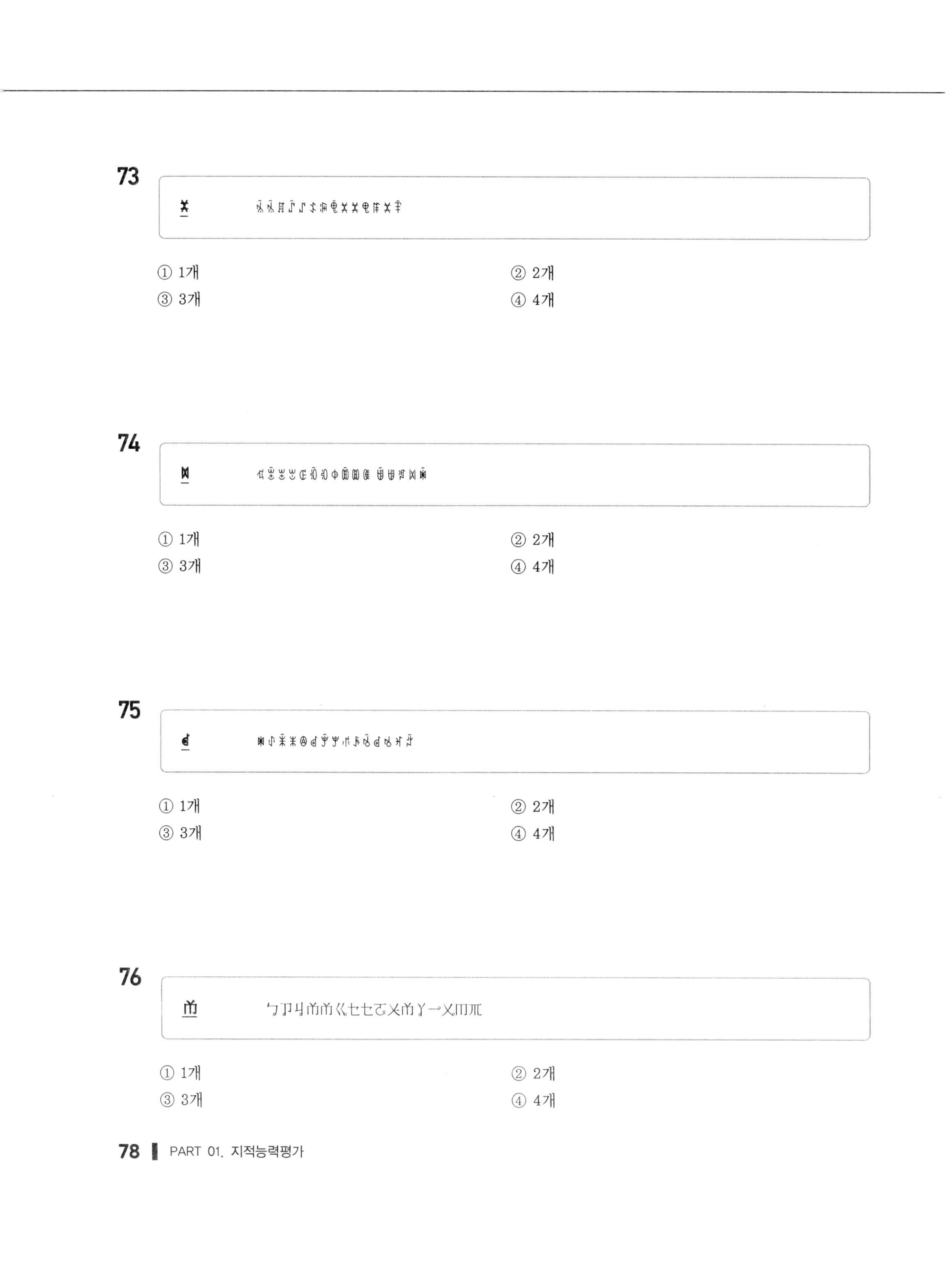

73

[illegible] [illegible]

① 1개 ② 2개
③ 3개 ④ 4개

74

[illegible] [illegible]

① 1개 ② 2개
③ 3개 ④ 4개

75

[illegible] [illegible]

① 1개 ② 2개
③ 3개 ④ 4개

76

[illegible] [illegible]

① 1개 ② 2개
③ 3개 ④ 4개

77

ホ	ク ス ト シ ホ ハ ヒ ス ト ヌ ハ ヒ フ フ ラ ム ル

① 1개　② 2개
③ 3개　④ 4개

78

□	□ □ □□□□□□□□□□□□□

① 1개　② 2개
③ 3개　④ 4개

79

😐	☹☺♉☯☼☺😐☺✆☢♉☯😐☹😐😐♉☯

① 1개　② 2개
③ 3개　④ 4개

80

🕕	🕐🕑🕒🕓🕗🕕🕘🕔🕖🕕🕗🕘🕕🕙🕚

① 1개　② 2개
③ 3개　④ 4개

CHAPTER 03

언어논리

출제예상문제

≫ 정답 및 해설 p.262

Q 다음 문장의 ( ) 안에 들어갈 단어로 가장 적절한 것을 고르시오. 【01~10】

01

코로나19 확산 우려로 세계 각국이 이동제한 조처를 함에 따라 올해 석유 ( ) 감소폭이 사상 최대를 기록할 것이라는 전망이 잇따르고 있습니다.

① 개요
② 소요
③ 고요
④ 동요
⑤ 수요

02

근무 시간 중 정위치(定位置), 언제든 통화할 수 있도록 유선 대기하는 등 회사의 재택근무 지침에도 불구하고 직원이 전화를 제대로 받지 않거나 인터넷 검색, 취미 · 영리 활동을 하는 등 업무에 ( )할 경우 복무규율 위반에 따른 징계 대상이다.

① 조만
② 자만
③ 오만
④ 태만
⑤ 기만

03

교육공무원이 한차례 성비위를 저지른 뒤 피해자에게 정신적 · 신체적 '2차 피해'를 가하면 견책부터 최대 (　)에 해당하는 징계를 내릴 수 있도록 했다.

① 파면
② 숙면
③ 사면
④ 동면
⑤ 구면

04

마장마술은 말을 (　)해 규정되어 있는 각종 예술적인 동작을 선보이는 것이다. 승마 중에서도 예술성을 가장 중시하는 종목으로, 종종 발레나 피겨 스케이팅에 비유되곤 한다. 심사위원이 채점한 점수로 순위가 결정된다.

① 가련
② 미련
③ 권련
④ 조련
⑤ 시련

05

병인박해 때 천주교인은 애초에 당파 싸움의 (　　)로/으로 애매하게 박해를 받은 것이었다.

① 주모자
② 장본인
③ 당사자
④ 희생양
⑤ 주최자

06

이번 총선은 민주주의의 발전 정도를 가늠해 볼 수 있는 중요한 (　　)이다.

① 시금석
② 가산점
③ 파죽음
④ 출사표
⑤ 지천명

07

패물은 한 번 돈으로 바꾸면 그만이지만 땅은 해마다 돈을 낳을 테니 그야말로 (　　)이라고 할 수 있었다.

① 마소일
② 화수분
③ 마름질
④ 노익장
⑤ 개살구

08

그는 이번 사건으로 (　　)을/를 면하기 어렵게 되었다.

① 노다지
② 뜬구름
③ 고생길
④ 오름세
⑤ 위화감

09

그녀도 결혼에 실패했다는 사실을 (　　) 감추려 하지 않았다.

① 기어코
② 태연히
③ 구태여
④ 마침내
⑤ 대체로

10

가게 주인은 손님들의 외상값을 적은 (　　)을/를 목숨처럼 여겼다.

① 살생부
② 시방서
③ 기록문
④ 치부책
⑤ 모사본

Q 밑줄 친 ㉠~㉤ 중 글의 통일성을 해치는 것을 고르시오. 【11~17】

11

㉠ 정보보호란 정보를 보호하고 유지하는 것을 말하며 정보보안과 동의어로 쓰인다. ㉡ 정보보호를 정의하려면 당연히 '정보'와 그 가치의 정의가 선행되어야 한다. ㉢ 또한 '보호'라는 용어는 위험관리 측면에서 정의해야 하므로, 가볍게 정의할 수 있는 것은 아니다. ㉣ 정보보호의 특징은 기밀성, 무결성, 가용성으로 볼 자격이 없으면 안 보여주고, 틀린 정보는 취급하지 않으며, 볼 자격이 있는 사람이 보여 달라고 하면 보여주는 것이다. ㉤ 따라서 정보는 자산이므로 그에 걸맞은 위험관리를 해주어야 하며 독점해야 한다.

① ㉠
② ㉡
③ ㉢
④ ㉣
⑤ ㉤

12

㉠ 최근 여러 기업들이 상위 5% 고객에게만 고급 서비스를 제공하는 마케팅을 벌여 소비자뿐만 아니라 전문가들에게서도 우려의 소리를 듣고 있다. ㉡ 실제로 모 기업은 지난해 초 'VIP 회원'보다 상위 고객을 노린 'VVIP 회원'을 만들면서 매년 동남아·중국 7개 지역 왕복 무료 항공권, 9개 호텔 무료 숙박, 해외 유명 골프장 그린피 무료 등을 서비스로 내세웠다. ㉢ VVIP 회원에 대한 무료 서비스는 다양한 분야에서 점차적으로 확대되는 추세이다. ㉣ 하지만 최근에 이 기업과 제휴를 맺고 있는 회사들이 비용 분담에 압박을 느끼면서 서비스 중단을 차례로 통보했다. ㉤ 또한 자사 분담으로 제공하고 있던 호텔 숙박권 역시 비용 축소를 위해 3월부터 서비스를 없앨 것으로 알려졌다.

① ㉠
② ㉡
③ ㉢
④ ㉣
⑤ ㉤

13

㉠ 도킨스는 인간의 모든 행동이 유전자의 자기 보존 본능에 따라 일어난다고 주장했다. ㉡ 사실 도킨스는 플라톤에서부터 쇼펜하우어에 이르기까지 통용되던 철학적 생각을 유전자라는 과학적 발견을 이용하여 반복하고 있을 뿐이다. ㉢ 이에 따르면 인간은 환경의 영향에 따라 같은 유전자를 가지고 태어났다고 하더라도 서로 다른 특성을 보일 수 있다. ㉣ 그런데 이 같은 도킨스의 논리에 근거하면 우리 인간은 이제 자신의 몸과 관련된 모든 행동들에 대해 면죄부를 받게 된다. ㉤ 모든 것들이 이미 유전자가 가진 이기적 욕망으로부터 나왔다고 볼 수 있기 때문이다.

① ㉠
② ㉡
③ ㉢
④ ㉣
⑤ ㉤

14

몇몇 학생들은 수학은 공식과 법칙을 사용하여 오로지 문제를 푸는 것으로 구성되어 있다고 생각하는 실수를 범한다. ㉠ 하지만 성공적인 문제 해결사가 되기 위해서 이론을 정확하게 인식해야만 하며, 논리적 구조와 수학적 방식들 뒤에 가려져 있는 추론을 인식해야 한다. ㉡ 그러기 위해서는 수학적 진술의 진정한 의미를 이해하고 정확하고 명확하게 생각을 표현하는 정확성을 요구한다. ㉢ 그러나 이러한 정확성은 언어의 미묘함에 대한 진정한 인식 없이는 얻어질 수 없다. ㉣ 사실, 누구나 문제를 푸는 것을 넘어 수학적 공식이나 규칙의 조정 없이도 많은 진보를 할 수 있다. ㉤ 즉, 언어 사용에서의 탁월한 능력은 성공적인 문제 해결사가 되는 하나의 필수요건인 것이다.

① ㉠
② ㉡
③ ㉢
④ ㉣
⑤ ㉤

15

> ㉠사회 속에서 태어난 아이에게는 음식과 보살핌이 제공되어야 한다. ㉡많은 사회에서 부모는 아이의 복지에 책임이 있으며 다음 세대를 돌보는 것으로 사회를 위한 기능을 이행한다. ㉢한 아이가 형제 혹은 자매, 그리고 그의 부모와 때때로 대가족의 다른 구성원과 함께 성장하면서 자신이 살고 있는 사회에 대해서 점점 더 많은 것을 배운다. ㉣예를 들어, 그는 언어, 선악에 대한 생각, 재밌는 대상에 대한 생각, 그리고 심각한 대상에 대한 생각 등을 배운다. ㉤인구조사에 따르면 결혼하지 않고 동거하는 이성커플의 수가 2007년 640만 명에 달했다. 다시 말해, 아이는 처음에 가족 구성원과의 접촉을 통해 사회문화를 배운다.

① ㉠
② ㉡
③ ㉢
④ ㉣
⑤ ㉤

16

> ㉠모험 여행은 오늘날 관광 산업에서 인기가 많은 추세이다. ㉡많은 사람들이 더 이상 사무실에서 벗어나 화창한 해변에서 누워 보내는 것에 만족하지 않는다. ㉢이들은 점점 더 거친 강물에서 뗏목을 타고, 열대우림 속을 여행하고 높은 산을 오르거나 미끄러운 빙하를 활강하는 것에 휴가를 사용하고 있다. ㉣모든 연령층의 사람들이 휴가 동안 교육을 목적으로 하는 여행을 선택하고 있다. ㉤이를 반영하듯 익스트림 스포츠(extreme sports)를 경험할 수 있는 관광 상품이 날로 증가하는 추세이다.

① ㉠
② ㉡
③ ㉢
④ ㉣
⑤ ㉤

17

㉠정부자료에 따르면, 다음 세기에 직업의 우위는 건강과 비즈니스 같은 서비스 관련 분야가 점할 것이다. ㉡일자리 또한 기술 분야와 상점, 식당 같은 소매업 분야에 많을 것이다. ㉢이러한 분야로 확장이 되는 것은 인구 노령화, 기술의 비약적 발전 그리고 변화하는 생활방식 등을 이유로 한다. ㉣그러나 사람들은 여전히 미래에 고수익이 될 전통적인 유형의 직업을 선호한다. ㉤그러므로 고수익의 직업은 과학, 컴퓨터, 기계와 의료에 학위를 가진 사람들에게 돌아갈 것이다.

① ㉠
② ㉡
③ ㉢
④ ㉣
⑤ ㉤

Q 다음 제시된 문장의 밑줄 친 부분과 같은 의미로 쓰인 것을 고르시오. 【18~23】

18

어렵사리 책을 손에 넣었다.

① 엄마는 손이 크시다.
② 우리 집이 남의 손에 들어갔다.
③ 식사 전에는 반드시 손을 씻어야 한다.
④ 김장철에는 손이 모자라다.
⑤ 우리 집에는 늘 자고 가는 손이 많다.

19

동네에서 우연히 선배를 만났다.

① 동생을 만나러 가는 길이다.
② 퇴근길에 갑자기 비를 만났다.
③ 친구는 깐깐한 상사를 만나 고생한다.
④ 이곳은 바다와 육지가 만나는 곳이다.
⑤ 우리는 그의 소설에서 일그러진 우리들의 모습과 만나게 된다.

20

상대편의 작전을 읽다.

① 소설을 읽다.
② 체온계의 눈금을 읽다.
③ 애인의 마음을 읽다.
④ 메일을 읽다.
⑤ 편지에 담긴 사연을 읽고는 흐르는 눈물을 주체할 수 없었다.

21

너무 피곤해서 눈만 감아도 잠이 올 것 같다.

① 열 장의 복권 중에서 하나만 당첨되어도 바랄 것이 없다.
② 안 가느니만 못하다.
③ 할아버지는 나만 보면 못마땅한 듯 얼굴을 찌푸리셨다.
④ 그때 이후로 삼 년 만이다.
⑤ 그가 화를 낼 만도 하다

22

발 덕분에 눈이 덜 부시다.

① 그이는 발이 넓다.
② 창문에 발을 쳐라.
③ 그 일에 발을 들여 놓은 지 벌써 1년이다.
④ 섬에 발이 묶였다.
⑤ 신이 발에 꼭 맞다.

23

귀가 먹어서 잘 안 들리다.

① 호되게 욕을 먹었다.
② 코 먹은 소리가 난다.
③ 마음을 굳게 먹었다.
④ 종이가 물을 먹었다.
⑤ 상대편에게 먼저 한 골을 먹었다.

Q 다음 중 밑줄 친 말의 문맥적 의미로 옳은 것을 고르시오. 【24~26】

24

> 폭풍우가 <u>치는</u> 바람에 배가 출항하지 못하고 있다.

① 손이나 손에 든 물건으로 세게 부딪게 하다
② 망치 따위로 못을 박다
③ 바람이 세차게 불거나 비, 눈 따위가 세차게 뿌리다
④ 팔이나 다리를 힘 있게 저어서 움직이다
⑤ 몸이나 몸체를 부르르 떨거나 움직이다

25

> 그는 아내에게 위자료를 <u>물고</u> 이혼에 합의했다.

① 입 속에 넣어 두다.
② 갚아야 할 것을 치르다.
③ 이익이 되는 어떤 것이나 사람을 차지하다.
④ 너무 무르거나 풀려서 본 모양이 없어지도록 헤어지게 하다.
⑤ 윗니나 아랫니 또는 양 입술 사이에 끼운 상태로 떨어지거나 빠져나가지 않도록 다소 세게 누르다.

26

> 한여름이 되니 날씨가 푹푹 <u>찐다</u>.

① 뜨거운 김으로 익히거나 데우다.
② 뜨거운 김을 쐬는 것같이 더워지다.
③ 살이 올라서 뚱뚱해지다.
④ 머리카락을 뒤통수 아래에 틀어 올리고 비녀를 꽂다.
⑤ 나무나 풀 따위를 베어 내다.

27 **다음 중 우리말이 맞춤법에 따라 올바르게 사용된 것은?**

① 허위적허위적
② 괴퍅하다
③ 미류나무
④ 케케묵다
⑤ 널리리

Q 다음 문장을 읽고 뜻이 가장 잘 통하도록 ( ) 안에 적합한 단어를 고르시오. 【28~30】

28

매사에 집념이 강한 승호의 성격으로 볼 때 그는 이 일을 ( ) 성사시키고야 말 것이다.

① 마침내
② 도저히
③ 기어이
④ 일찍이
⑤ 게다가

29

표준어는 나라에서 대표로 정한 말이기 때문에, 각 급 학교의 교과서는 물론이고 신문이나 책에서 이것을 써야 하고, 방송에서도 바르게 사용해야 한다. 이와 같이 국가나 공공 기관에서 공식적으로 사용해야 하므로, 표준어는 공용어이기도 하다. ( ) 어느 나라에서나 표준어가 곧 공용어는 아니다. 나라에 따라서는 다른 나라 말이나 여러 개의 언어로 공용어를 삼는 수도 있다.

① 그래서
② 그러나
③ 그리고
④ 그러므로
⑤ 왜냐하면

30

우리말을 외국어와 비교하면서 우리말 자체가 논리적 표현을 위해서는 부족하다는 것을 주장하는 사람들이 있다. ( ) 우리말이 논리적 표현에 부적합하다는 말은 우리말을 어떻게 이해하느냐에 따라 수긍이 갈 수도 있고 그렇지 않을 수도 있다.

① 그리고
② 그런데
③ 왜냐하면
④ 그러나
⑤ 그래서

31 다음 제시된 지문과 같은 논리적 오류를 범하고 있는 것은?

> 김연아 · 장미란 · 이상화가 올림픽에서 금메달을 딴 것으로 보아, 대한민국 여성들은 모두 운동감각이 뛰어나다고 할 수 있다.

① 이 카메라는 전 세계 100여개 나라에서 판매되고 있습니다. 그러니 이 제품의 성능은 어느 회사도 따라올 수 없습니다. 지금 구매하세요.
② 이승엽 · 박찬호 · 추신수는 야구를 잘한다. 따라서 이들이 한 팀이 되면 세계 최고의 팀이 탄생할 것이다.
③ 무단 횡단을 하는 사람을 피하려다 다른 차량과 충돌하여 세 명이나 사망했으므로 그 운전자는 살인자이다.
④ 나와 함께 공부하는 일본인 친구들은 키가 작다. 따라서 일본인은 모두 키가 작다.
⑤ 저 사람 말은 믿으면 안 돼. 저 사람은 전과자거든.

32 다음에 제시된 단어와 의미가 상반된 단어는?

> 명시(明示)

① 중시(重視)
② 암시(暗示)
③ 무시(無視)
④ 경시(輕視)
⑤ 효시(梟示)

33 다음 글이 통일성을 갖기 위해서 빈칸에 들어갈 문장으로 옳은 것은?

세포는 모든 생물체의 기본 구조 및 활동이 되는 단위이다. 어느 생물이든 세포를 가지고 있지 않은 생물은 없다. 다만 생물들이 지니고 있는 세포의 개수는 다르다. 세포 1개로 구성되어 있는 생물은 단세포 생물이라고 하며, 세포가 여러 개로 구성되어 있는 생물은 다세포 생물이라고 한다. 또한 동물과 식물의 세포 구조는 다르다. 이를테면 __________.

① 식물 세포와 동물 세포는 핵을 공통적으로 가지고 있다.
② 동물의 세포 수가 식물이 지닌 세포의 수보다 현저히 많다.
③ 식물 세포에는 동물 세포에는 없는 엽록체와 세포벽을 가지고 있고, 동물 세포엔 식물 세포에는 없는 중심체, 리소좀, 편모가 있다.
④ 세포는 성장하면서 분열을 하여 그 개수를 늘리고, 수명이 다하면 죽는데, 만약 죽지 않고 비정상적으로 무한 분열을 하면 이것은 암세포이다.
⑤ 지구상에서 가장 거대한 세포는 눈에 보이는 단세포 생물체로 세포핵을 여러 개 갖고 있는 것이 특징이다.

34 다음의 내용을 보고 밑줄 친 부분의 원리를 바르게 추론한 것은?

말디는 고분자 시료에 이온화를 도와주는 화학적 완충제를 섞은 후 레이저를 쏘아 시료를 이온화하는 방법이다. 화학적 완충제는 레이저의 에너지를 적당하게 흡수하여 열에 약하고 깨지기 쉬운 고분자의 시료를 감싸주어 원래 시료의 성질을 잃지 않은 상태에서 시료의 이온화를 도와준다. 이후 고분자 이온들은 관 내부에서 전기적 힘을 동일하게 받으며 이동하게 된다. 이때 각 이온은 다른 이동 속도를 지닌다. 섞여 있는 상태의 이온들 속에서도 각 이온의 질량을 산출해 낼 수 있는데, 이는 이온의 질량이 클수록 이온의 이동 속도가 느리기 때문이다. <u>섞여 있는 상태에서 분리된 각 이온들은 검출판에 도달하여 각 이온의 질량에 대한 자료를 전달한다. 이로써 시료에 어떤 분자들이 존재하는지 예측할 수 있게 되었다.</u>

① 이온의 이동 속도가 빠를수록 분자의 이동 시간은 오래 걸린다.
② 분자의 질량이 클수록 이온의 이동 속도는 느리다.
③ 시료의 양이 많을수록 이온의 이동 속도가 빠르다.
④ 이온의 질량이 클수록 분자의 질량은 작다.
⑤ 이온이 잘 섞일수록 이온의 질량은 크다.

35 다음 글의 제목으로 알맞은 것은?

언어가 사고를 규정한다고 보는 연구자들은 인간이 언어를 통해 사물을 인지한다고 말한다. 예를 들어, 우리나라 사람들은 벼, 쌀, 밥을 서로 다른 것으로 범주화하여 인식하는 반면, 에스키모 인은 하늘에서 내리는 눈, 땅에 쌓인 눈, 얼음처럼 굳어서 이글루를 지을 수 있는 눈을 서로 다른 것으로 범주화하여 파악한다. 이처럼 언어는 사물을 자의적으로 범주화한다. 그래서 인간이 언어를 통해 사물을 파악하는 방식도 다양할 수밖에 없다.

① 언어와 인지
② 언어와 상대
③ 언어의 다양
④ 언어의 지속
⑤ 언어의 역사

36 다음 글에서 아래의 주어진 문장이 들어가기에 가장 알맞은 곳은?

㈎ 요즘 우리 사회에서는 정보화 사회에 대한 논의도 활발하고 그에 대한 노력도 점차 가속화되고 있다. ㈏ 정보화 사회에 대한 인식이나 노력의 방향이 잘못되어 있는 경우가 많다. ㈐ 정보화 사회의 본질은 정보기기의 설치나 발전에 있는 것이 아니라 그것을 이용한 정보의 효율적 생산과 유통, 그리고 이를 통한 풍요로운 삶의 추구에 있다. ㈑ 정보기기에 급급하여 이에 종속되기보다는 그것의 효과적인 사용이나 올바른 활용에 정보화 사회에 대한 우리의 논의가 집중되어야 할 것이다. ㈒

대부분의 사람들은 정보기기를 구입하고 이를 설치해 놓는 것으로 마치 정보화 사회가 이루어지는 것처럼 여기고 있다.

① ㈎
② ㈏
③ ㈐
④ ㈑
⑤ ㈒

37 다음 글의 주제로 가장 적합한 것은?

> 유럽의 도시들을 여행하다 보면 여기저기서 벼룩시장이 열리는 것을 볼 수 있다. 벼룩시장에서 사람들은 낡고 오래된 물건들을 보면서 추억을 되살린다. 유럽 도시들의 독특한 분위기는 오래된 것을 쉽게 버리지 않는 이런 정신이 반영된 것이다.
> 영국의 옥스팜(Oxfam)이라는 시민단체는 헌옷을 수선해 파는 전문 상점을 운영해, 그 수익금으로 제3세계를 지원하고 있다. 파리 시민들에게는 유행이 따로 없다. 서로 다른 시절의 옷들을 예술적으로 배합해 자기만의 개성을 연출한다.
> 땀과 기억이 배어 있는 오래된 물건은 실용적 가치만으로 따질 수 없는 보편적 가치를 지닌다. 선물로 받아서 10년 이상 써 온 손때 묻은 만년필을 잃어버렸을 때 느끼는 상실감은 새 만년필을 산다고 해서 사라지지 않는다. 그것은 그 만년필이 개인의 오랜 추억을 담고 있는 증거물이자 애착의 대상이 되었기 때문이다. 그러기에 실용성과 상관없이 오래된 것은 그 자체로 아름답다.

① 서양인들의 개성은 시대를 넘나드는 예술적 가치관으로부터 표현된다.
② 실용적가치보다 보편적인 가치를 중요시해야 한다.
③ 만년필은 선물해준 사람과의 아름다운 기억과 오랜 추억이 담긴 물건이다.
④ 오래된 물건은 실용적인 가치보다 더 중요한 가치를 지니고 있다.
⑤ 오래된 물건은 실용적 가치만으로 따질 수 없는 개인의 추억과 같은 보편적 가치를 지니기에 그 자체로 아름답다.

38 다음 글의 내용과 일치하지 않는 것은?

아침에 땀을 빼는 운동을 하면 식욕을 줄여준다는 연구결과가 나왔다. 미국 A대학 연구팀이 35명의 여성을 대상으로 이틀간 아침 운동에 따른 식욕의 변화를 측정한 결과다. 연구팀은 첫 번째 날은 45분간 운동을 시키고, 다음날은 운동을 하지 않게 하고는 음식 사진을 보여줬다. 이때 두뇌 부위에 전극장치를 부착해 신경활동을 측정했다. 그 결과 운동을 한 날은 운동을 하지 않은 날에 비해 음식에 대한 주목도가 떨어졌다. 음식을 먹고 싶다는 생각이 그만큼 덜 든다는 얘기다. 뿐만 아니라 운동을 한 날은 하루 총 신체활동량이 증가했다. 운동으로 소비한 열량을 보충하기 위해 음식을 더 먹지도 않았다. 운동을 하지 않은 날 소모한 열량과 비슷한 열량을 섭취했을 뿐이다. 실험 참가자의 절반가량은 체질량지수(BMI)를 기준으로 할 때 비만이었는데, 이와 같은 현상은 비만 여부와 상관없이 나타났다.

① 운동을 한 날은 운동을 하지 않은 날에 비해 음식에 대한 주목도가 떨어졌다.
② 과한 운동은 신경활동과 신체활동량에 영향을 미친다.
③ 비만여부와 상관없이 아침운동은 식욕을 감소시킨다.
④ 운동을 한 날은 신체활동량이 증가한다.
⑤ 체질량지수와 실제 비만 여부와의 관계는 상관성이 떨어진다.

Q 문맥상 (　　) 안에 들어갈 내용으로 적절한 것을 고르시오. 【39~40】

39

동물 권리 옹호론자들의 주장과는 달리, 동물과 인류의 거래는 적어도 현재까지는 크나큰 성공을 거두었다. 소, 돼지, 개, 고양이, 닭은 번성해온 반면, 야생에 남은 그들의 조상은 소멸의 위기를 맞았다. 북미에 현재 남아 있는 늑대는 1만 마리에 불과하지만, 개는 5,000만 마리다. 이들 동물에게는 자율성의 상실이 큰 문제가 되지 않는 것처럼 보인다. 동물 권리 옹호론자들의 말에 따르면, (　　　　　　　　　　　　　　　　　　) 하지만 개의 행복은 인간에게 도움을 주는 수단 역할을 하는 데 있다. 이런 동물은 결코 자유나 해방을 원하지 않는다.

① 가축화는 인간이 강요한 것이 아니라 동물들이 선택한 것이다.
② 동물들이 야생성을 버림으로써 비로소 인간과 공생관계를 유지해 왔다.
③ 동물을 목적이 아니라 수단으로 다루는 것은 잘못된 일이다.
④ 동물들에게 자율성을 부여할 때 동물의 개체는 더 늘어날 수 있다.
⑤ 동물 보호에 앞장서야 한다.

40

> 과학을 잘 모르는 사람들이 갖는 두 가지 편견이 있다. 그 하나의 극단은 과학은 인간성을 상실하게 할 뿐만 아니라 온갖 공해와 전쟁에서 대량 살상을 하는 등 인간의 행복을 빼앗아가는 아주 나쁜 것이라고 보는 입장이다. 다른 한 극단은 과학은 무조건 좋은 것, 무조건 정확한 것으로 보는 것이다. 과학의 발달과 과학의 올바른 이용을 위해서 이 두 가지 편견은 반드시 해소되어야 한다. 물론, 과학에는 이 두 가지 얼굴이 있다. 그러나 이 두 가지 측면이 과학의 진짜 모습은 아니다. 아니, 과학이 어떤 얼굴을 하고 있는 것도 아니다. (   )

① 과학의 본 모습은 아무도 모른다.
② 과학의 얼굴은 우리 스스로가 만들어 가는 것이다.
③ 그러므로 과학을 배척해야 한다.
④ 과학의 정확한 정의를 확립해야 한다.
⑤ 과학은 시대에 따라 변한다.

41 **다음의 '미봉(彌縫)'과 의미가 통하는 한자성어는?**

> 이번 폭우로 인한 수해는 30년 된 매뉴얼에 의한 안일한 대처로 피해를 키운 인재(人災)라는 논란이 있다. 하지만 이번에도 정치권에서는 근본 대책을 세우기보다 특별재난지역을 선포하는 선에서 적당히 '미봉(彌縫)'하고 넘어갈 가능성이 크다.

① 이심전심(以心傳心)
② 괄목상대(刮目相對)
③ 임시방편(臨時方便)
④ 주도면밀(周到綿密)
⑤ 청산유수(靑山流水)

Q 다음 글을 읽고 물음에 답하시오. 【42~44】

모든 역사는 '현대의 역사'라고 크로체는 언명했다. 역사란 본질적으로 현재의 관점에서 과거를 본다는 데에서 성립되며, 역사가의 주임무는 기록에 있는 것이 아니라 가치의 재평가에 있다는 것이다. 역사가가 가치의 재평가를 하지 않는다면 기록될 만한 가치 있는 것이 무엇인지를 알 수 없기 때문이다. 1916년 미국의 역사가 칼 벡커도 "역사적 사실이란 역사가가 이를 창조하기까지는 존재하지 않는다."라고 주장하면서 "모든 역사적 판단의 기초를 이루는 것은 실천적 요구이기 때문에 모든 역사에는 현대의 역사라는 성격이 부여된다. 서술되는 사건이 아무리 먼 시대의 것이라고 할지라도 역사가 실제로 반영하는 것은 현재의 요구 및 현재의 상황이며 사건은 다만 그 속에서 메아리칠 따름이다."라고 하였다.

크로체의 이런 생각은 옥스포드의 철학자이며 역사가인 콜링우드에게 큰 영향을 끼쳤다. 콜링우드는 역사 철학이 취급하는 것은 '사실 그 자체'나 '사실 그 자체에 대한 역사가의 이상' 중 어느 하나가 아니고 '상호관계 하에 있는 양자(兩者)'라고 하였다. 역사가가 연구하는 과거는 죽어버린 과거가 아니라 어떤 의미에서는 아직도 현재 속에 살아 있는 과거이다. 현재의 상황 속에서 역사가의 이상에 따라 해석된 과거이기 때문이다. ㉠____ 과거는 그 배후에 놓인 사상을 역사가가 이해할 수 없는 한 그에게 있어서는 죽은 것, 즉 무의미한 것이다. 이와 같은 의미에서 '모든 역사는 사상의 역사'라는 것이며 또한 '역사는 역사가가 자신이 연구하고 있는 사람들의 이상을 자신의 마음속에 재현한 것'이라는 것이다. 역사가의 마음속에서 이루어지는 과거의 재구성은 경험적인 증거에 의거하여 행해지지만, 재구성 그 자체는 경험적 과정이 아니며 또한 사실의 단순한 암송만으로 될 수 있는 것도 아니다. 오히려 이와는 반대로 ㉡________________________________.

42 위 글을 읽고 알 수 있는 내용이 아닌 것은??

① 크로체는 역사를 현대의 역사로 칭했다.
② 역사가의 주임무는 가치의 재평가에 있다.
③ 역사적 사실이란 역사가가 이를 창조하기까지만 존재한다.
④ 역사는 아직도 현재 속에 살아 있는 과거이다.
⑤ 역사는 역사가가 자신이 연구하고 있는 사람들의 이상을 자신의 마음속에 재현한 것이다.

43 다음 중 ㉠에 들어갈 접속사로 옳은 것은?

① 왜냐하면
② 따라서
③ 그래서
④ 예를들어
⑤ 그러므로

44 ㉡에 들어갈 말로 가장 적절한 것은?

① 사실만을 토대로 판단하는 것이다.
② 재구성의 과정은 사실의 선택 및 해석을 지배하는 것이다.
③ 역사가의 주관보다 객관적으로 해석하는 것이다.
④ 현재가 아닌 과거 속에서 이해하는 것이다.
⑤ 역사가의 가치를 배제한 것이다.

45 아래의 내용과 일치하는 것은?

어떤 식물이나 동물, 미생물이 한 종류씩만 있다고 할 때, 즉 종이 다양하지 않을 때는 곧바로 문제가 발생한다. 생산하는 생물, 소비하는 생물, 분해하는 생물이 한 가지씩만 있다고 생각해보자. 혹시 사고라도 생겨 생산하는 생물이 멸종하면 그것을 소비하는 생물이 먹을 것이 없어지게 된다. 즉, 생태계 내에서 일어나는 역할 분담에 문제가 생기는 것이다. 박테리아는 여러 종류가 있기 때문에 어느 한 종류가 없어져도 다른 종류가 곧 그 역할을 대체한다. 그래서 분해 작용은 계속되는 것이다. 즉, 여러 종류가 있으면 어느 한 종이 없어지더라도 전체 계에서는 이 종이 맡았던 역할이 없어지지 않도록 균형을 이루게 된다.

① 생물 종의 다양성이 유지되어야 생태계가 안정된다.
② 생태계는 생물과 환경으로 이루어진 인위적 단위이다.
③ 생태계의 규모가 커질수록 희귀종의 중요성도 커진다.
④ 생산하는 생물과 분해하는 생물은 서로를 대체할 수 있다.
⑤ 생태계는 약육강식의 법칙이 지배한다.

46 다음 글에서 설명한 원형감옥의 감시 메커니즘을 가장 핵심적으로 표현한 문장은?

> 원형감옥은 원래 영국의 철학자이자 사회개혁가인 제레미 벤담의 유토피아적인 열망에 의해 구상된 것으로 알려져 있다. 벤담은 지금의 인식과는 달리 원형감옥이 사회 개혁을 가능케 해주는 가장 효율적인 수단이 될 수 있다고 생각했지만, 결국 받아들여지지 않았다. 사회문화적으로 원형감옥은 그 당시 유행했던 '사회 물리학'의 한 예로 간주될 수 있다.
> 원형감옥은 중앙에 감시하는 방이 있고 그 주위에 개별 감방들이 있는 원형건물이다. 각 방에 있는 죄수들은 간수 또는 감시자의 관찰에 노출되지만, 감시하는 사람들을 죄수는 볼 수가 없다. 이는 정교하게 고안된 조명과 목재 블라인드에 의해 가능하다. 보이지 않는 사람들에 의해 감시되고 있다는 생각 자체가 지속적인 통제를 가능케 해준다. 즉 감시하는지 안 하는지 모르기 때문에 항상 감시당하고 있다고 생각해야 하는 것이다. 따라서 모든 규칙을 스스로 지키지 않을 수 없는 것이다.

① 원형감옥은 시선의 불균형을 확인시켜 주는 장치이다.
② 원형감옥은 타자와 자신, 양자에 의한 이중 통제 장치이다.
③ 원형감옥의 원리는 감옥 이외에 다른 사회 부문에 적용될 수 있다.
④ 원형감옥은 관찰자를 신의 전지전능한 위치로 격상시키는 세속적 힘을 부여한다.
⑤ 원형감옥은 피관찰자가 느끼는 불확실성을 수단으로 활용해 피관찰자를 복종하도록 한다.

47 다음 지문에 대한 반론으로 부적절한 것은?

> 사람들이 '영어 공용화'의 효용성에 대해서 말하면서 가장 많이 언급하는 것이 영어 능력의 향상이다. 그러나 영어 공용화를 한다고 해서 그것이 바로 영어 능력의 향상으로 이어지는 것은 아니다. 영어 공용화의 효과는 두 세대 정도 지나야 드러나며 교육제도 개선 등 부단한 노력이 필요하다. 오히려 영어를 공용화하지 않은 노르웨이, 핀란드, 네덜란드 등에서 체계적인 영어 교육을 통해 뛰어난 영어 구사자를 만들어 내고 있다.

① 필리핀, 싱가포르 등 영어 공용화 국가에서는 영어 교육의 실효성이 별로 없다.
② 우리나라는 노르웨이, 핀란드, 네덜란드 등과 언어의 문화나 역사가 다르다.
③ 영어 공용화를 하지 않으면 영어 교육을 위해 훨씬 많은 비용을 지불해야 한다.
④ 체계적인 영어 교육을 하는 일본에서는 뛰어난 영어 구사자를 발견하기 힘들다.
⑤ 이미 영어를 공용화한 나라들의 경우를 보면, 어려서부터 실생활에서 영어를 사용하여 국가 및 개인 경쟁력을 높일 수 있다.

48 다음 주장을 뒷받침하는 근거로 가장 적절한 것은?

> 새로 개발된 어떤 약이 인간에게 안전한지를 알아보기 위한 동물 실험이 우리가 필요로 하는 정보를 다 제공하지는 못한다.

① 신약개발이 신약을 안전하게 생산하는 기술로 곧바로 연결되는 것은 아니다.
② 쥐에게 효과가 있는 약이 인간에게 부작용을 일으키는 경우가 있다.
③ 동물 실험보다 위약(僞藥) 실험이 신약 검증에 더 도움이 된다.
④ 동물 실험이 신약의 안정성 확보에 도움이 된 경우가 많다.
⑤ 동물도 고통을 느끼며 생명을 가지고 있다.

49 레벤탈의 주장을 토대로 다음과 같은 결과가 나타난 이유를 추론한 것으로 옳은 것은?

> 레벤탈은 요구하는 내용의 구체성을 조작하여 실험한 결과, 위협 강도와는 관계없이 위협 소구에서 요구하는 내용이 더 구체적이고 자세할수록 수신자들을 설득하는데 더 효과가 있다고 주장하였다.
> [가], [나]는 모두 위협 소구를 이용한 공익 광고의 문구이다.
>
> [가] 금연을 해야 당신의 폐를 지킬 수 있다.
> [나] 휴대 전화가 큰 사고를 일으킬 수 있다.
>
> 〈결과〉
>
> 그러나 두 광고의 설득 효과는 달랐다. [가]의 설득 효과는 높게 나타났지만, [나]의 설득 효과는 매우 낮게 나타났다.

① [가]와 달리, [나]는 수신자에게 주는 위협이 너무 강했기 때문일 것이다.
② [가]와 달리, [나]는 수신자에게 주는 이득보다 손실을 더 강조했기 때문일 것이다.
③ [가]와 달리, [나]는 수신자에게 요구하는 내용이 구체적이지 않았기 때문일 것이다.
④ [나]와 달리, [가]는 요구하는 내용이 이행하기 어려운 것이라고 수신자가 느꼈기 때문일 것이다.
⑤ [나]와 달리, [가]는 요구하는 내용이 위협의 제거에 별 효과가 없다고 수신자가 느꼈기 때문일 것이다.

50 다음 글을 읽고 ㉠의 이유를 추론한 내용으로 가장 알맞은 것은?

서로 누구인지 모르는 사람들은 서로에 대해 완벽한 정보를 가지고 확실성 속에서 상호 작용하는 것이 낮다. 하지만 대다수는 추론한 정보를 통해 그럴 것이라 기대하면서 상호 작용한다. 이 기대는 자신과 상대방이 어떻게 상호작용할 것이라는 '인지적 기대'일 뿐만 아니라 반드시 그러해야 한다는 '규범적 기대'이기도 하다. 따라서 사람들은 상호 작용할 때 서로 기대를 어기지 않도록 노력해야 할 도덕적 의무가 있다. 서로 호혜적으로 이러한 기대를 하고 있기 때문에 대면적 상호 작용은 도덕적 성격을 지니는 것이다. 이러한 도덕적 성격은 상대방의 행동을 호혜적 기대에 따라 통제하려는 것이며, 이는 상대방도 역시 마찬가지이다.

누구나 도서관에서 앞자리에 앉은 사람을 상대가 눈치채지 못하게 살피면서 그 사람을 대략적으로 판단해 본 경험이 있을 것이다. ㉠ <u>그때 우리는 그 사람이 어떤 사람인지 모르지만 최소한 나를 위협하거나 나의 활동에 침해가 되지는 않을 것이라 확신할 수 있다</u>.

① 상대에 대한 관심으로 서로가 관여의 정도를 최대화했기 때문이다.
② 상대에 대한 충분한 정보를 통해 규범을 위반하지 않을 것이라 추론했기 때문이다.
③ 서로가 호혜적 기대를 하면서 그 기대를 충족시켜 주는 행동을 실천하기 때문이다.
④ 서로의 행동을 통제하지 않아도 될 것이라 기대하면서 접근 가능성을 최대한 열어 놓기 때문이다.
⑤ 모르는 사람들끼리는 사람 사이에 이루어지는 의례를 최소화해야 한다는 도덕적 의무를 지니고 있기 때문이다.

51 다음 글을 읽고 빈칸에 들어갈 말을 바르게 추론한 것은?

> 고체와 달리 기체의 용해도는 일정한 온도에서 압력에 비례하고, 일정한 압력에서 용매의 온도가 상승함에 따라 감소한다. 예를 들어 0℃의 물 100g에 녹는 산소의 용해도는 1기압에서 6.8×10^{-3}, 2기압에서 $2 \times 6.8 \times 10^{-3}$이고, 1기압에서 물 100g에 녹는 이산화탄소의 용해도는 0℃에서 3.6, 20℃에서 1.7이 된다. 물이 끓기 시작하기 직전에 냄비의 벽면에 작은 기포가 생기게 되는데 이는 온도가 상승함에 따라 물에 녹아 있던 기체가 용해되기 전으로 돌아가는 것이다. 압력과 온도에 따른 기체의 용해도 변화는 물 속에 녹아 있는 산소량인 용존 산소량을 비교해 보면 쉽게 이해할 수 있다. 기압이 낮은 고지대에 있는 물보다 기압이 높은 저지대에 있는 물의 용존 산소량이 많고, 같은 지역 내의 바닷물이라도 한류보다 난류의 용존 산소량이 적다.

> 설탕물에 이산화탄소를 녹여 만든 탄산계 청량음료는 병마개를 한 번 열게 되면 탄산의 톡 쏘는 맛이 점차 사라지게 된다. 그 이유는 마개를 여는 순간부터 (　　　　　　　　　　) 때문이다.

① 병 안의 온도가 높아지면서 용해도가 증가한 만큼 이산화탄소가 음료 안으로 녹아들기
② 병 안의 온도가 낮아지면서 용해도가 감소한 만큼 이산화탄소가 음료 밖으로 날아가기
③ 병 안의 압력이 높아지면서 용해도가 증가한 만큼 이산화탄소가 음료 안으로 녹아들기
④ 병 안의 압력이 낮아지면서 용해도가 감소한 만큼 이산화탄소가 음료 밖으로 날아가기
⑤ 병 안의 온도와 압력이 낮아지면서 용해도가 감소한 만큼 이산화탄소가 음료 밖으로 날아가기

52 다음 글에서 알 수 있는 내용이 아닌 것은?

'한 달이 지나도 무르지 않고 거의 원형 그대로 남아 있는 토마토', '제초제를 뿌려도 말라죽지 않고 끄떡없이 잘 자라는 콩', '열매는 토마토, 뿌리는 감자' ……. 이전에는 상상 속에서나 가능했던 것들이 오늘날 종자 내부의 유전자를 조작할 수 있게 됨으로써 현실에서도 가능하게 되었다. 이러한 유전자조작식품은 의심할 여지없이 과학의 산물이며, 생명공학 진보의 또 하나의 표상인 것처럼 보인다. 그러나 전 세계 곳곳에서는 이에 대한 찬성뿐 아니라 우려와 반대의 목소리도 드높다. 찬성하는 측에서는 유전자조작식품은 제2의 농업 혁명으로서 앞으로 닥칠 식량 위기를 해결해 줄 유일한 방법이라고 주장하고 있으나, 반대하는 측에서는 인체에 대한 유해성 검증에서 안전하다고 판명된 것이 아니며 게다가 생태계를 교란시키고 지속 가능한 농업을 불가능하게 만든다고 주장하고 있다. 양측 모두 나름대로의 과학적 증거를 제시하면서 자신의 목소리에 타당성을 부여하고 있으나 서로 상대측의 증거를 인정하지 않아 논란은 더욱 심화되어 가고 있다. 과연 유전자조작식품은 인류를 굶주림과 고통에서 해방시켜 줄 구원인가, 아니면 회복할 수 없는 생태계의 재앙을 초래할 판도라의 상자인가?

유전자조작식품은 오래 저장할 수 있게 해주는 유전자, 제초제에 대한 내성을 길러주는 유전자, 병충해에 저항성이 높은 유전자 등을 삽입하여 만든 새로운 생물 중 채소나 음식으로 먹을 수 있는 식품을 의미한다. 최초의 유전자조작식품은 1994년 미국 칼진 사가 미국 FDA의 승인을 얻어 시판한 '무르지 않는 토마토'이다. 이것은 토마토의 숙성을 촉진시키는 유전자를 개조하거나 변형시켜 숙성을 더디게 만든 것으로, 저장 기간이 길어서 농민과 상인들에게 폭발적인 인기를 얻었다.

이후 품목과 비율이 급속하게 늘어나면서 현재 미국 내에서 시판 중인 유전자조작식품들은 콩, 옥수수, 감자, 토마토, 민화 등 모두 약 10여 종에 이른다. 그 대부분은 제초제에 저항성을 갖도록 하거나 해충에 견디기 위해 자체 독소를 만들어 내도록 유전자 조작된 것들이다.

① 유전자조작식품의 최초 출현 시기
② 유전자조작식품의 개념 설명
③ 유전자조작식품의 유해성 검증 방법
④ 유전자조작식품의 유용성 사례
⑤ 유전자조작식품에 대한 찬반 의견

53 다음 글은 '신화란 무엇인가'를 밝히는 글의 마지막 부분이다. 이 글로 미루어 보아 본론에서 언급한 내용이 아닌 것은?

> 지금까지 보았던 것처럼, 신화의 소성(素性)인 기원, 설명, 믿음이 모두 신화의 존재양식인 이야기의 통제를 받고 있음은 주지의 사실이다. 그러나 또한 신화가 단순히 이야기만은 아님도 알았다. 역으로 기원, 설명, 믿음이라는 종차가 이야기를 한정하고 있다. 이들은 상호 규정적이다. 그런 의미에서 신화는 역사, 학문, 종교, 예술과 모두 관련되지만, 그 중 어떤 하나도 아니며, 또 어떤 하나가 아니다. 예를 들어 '신화는 역사다.'라는 말이 하나의 전체일 수는 없다. 나머지인 학문, 종교, 예술이 배제되고서는 더 이상 신화가 아니기 때문이다. 이들의 복잡한 총체가 신화며, 또한 신화는 미분화된 상태로서 그것들을 한 몸에 안는다. 이들 네 가지 소성(素性) 중 그 어떤 하나라도 부족하면 더 이상 신화는 아니다. 따라서 신화는 단지 신화일 뿐이지, 그것이 역사나 학문이나 종교나 예술자체일 수는 없는 것이다.

① 신화는 종교적 상관물이다.
② 신화는 신화로서의 특수성이 있다.
③ 신화는 하나의 이야기라는 점에서 예술적인 문화작품이다.
④ 신화는 기원을 문제 삼는다는 점에서 역사와 관련이 있다.
⑤ 신화가 과학 시대 이전에는 학문이었지만 지금은 학문이 아니다.

54 다음 글에서 주장하는 바와 가장 거리가 먼 것은?

조선 중기에 이르기까지 상층 문화와 하층 문화는 각기 독자적인 길을 걸어왔다고 할 수 있다. 각 문화는 상대 문화의 존재를 그저 묵시적으로 인정만 했지 이해하려고 하지는 않았다. 말하자면 상·하층 문화가 평행선을 달려온 것이다. 그러나 조선 후기에 이르러 사회가 변하기 시작하였다. 두 차례의 대외 전쟁에서의 패배에 따른 지배층의 자신감 상실, 민중층의 반감 확산, 벌열(閥閱)층의 극단 보수화와 권력층에서 탈락한 사대부 계층의 대거 몰락이라는 기존권력 구조의 변화, 농공상업의 질적 발전과 성장에 따른 경제적 구조의 변화, 재편된 경제력 구조에 따른 중간층의 확대 형성과 세분화 등의 조선 후기 당시의 사회 변화는 국가의 전체 문화 동향을 서서히 바꿔 상·하층 문화를 상호교류하게 하였다. 상층 문화는 하향화하고 하층 문화는 상향화하면서 기존의 문예 양식들은 변하거나 없어지고 새로운 문예 양식이 발생하기도 하였다. 양반 사대부 장르인 한시가 민요 취향을 보여주기도 하고, 민간의 풍속과 민중의 생활상을 그리기도 했다. 시조는 장편화하고 이야기화하기도 했으며, 가사 또한 서민화하고 소설화의 길을 걷기도 하였다. 시조의 이야기들이 대거 야담으로 정착되기도 하고, 하층의 민요가 잡가의 형성에 중요한 역할을 하였으며, 무가는 상층 담화를 수용하기도 하였다. 당대의 예술 장르인 회화와 음악에서도 변화가 나타났다. 풍속화와 민화의 유행과 빠른 가락인 삭대엽과 고음으로의 음악적 이행이 바로 그것이다.

① 조선 중기에 이르기까지 상층 문화와 하층 문화의 호환이 잘 이루어지지 않았다.
② 조선 후기에는 문학뿐만 아니라 회화·음악 분야에서도 양식의 변화를 보여 주었다.
③ 상층 문화와 하층 문화가 서로의 영역에 스며들면서 새로운 장르나 양식이 발생하였다.
④ 시조의 장편화와 이야기화는 무가의 상층 담화 수용과 같은 맥락에서 이해할 수 있다.
⑤ 국가의 전체 문화 동향이 서서히 바뀌어 가면서 기존 권력구조에 변화를 가져다주었다.

55 다음 글쓰기 계획을 통해 글쓴이의 의도를 추론한 것으로 가장 알맞은 것은?

글쓰기 계획

- 제목 : 청결하고 쾌적한 교실환경을 만들자.
- 문제의식 : 청결하지 못한 교실환경으로 인해 생활에 여러 가지 문제가 발생하고 있다.
- 글의 종류 : 다른 이들을 설득할 목적으로 기고하는 글
- 예상독자 : 같은 학교에 다니는 선후배와 친구들
- 글의 구성 : 서론-본론-결론
- 서론 : 다양한 자료를 활용하여 학교 환경 문제에 대한 독자들의 관심 유도
- 본론
  ㉠ 문제점과 원인 : 직접 경험하고 있는 사람들의 의견을 수렴하여 내용을 생성
  ㉡ 해결방안 : 교실 환경 개선을 위한 실질적인 방안을 체계적으로 제시
- 결론 : 교실 환경 개선을 위한 노력 촉구

① 글을 통해 자신이 속한 공동체의 전통을 공유하고자 한다.
② 주위 사람들과의 상호 작용을 통해 돈독한 인간관계를 형성하려고 한다.
③ 생활 주변에서 발생하는 특정한 문제에 주목하고 이를 해결하려고 한다.
④ 공신력 있는 매체를 통해 주위 사람들에 대한 영향력을 과시하려고 한다.
⑤ 자신의 개인적 문제를 다른 사람과 공유하여 효과적인 해결 방안을 마련하려고 한다.

Q 지문을 읽고 물음에 답하시오. 【56~57】

사람들은 고급문화가 오랫동안 사랑을 받는 것이고, 대중문화는 일시적인 유행에 그친다고 생각하고 있다. ㉠ 모차르트의 음악은 지금껏 연주되고 있지만 비슷한 시기에 활동했고 당대에는 비슷한 평가를 받았던 살리에리의 음악은 현재 아무도 연주하지 않는다. ㉡ 모르긴 해도 그렇게 사라진 예술가가 한둘이 아니지 않을까. ㉢ 그런가 하면 1950~1960년대 엘비스 프레슬리와 비틀즈의 음악은 지금까지도 매년 가장 많은 저작권료를 발생시킨다. ㉣ 이른바 고급문화의 유산들이 수백 년간 역사 속에서 형성된 것인데 반해 우리가 대중문화라 부르는 문화 산물은 그 역사가 고작 100년을 넘지 않았다. ㉤

56 다음의 문장이 들어가기에 적절한 위치는?

그러나 이러한 판단은 근거가 확실치 않다.

① ㉠
② ㉡
③ ㉢
④ ㉣
⑤ ㉤

57 지문의 내용과 일치하는 것은?

① 비틀즈의 음악은 오랫동안 사랑을 받고 있으니 고급문화라고 할 수 있다.
② 살리에리는 모차르트와 같은 시대에 살며 대중음악을 했던 인물이다.
③ 많은 저작권료를 받는 작품이라면 고급문화로 인정해야 한다.
④ 대중문화가 일시적인 유행에 그칠지 여부는 아직 판단하기 곤란하다.
⑤ 모차르트와 비슷한 시기에 활동한 음악가들이 얼마 되지 않아 현재까지 모두 그들의 곡이 연주되고 있다.

Q 다음 글을 읽고 물음에 답하시오. 【58~59】

> (가) 학문을 한다면서 논리를 불신하거나 논리에 대해서 의심을 가지는 것은 ㉠용납할 수 없다. 논리를 불신하면 학문을 하지 않는 것이 적절한 선택이다. 학문이란 그리 대단한 것이 아닐 수 있다. 학문보다 더 좋은 활동이 얼마든지 있어 학문을 낮추어 보겠다고 하면 반대할 이유가 없다.
>
> (나) 학문에서 진실을 탐구하는 행위는 논리로 이루어진다. 진실을 탐구하는 행위라 하더라도 논리화되지 않은 체험에 의지하거나 논리적 타당성이 입증되지 않은 사사로운 확신을 근거로 한다면 학문이 아니다. 예술도 진실을 추구하는 행위의 하나라고 할 수 있으나 논리를 필수적인 방법으로 사용하지는 않으므로 학문이 아니다.
>
> (다) 교수이기는 해도 학자가 아닌 사람들이 학문을 와해시키기 위해 애쓰는 것을 흔히 볼 수 있다. 편하게 지내기 좋은 직업인 것 같아 교수가 되었는데 교수는 누구나 논문을 써야한다는 ㉡악법에 걸려 본의 아니게 학문을 하는 흉내는 내야하니 논리를 무시하고 학문을 쓰는 ㉢편법을 마련하고 논리자체에 대한 악담으로 자기 행위를 정당화하게 된다. 그래서 생기는 혼란을 방지하려면 교수라는 직업이 아무 매력도 없게 하거나 아니면 학문을 하지 않으려는 사람이 교수가 되는 길을 원천 봉쇄해야 한다.
>
> (라) 논리를 어느 정도 신뢰할 수 있는가 의심스러울 수 있다. 논리에 대한 불신을 아에 없애는 것은 불가능하고 무익하다. 논리를 신뢰할 것인가는 개개인이 선택할 수 있는 ㉣기본권의 하나라고 해도 무방하다. 그러나 학문은 논리에 대한 신뢰를 자기 인생관으로 삼은 사람들이 ㉤독점해서 하는 행위이다.

58 윗글에서 밑줄 친 단어 중 반어적 표현에 해당하는 것은?

① ㉠용납
② ㉡악법
③ ㉢편법
④ ㉣기본권
⑤ ㉤독점

59 글을 논리적인 순서대로 바르게 나열한 것은?

① (가) - (나) - (다) - (라)
② (가) - (다) - (나) - (라)
③ (나) - (라) - (가) - (다)
④ (다) - (가) - (라) - (나)
⑤ (라) - (가) - (나) - (다)

Q 다음 글을 읽고 물음에 답하시오. 【60~61】

스피노자의 윤리학을 이해하기 위해서는 코나투스(Conatus)라는 개념이 필요하다. 스피노자에 따르면 실존하는 모든 사물은 자신의 존재를 유지하기 위해 노력하는데, 이것이 바로 그 사물의 본질인 코나투스라는 것이다. 정신과 신체를 서로 다른 것이 아니라 하나로 보았던 그는 정신과 신체에 관계되는 코나투스를 충동이라 부르고, 다른 사물들과 같이 인간도 자신을 보존하고자 하는 충동을 갖고 있다고 보았다. 특히 인간은 자신의 충동을 의식할 수 있다는 점에서 동물과 차이가 있다며 인간의 충동을 욕망이라고 하였다. 즉 인간에게 코나투스란 삶을 지속하고자 하는 욕망을 의미한다.

스피노자에 따르면 코나투스를 본질로 지닌 인간은 한번 태어난 이상 삶을 지속하기 위해 힘쓴다. 하지만 인간은 자신의 힘만으로 삶을 지속하기 어렵다. 인간은 다른 것들과의 관계 속에서만 삶을 유지할 수 있으므로 언제나 타자와 관계를 맺는다. 이때 타자로부터 받은 자극에 의해 신체적 활동 능력이 증가하거나 감소하는 변화가 일어난다. 감정을 신체의 변화에 대한 표현으로 보았던 스피노자는 신체적 활동 능력이 증가하면 기쁨의 감정을 느끼고, 신체적 활동 능력이 감소하면 슬픔의 감정을 느낀다고 생각했다. 또한 신체적 활동 능력이 감소하는 것과 슬픔의 감정을 느끼는 것은 코나투스가 감소하고 있음을 보여주는 것, 다시 말해 삶을 지속하고자 하는 욕망이 줄어드는 것이라고 여겼다. 그래서 인간은 코나투스의 증가를 위해 자신의 신체적 활동 능력을 증가시키고 기쁨의 감정을 유지하려고 노력한다는 것이다.

한편 스피노자는 선악의 개념도 코나투스와 연결 짓는다. 그는 사물이 다른 사물과 어떤 관계를 맺느냐에 따라 선이 되기도 하고 악이 되기도 한다고 말한다. 코나투스의 관점에서 보면 선이란 자신의 신체적 활동 능력을 증가시키는 것이며, 악은 자신의 신체적 활동 능력을 감소시키는 것이다. 이를 정서의 차원에서 설명하면 선은 자신에게 기쁨을 주는 모든 것이며, 악은 자신에게 슬픔을 주는 모든 것이다. 한마디로 인간의 선악에 대한 판단은 자신의 감정에 따라 결정된다는 것을 의미한다.

이러한 생각을 토대로 스피노자는 코나투스인 욕망을 긍정하고 욕망에 따라 행동하라고 이야기한다. 슬픔은 거부하고 기쁨을 지향하라는 것, 그것이 곧 선의 추구라는 것이다. 그리고 코나투스는 타자와의 관계에 영향을 받으므로 인간에게는 타자와 함께 자신의 기쁨을 증가시킬 수 있는 공동체가 필요하다고 말한다. 그 안에서 자신과 타자 모두의 코나투스를 증가시킬 수 있는 기쁨의 관계를 형성하라는 것이 스피노자의 윤리학이 우리에게 하는 당부이다.

60 윗글에서 다룬 내용으로 적절하지 않은 것은?

① 코나투스의 의미
② 정신과 신체의 유래
③ 감정과 신체의 관계
④ 감정과 코나투스의 관계
⑤ 코나투스와 관련한 인간과 동물의 차이

61 윗글에 나타난 선악에 대한 스피노자의 입장으로 적절하지 않은 것은?

① 자신에게 기쁨을 주는 것은 선이다.
② 선악은 사물 자체가 가지고 있는 성질이다.
③ 선악에 대한 판단은 타자와의 관계에 따라 달라진다.
④ 자신의 신체적 활동 능력을 감소시키는 것은 악이다.
⑤ 기쁨의 관계 형성이 가능한 공동체는 선의 추구를 위해 필요하다.

Q 다음 글을 읽고 각 물음에 답하시오. 【62~63】

폐기물에 대한 일본의 법 체계는 지극히 복잡하다. 최상위에 '순환형 사회기본법'이 있고 그 아래에 폐기물 전체의 취급을 정한 '폐기물처리법'과 여러 가지 업종에 재활용을 원하는 '자원유효이용촉진법'이 있다. 그것과 달리 용기 포장물, 가전제품, 건설자재, 자동차 등을 대상으로 한 개별 재활용법이 제정되었다.

(가) 법률은 증가하였지만, 약 20종의 산업폐기물이나 개별 재활용법의 대상물 이외는 시 · 읍 · 면이 처리하고, 그 비용은 '세금 떠맡기기'라는 문제로 남겨져 있다.
(나) 용기포장물이라도, 비용의 대부분은 시 · 읍 · 면이 부담하고 있다.
(다) 어떤 상품을 만들어 팔아도 세금이 처리해준다면, 처리비용은 눈에 안 보이고, 감량은 진척되지 않는다.
(라) 지금 필요한 것은 상품이 폐기물이 되면 생산자가 떠맡고, 재생 이용에도 책임을 지는 '확대생산자책임'이 분명히 자리를 매겨야 하며 이것은 법의 기본이 적용된 것이다.
(마) 이번의 처리곤란물의 떠맡김은 그 중요한 한 걸음이 될 것이다.

62 윗글의 밑줄 친 '그것'은 무엇을 가리키는가?

① 최상위에 있는 순환형 사회기본법
② 폐기물에 대한 일본의 법 체계
③ 폐기물처리법과 자원유효이용촉진법
④ 순환형 사회기본법과 폐기물처리법과 자원유효이용촉진법
⑤ 폐기물 전체의 취급을 정한 폐기물처리법

63 윗글을 세 부분으로 나눌 때 세 번째 단락은 어디부터인가?

① (가)　② (나)　③ (다)　④ (라)　⑤ (마)

Ⓠ 다음 글을 읽고 물음에 답하시오. 【64~65】

> 하나의 단순한 유추로 문제를 설정해 보도록 하자. 산길을 굽이굽이 돌아가면서 기분 좋게 내려가는 버스가 있다고 하자. 어떤 승객은 버스가 너무 빨리 달리는 것이 못마땅하여 위험성으로 지적한다. 아직까지 아무도 다친 사람이 없었지만 그런 일은 발생할 수 있다. 버스는 길가의 바윗돌을 들이받아 차체가 망가지면서 부상자나 사망자가 발생할 수 있다. 아니면 버스가 도로 옆 벼랑으로 추락하여 거기에 탔던 사람 모두가 죽을 수도 있다. 그런데도 어떤 승객은 불평을 하지만 다른 승객들은 아무런 불평도 하지 않는다. 그들은 버스가 빨리 다녀 주니 신이 난다. 그만큼 목적지에 빨리 당도할 것이기 때문이다. 운전기사는 누구의 말을 들어야 하는지 알 수 없다. ㉠ <u>그러나 걱정하는 사람의 말이 옳다고 한들 이제 속도를 늦추어 봤자 이미 때늦은 것일 수도 있다는 생각을 하게 된다</u>. 버스가 이미 벼랑으로 떨어진 다음에야 브레이크를 밟아 본들 소용없는 노릇이다.

64 ㉠의 의미를 나타내기에 가장 적절한 속담은?

① 울며 겨자 먹기　② 첫모 방정에 새 까먹는다.
③ 철나자 망령난다.　④ 가다 말면 안 가느니만 못하다.
⑤ 고양이 쥐 사정 보듯 한다.

65 앞의 글이 어떤 대상이나 주제를 비유적으로 표현한 것이라고 할 때 다음 중 그 비유의 대상으로 가장 적절한 것은?

① 한탕주의　② 외모지상주의
③ 마약중독　④ 온실효과
⑤ 신용카드 남발

Q 다음 글을 읽고 물음에 답하시오. 【66~67】

직장인 A 씨는 정기 배송 서비스를 신청하여 일주일간 입을 셔츠를 제공 받고, 입었던 셔츠는 반납한다. A 씨는 셔츠를 직접 사러 가거나 세탁할 필요가 없어져 시간을 절약할 수 있게 되었다. 이처럼 소비자가 회원 가입 및 신청을 하면 정기적으로 원하는 상품을 배송 받거나, 필요한 서비스를 언제든지 이용할 수 있는 경제 모델을 '구독경제'라고 한다.
신문이나 잡지 등 정기 간행물에만 적용되던 구독 모델은 최근 들어 그 적용 범위가 점차 넓어지고 있다. 이로 인해 사람들은 소유와 관리에 대한 부담은 줄이면서 필요할 때 사용할 수 있는 방식으로 소비를 할 수 있게 되었다. 이러한 구독경제에는 크게 세 가지 유형이 있다. 첫 번째 유형은 ㉠정기 배송 모델인데, 월 사용료를 지불하면 칫솔, 식품 등의 생필품을 지정 주소로 정기 배송해 주는 것을 말한다. 두 번째 유형은 ㉡ 무제한 이용 모델로, 정액 요금을 내고 영상이나 음원, 각종 서비스 등을 무제한 또는 정해진 횟수만큼 이용할 수 있는 모델이다. 세 번째 유형인 ㉢장기 렌털 모델은 구매에 목돈이 들어 경제적 부담이 될 수 있는 자동차 등의 상품을 월 사용료를 지불하고 이용하는 것을 말한다.
최근 들어 구독경제가 빠르게 확산되고 있는데, 그 이유는 무엇일까? 경제학자들은 구독경제의 확산 현상을 '합리적 선택 이론'으로 설명한다. 경제 활동을 하는 소비자가 주어진 제약 속에서 자신의 효용을 최대화하려는 것을 합리적 선택이라고 하는데, 이때 효용이란 소비자가 상품을 소비함으로써 얻는 만족감을 의미한다. 소비자들이 한정된 비용으로 최대한의 만족을 얻기 위해 노력한 결과가 구독경제의 확산으로 이어졌다는 것이다. 이것은 최근의 소비자들이 상품을 소유함으로써 얻는 만족감보다는 상품을 사용함으로써 얻는 만족감을 더 중요시한다는 것을 보여 준다고 할 수 있다.
구독경제는 소비자의 입장에서 소유하기 이전에는 사용해보지 못하는 상품을 사용해 볼 수 있다는 장점이 있다. 구독경제를 이용하면 값비싼 상품을 사용하는 데 큰 비용을 들이지 않아도 되고, 상품 구매 행위에 들이는 시간과 구매 과정에 따르는 불편함 등의 문제를 해결할 수 있다. 생산자의 입장에서는 상품을 사용하는 고객들의 정보를 수집하고, 이를 통해 개별화된 서비스를 제공하여 고객과의 관계를 지속적으로 유지할 수 있다. 또한 매월 안정적으로 매출을 올릴 수 있다는 장점도 있다.
그러나 구독경제의 확산이 경제 활동의 주체들에게 긍정적인 면만 있는 것은 아니다. 소비자의 입장에서는 구독하는 서비스가 지나치게 많아질 경우 고정 지출이 늘어나 경제적으로 부담이 될 수 있다. 생산자의 입장에서는 상품이 소비자에게 만족감을 주지 못하거나 고객과의 관계를 지속적으로 유지하지 못할 경우 구독 모델 이전에 얻었던 수익에 비해 낮은 수익을 얻는 경우도 있다. 따라서 소비자는 합리적인 소비 계획을 수립하고 생산자는 건전한 수익 모델을 연구하여 자신의 경제 활동에 도움이 되는 방향으로 구독경제를 활용할 필요가 있다.

66 윗글의 내용과 일치하지 않는 것은?

① 소비자는 구독경제를 이용함으로써 상품 구매 행위에 드는 시간을 줄일 수 있게 되었다.
② 생산자는 구독경제를 통해 이용 고객들에게 개별화된 서비스를 제공할 수 있다.
③ 소비자는 구독경제를 통해 회원 가입 시 개인 정보를 제공해야 하는 부담을 없앨 수 있다.
④ 생산자는 구독경제를 통해 고객과의 관계를 지속적으로 유지할 경우 안정적으로 매출을 올릴 수 있다.
⑤ 한정된 비용으로 최대한의 만족을 얻으려는 소비자의 심리가 구독경제 확산에 영향을 미치게 되었다.

67 ㉠~㉢에 해당하는 사례로 적절하지 않은 것은?

① ㉠: 매월 일정 금액을 지불하고 정수기를 사용하는 서비스
② ㉠: 월정액을 지불하고 주 1회 집으로 식재료를 보내 주는 서비스
③ ㉡: 월 구독료를 내고 읽고 싶은 도서를 마음껏 읽을 수 있는 스마트폰 앱
④ ㉡: 정액 요금을 결제하고 강좌를 일정 기간 원하는 만큼 수강할 수 있는 웹사이트
⑤ ㉢: 월 사용료를 지불하고 정해진 기간에 집에서 사용할 수 있는 의료 기기

68 다음 글을 논리적으로 바르게 나열한 것은?

(가) 그렇지만 우리는 새로운 세기에 정보를 전달하는 방식에서는 새로운 양상이 드러날 것이라는 점은 분명히 인식해야 한다. 그러한 양식에 부합하는 책 만들기가 이뤄져야 한다는 것 또한 명심해야 한다.

(나) 2000년대에 들어선 지금 출판시장에서는 부익부 빈익빈 현상이 심각하다. 안정된 매출을 이루고 있는 출판사들은 점점 가능성을 키워가고 있는 반면 여전히 방향을 잡지 못한 많은 출판사들은 한없이 내리막길을 달리고 있다. 틈새시장 또한 사라지고 있다.

(다) 디지털이 갖는 장점은 정보전달 속도의 신속성, 정보를 아무리 사용해도 양과 질이 변하지 않는 재생성, 쌍방향 커뮤니케이션이 가능한 쌍방향성, 방대한 양의 정보의 저장이 가능한 저장성 등일 것이다. 이러한 장점을 이용하여 종이책이 살아남기 위해서 우리는 어떻게 해야 하는가?

첫째, 아날로그 정보는 즉각적인 인텔리전스(Intelligence, 전략정보) 단계를 갖출 때에야 시장성을 가질 것이다.

둘째, 책의 생산에 있어 '사이클 타임'(책의 기획에서 판매를 끝낼 때까지의 시간)을 최대한 줄여야 한다.

셋째, 시각적 이미지를 키워야 한다.

넷째, 음성화에 적응하는 책 만들기이다.

(라) 물론 명명백백한 사실은 미래에는 두 가지 형태의 책, 즉 종이책과 전자책이 공존하게 될 것이라는 점이다. 그러나 적어도 아직까지 사전류를 제외하고는 전자책이 시장성을 가진 경우는 없었다. 그럼에도 '브리태니커 백과사전'이 종이책의 발간을 중지한다는 발표를 하자마자 이것이 마치 종이책의 종말을 알리는 서막인 것처럼 언론은 호들갑을 떨었다.

① (나) － (라) － (가) －(다)
② (가) － (나) － (라) －(다)
③ (라) － (나) － (다) －(가)
④ (나) － (라) － (다) －(가)
⑤ (가) － (다) － (라) －(나)

69 다음 글의 내용과 부합하지 않는 것은?

> 인간은 광장에 나서지 않고는 살지 못한다. 표범의 가죽으로 만든 징이 울리는 원시인의 광장으로부터 한 사회에 살면서 끝내 동료인 줄도 모르고 생활하는 현대적 산업 구조의 미궁에 이르기까지 시대와 공간을 달리하는 수많은 광장이 있다.
> 그러면서도 한편으로 인간은 밀실로 물러서지 않고는 살지 못하는 동물이다. 혈거인의 동굴로부터 정신병원의 격리실에 이르기까지 시대와 공간을 달리하는 수많은 밀실이 있다.
> 사람들이 자기의 밀실로부터 광장으로 나오는 골목은 저마다 다르다. 광장에 이르는 골목은 무수히 많다. 그곳에 이르는 길에서 거상(巨象)의 자결을 목도한 사람도 있고 민들레 씨앗의 행방을 쫒으면서 온 사람도 있다.
>
> -(중략)-
>
> 어떤 경로로 광장에 이르렀건 그 경로는 문제될 것이 없다. 다만 그 길을 얼마나 열심히 보고 얼마나 열심히 사랑했느냐에 있다. 광장은 대중의 밀실이며 밀실은 개인의 광장이다.
> 인간을 이 두 가지 공간이 어느 한쪽에 가두어버릴 때, 그는 살 수 없다. 그 때 광장에 폭동의 피가 흐르고 밀실에서 광란의 부르짖음이 새어 나온다. 우리는 분수가 터지고 밝은 햇빛 아래 뭇 꽃이 피고 영웅과 신들의 동상으로 치장이 된 광장에서 바다처럼 우람한 합창에 한몫 끼기를 원하며 그와 똑같은 진실로 개인의 일기장과 저녁에 벗어놓은 채 새벽에 잊고 간 애인의 장갑이 얹힌 침대에 걸터앉거나 광장을 잊어버릴 수 있는 시간을 원한다.

① 현대적 산업 구조의 미궁은 인간관계의 단절과 관련된다.
② 광장과 밀실은 서로 통해야 한다.
③ 광장과 밀실 사이에서 중요한 것은 그 각각의 화려함이 아니라, 얼마나 열심히 그 길을 살았는가 하는 것이다.
④ '폭동의 피'와 '바다처럼 우람한 합창'은 광장과 관련된 대조적인 개념이다.
⑤ 인간의 속성은 광장에 대한 동경을 밀실에 대한 동경보다 우선시 한다.

Q 다음 글을 읽고 아래의 물음에 답하시오. 【70~71】

> 소설은 시나 희곡과 다른 성격을 지니고 있다. 시나 희곡이 각각 운율의 언어와 연극적 대사를 바탕으로 인생과 현실을 반영하는 것에 비해, 소설은 산문에 의해 새로운 세계를 창조한다. 소설의 문장은 서술적인 산문으로 이루어지지만, 역사나 사실에 의지하기보다는 오히려 소설가의 상상력에 의해 쓰인다. 이 상상력에 의존하여 쓰인 것을 허구라고 한다. 물론 희곡과 서사시 역시 허구의 형식이고, ㉠ 등도 허구적 요소들이 있으나, 허구라는 용어는 소설과 더욱 밀접한 관계를 맺고 있어 대개 소설의 대명사처럼 쓰인다.
> 소설의 특성은 허구의 방법을 문학의 어느 장르보다 의식적으로 사용하는 데에 있다. 인간성을 탐구하고 인생이 무엇이냐를 추적하여 그 삶의 지표를 추구해야 하는 것이 소설이지만, 거기에는 황당무계한 거짓말을 꾸미는 것이 아니라, 소설가의 인간 탐구의 결과가 독자에게 미적 감동을 불러일으키게 하는 진실을 수반해야 한다는 뜻이 담겨 있다.

70 윗글에서 핵심어 두 개를 고른다면?

① 허구, 진실
② 문학, 장르
③ 산문, 운문
④ 인간성, 상상력
⑤ 의식, 감동

71 ㉠ 안에 들어갈 낱말로 적절하지 않은 것은?

① 설화
② 우화
③ 동화
④ 전기
⑤ 민담

Q 다음에 제시된 단어와 같은 관계가 되도록 괄호 안에 들어갈 적절한 단어를 고르시오. 【72~75】

72

공기 : 질소 = (　　) : 염화나트륨

① 소금
② 설탕
③ 포도당
④ 물
⑤ 단백질

73

공방(攻防) : 공격 = 모순(矛盾) : (　　)

① 방어
② 투쟁
③ 창
④ 충돌
⑤ 싸움

74

러시아 : 캐나다 = 중국 : (　　)

① 대한민국
② 인도
③ 일본
④ 미국
⑤ 영국

75

김밥 : 단무지 = 잡채 : (　　)

① 음식
② 잔치
③ 당면
④ 한식
⑤ 명절

CHAPTER 04

자료해석

출제예상문제

≫ 정답 및 해설 p.277

01 다음은 서원산업의 출신 지역에 따른 임직원에 대한 자료이다. 이에 대한 설명으로 옳지 않은 것은?

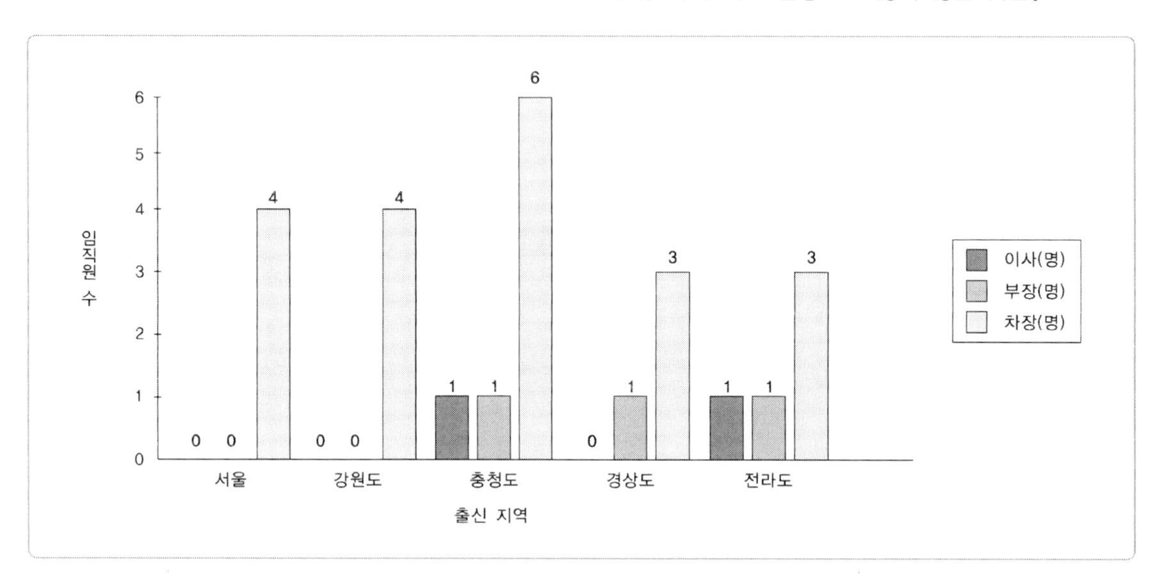

① 임직원 수의 합은 충청도가 가장 적다.
② 충청도 출신의 차장은 경상도 출신에 비해 2배 많다.
③ 서울과 강원도 출신의 부장은 없다.
④ 충청도와 전라도 출신 이사의 수는 동일하다.

02 다음은 지역별 인터넷 사용현황에 대한 자료이다. 이에 대한 설명으로 옳지 않은 것은?

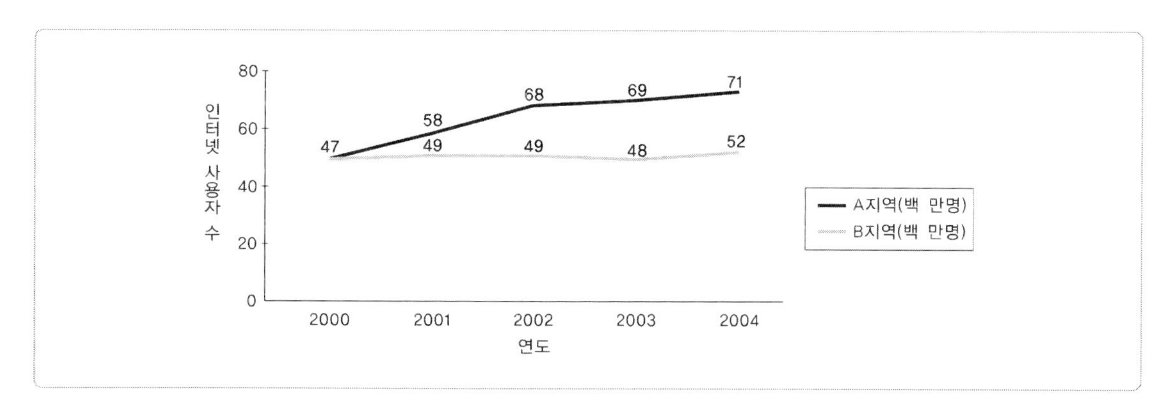

① A지역의 인터넷 사용자 수는 매년 증가하였다.
② B지역의 인터넷 사용자 수는 매년 증가하였다.
③ B지역보다 A지역의 인터넷 사용자 수가 더 급속도로 늘어났다.
④ B지역의 2000년 대비 2004년의 인터넷 사용자 수 증가율은 10% 이상이다.

03 다음은 중학생의 고민 해결방법 설문조사에 대한 자료이다. 이에 대한 평가로 옳지 않은 것은?

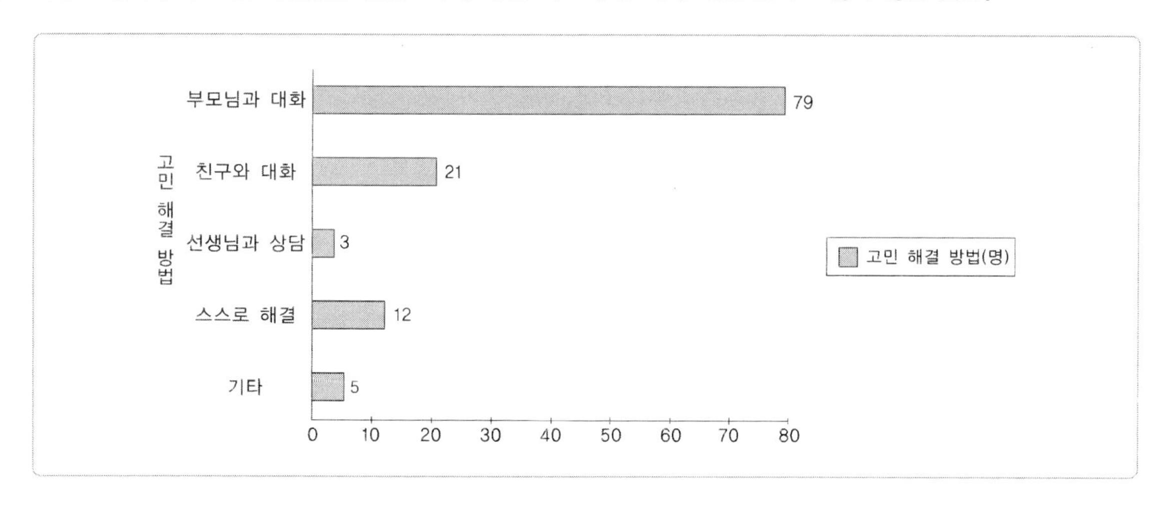

① 갑 : 중학생들은 주로 부모님과 대화를 통해 고민을 해결하는구나.
② 을 : 선생님과의 상담보다는 스스로 해결하려는 친구들이 더 많구나.
③ 병 : 친구와 대화로 고민을 해결하는 수는 기타의 4배 이하구나.
④ 정 : 부모님과 대화로 고민을 해결하는 학생은 나머지 해결 방법의 합보다 많구나.

04 다음은 A지역의 유형별 토지 현황에 대한 자료이다. 이에 대한 설명으로 옳지 않은 것은?

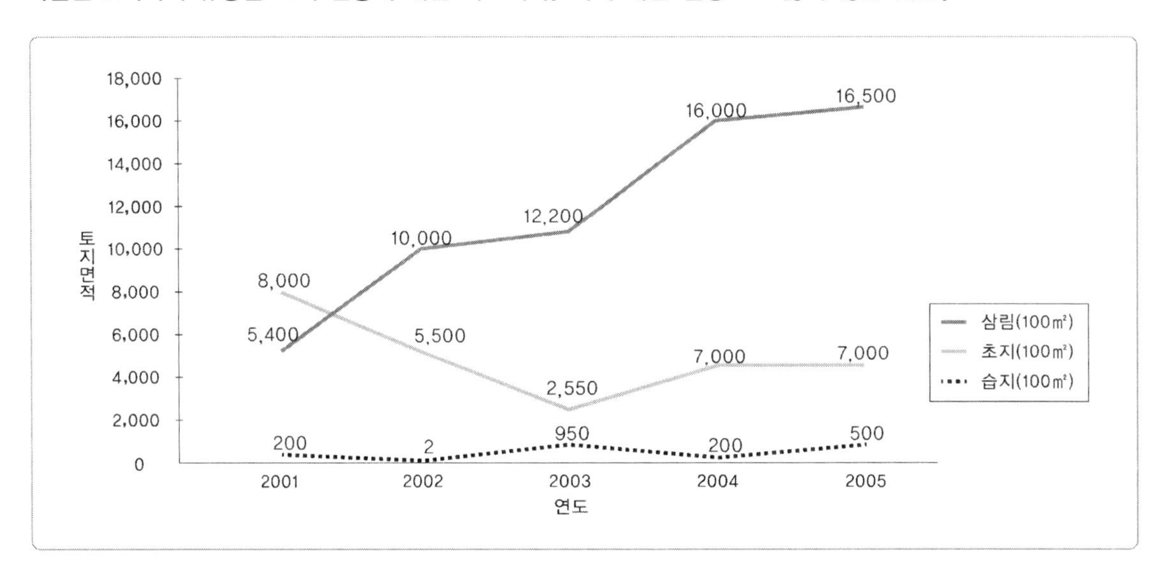

① 삼림의 면적은 매년 증가하였다.

② 습지 면적의 최대치는 초지 면적의 최소치보다 작다.

③ 2004년 삼림 면적은 습지 면적의 70배 이상이다.

④ 2003년 대비 2004년 초지 면적의 증가량은 습지의 증가량보다 작다.

05 다음은 피보험물건유형에 따른 보험금액에 대한 자료이다. 이에 대한 설명으로 옳지 않은 것은?

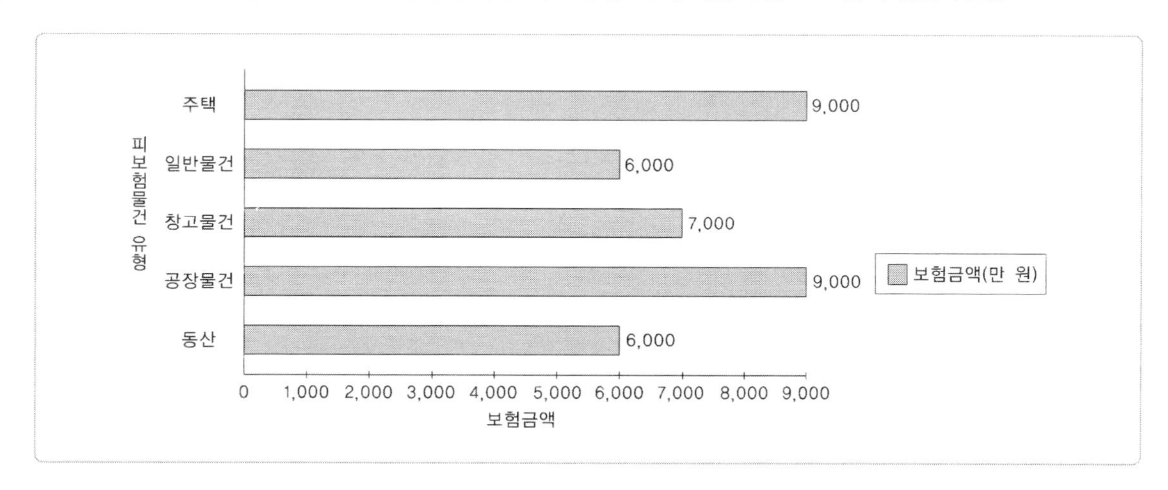

① 주택의 보험금액은 피보험물건 유형의 보험금액 중에 두 번째로 높다.
② 일반물건과 동산의 보험금액은 동일하다.
③ 공장물건의 보험금액은 동산 보험금액의 1.4배 이상이다.
④ 일반물건, 창고물건, 동산의 보험금액의 합은 주택, 공장물건의 보험금액의 합보다 크다.

06 다음은 부대별 종교인의 분포에 대한 자료이다. 이에 대한 설명으로 옳지 않은 것은?

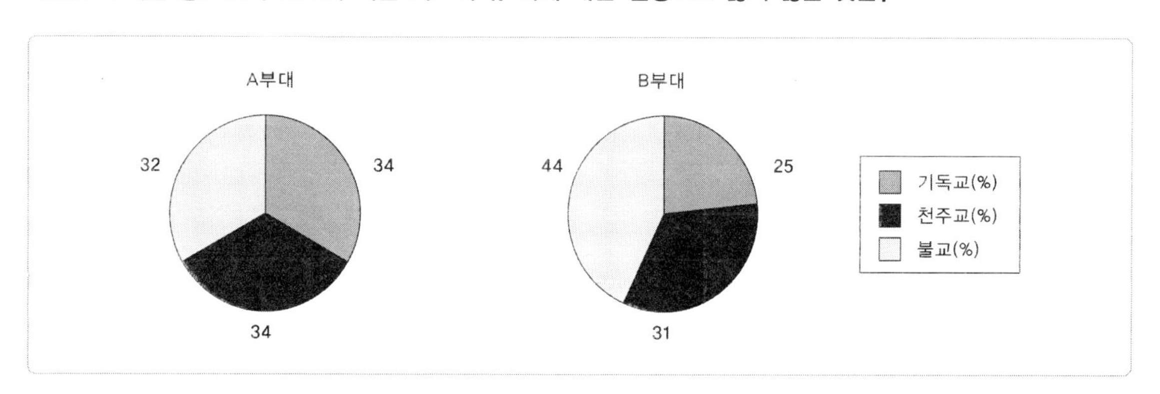

① A부대에서 기독교와 천주교 종교인의 구성비는 동일하다.
② B부대에서 불교 종교인의 수는 300명 이상이다.
③ A부대에서 불교 종교인의 비율은 상대적으로 기독교와 천주교에 비해 적다.
④ B부대에서 불교 종교인의 비율은 다른 종교보다 상대적으로 많이 분포되어있다.

07 다음은 노인들이 거주하는 가구의 형태를 조사한 결과이다. 이에 대한 설명으로 옳은 것은?

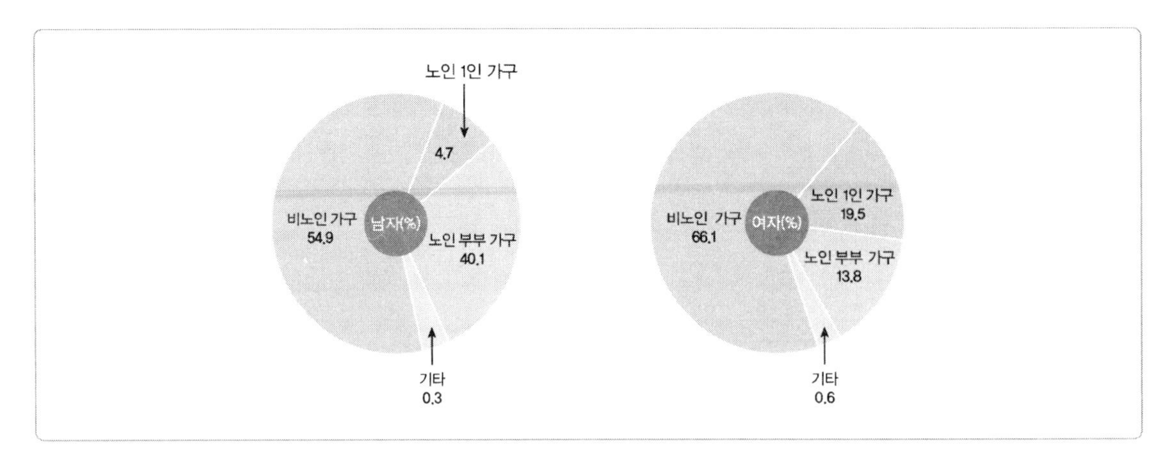

① 혼자 사는 노인의 비율은 여자보다 남자가 더 높다.
② 장남 아닌 아들 또는 기혼의 딸과 사는 비중이 늘어났다.
③ 확대 가족 형태에서 살고 있는 노인이 남녀 모두 과반수이다.
④ 노인 부부끼리 살고 있는 비율은 여자보다 남자가 더 높다.

08 다음은 2019년 5개 지역의 용도별 건축물 현황에 대한 자료이다. 이에 대한 설명으로 옳지 않은 것은? (계산 값에서 소수점 이하는 생략한다)

(단위 : 개)

지역＼용도	주거용	상업용	공업용	문교사회용	기타
서울	449,972	126,707	2,600	16,377	3,949
부산	252,759	70,846	15,451	9,281	13,185
대구	170,400	51,495	13,097	6,197	9,045
인천	143,254	44,427	14,384	6,432	11,765
광주	94,594	32,639	3,996	3,953	4,440

① 서울의 상업용 건물의 수는 광주의 주거용 건물의 수보다 많다.
② 각각의 지역에서 주거용 건물의 수는 주거용 건물의 수를 제외한 나머지 용도의 건물의 수를 합한 것보다 많다.
③ 5개 지역 공업용 건물의 평균 개수는 9,905개이다.
④ 5개 지역 문교사회용 건물의 평균 개수보다 적은 수의 문교사회용 건물을 보유한 지역은 2곳이다.

09 다음은 2012~2018년 5개 유형별 개인정보침해 신고 건수에 대한 자료이다. 이에 대한 설명으로 옳지 않은 것은? (계산 값에서 소수점 이하는 생략한다)

(단위 : 건)

유형 \ 연도	2012	2013	2014	2015	2016	2017	2018
정부주체의 동의 없는 개인정보 수집	3,507	2,634	3,923	2,442	2,568	1,876	2,764
개인정보 수집 시 고지의무 불이행	396	84	268	65	54	69	112
과도한 개인정보 수집	847	1,139	1,200	868	390	681	553
고지한 범위를 넘어선 목적 외 이용 또는 제3자 제공	2,196	1,988	2,242	3,585	3,141	3,881	6,457
개인정보취급자에 의한 훼손 · 침해 또는 누설	941	1,022	1,036	857	622	484	425

① 2018년에는 5가지 유형 중 개인정보취급자에 의한 훼손 · 침해 또는 누설에 대한 신고 건수가 가장 많았다.

② 2018년 전년 대비 개인정보침해 신고 건수의 증가율이 가장 높은 유형은 개인정보 수집 시 고지의무 불이행이다.

③ 개인정보 수집 시 고지의무 불이행 유형의 연평균 신고 건수는 149건이다.

④ 개인정보취급자에 의한 훼손 · 침해 또는 누설 유형의 신고 건수는 2014년 이후 매년 감소했다.

10 다음은 2014 ~ 2018년 5개 지역별 새마을금고 운영 현황에 대한 자료이다. 이에 대한 설명으로 옳은 것은?

(단위 : 개소)

지역 \ 연도	2014	2015	2016	2017	2018
서울	259	290	247	245	244
부산	151	141	141	141	140
대구	110	108	104	104	102
인천	54	54	54	55	54
경기	114	113	114	113	110

① 인천에서는 매년 54개소의 새마을금고를 운영하고 있다.
② 2018년 5개 지역에서 운영하는 새마을금고의 평균 개소는 120개소이다.
③ 2014 ~ 2018년 운영된 새마을금고 개소의 증감 추이는 부산과 대구가 동일하다.
④ 2014년에 5개 지역에서 운영하는 새마을금고의 총 개소에서 서울에서 운영하는 새마을금고의 개소가 차지하는 비중은 35%를 넘는다.

11 다음은 연도별 甲국의 행정사 수에 관한 자료이다. 이에 대한 설명으로 옳지 않은 것은?

(단위 : 명)

연도 \ 구분	일반행정사	외국어번역행정사	기술행정사
2013	9,205	103	11
2014	66,418	43	24
2015	87,737	74	218
2016	50,166	66	429
2017	65,065	77	602
2018	46,068	77	844
2019	25,336	83	1,079

※ 전체 행정사 수 = 일반행정사 + 외국어번역행정사 + 기술행정사

① 甲국의 기술행정사 수는 매년 증가했다.
② 2017년 전년대비 증가율이 가장 높은 행정사는 기술행정사이다.
③ 2019년 전체 행정사 중 일반행정사가 차지하는 비중은 95% 이상이다.
④ 2016~2019년 동안 기술행정사의 수는 외국어번역행정사의 수보다 항상 7배 이상 많았다.

12 다음은 丁국의 분야별 안전신고에 관한 자료이다. 이에 대한 설명으로 옳은 것은?

(단위 : 건)

구분 연도	시설안전	교통안전	생활안전	산업안전	사회안전	학교안전	해양안전	기타
2014	278	524	145	54	113	237	4	133
2015	28,861	20,168	7,711	1,995	4,763	3,241	108	7,276
2016	66,810	38,490	13,937	11,389	8,909	3,677	91	9,465
2017	100,888	50,751	29,232	8,928	22,266	4,428	16	10,410
2018	94,887	62,013	28,935	11,699	22,055	7,249	–	9,164

분야	주요 신고내용	분야	주요 신고내용
시설안전	도로 · 인도 파손, 공공시설물 파손 등	사회안전	어린이집 · 소방시설 안전, 학교폭력 등
교통안전	신호등 및 교통시설물 안전, 차량운전 등	학교안전	학교 시설물, 통학로, 학교급식 등
생활안전	놀이시설 점검, 환경오염, 등산로 안전 등	해양안전	항만 · 선박 등
산업안전	가스통, 전선, 통신선 등의 안전	기타	내용이 불분명하거나 확인이 어려움 등

① 공공시설물 파손 등과 관련된 분야의 안전신고는 2018년이 2017년보다 많다.
② 환경오염 등과 관련된 분야의 안전신고는 2014년부터 2018년까지 매해 증가했다.
③ 2018년 전체 안전신고 중 가스통, 전선 등과 관련된 분야의 안전신고가 차지하는 비중은 4%가 안 된다.
④ 2018년 전년대비 안전신고가 증가한 분야는 총 3개 분야이다.

13 다음은 최근 5년간 장소별 물놀이 안전사고에 대한 자료이다. 이에 대한 설명으로 옳지 않은 것은?

(단위 : 명)

연도 \ 구분	하천(강)	해수욕장	계곡	유원지	저수지	기타
2015	14	3	4	–	–	3
2016	21	4	6	1	–	4
2017	19	3	1	–	–	12
2018	22	5	4	–	–	6
2019	11	6	9	1	–	6

※ 물놀이 안전사고는 하천, 계곡, 해수욕장 등에서 물놀이 중에 인명피해가 발생한 사고

① 2015년~2019년 동안 해수욕장과 계곡의 물놀이 안전사고 증감 추이는 동일하다.
② 최근 5년간 저수지에서 발생한 물놀이 안전사고는 없었다.
③ 2019년 전년대비 물놀이 안전사고가 증가한 장소는 3곳이다.
④ 2019년 전체 물놀이 안전사고 중 해수욕장에서 발생한 물놀이 안전사고의 비중은 20%를 넘는다.

14 다음은 연도별 승강기 설치 현황에 대한 자료이다. 이에 대한 설명으로 옳은 것은?

(단위 : 대)

연도 \ 구분	승객용	화물용	에스컬레이터	덤웨이터	휠체어리프트
2015	454,242	32,706	27,866	9,081	2,761
2016	485,053	32,917	28,837	8,714	2,885
2017	522,481	33,685	30,631	8,613	3,079
2018	562,949	34,474	32,371	8,386	3,273
2019	602,786	35,242	33,927	8,176	3,510

※ 전체 승강기 = 승객용 + 화물용 + 에스컬레이터 + 덤웨이터 + 휠체어리프트

① 덤웨이터의 수는 매년 증가했으며, 휠체어리프트의 수는 매년 감소했다.
② 2019년 전년대비 승객용 승강기의 증가율은 10%를 넘는다.
③ 에스컬레이터의 수는 매년 휠체어리프트 수의 10배 이상이다.
④ 2018년 전체 승강기 중 화물용 승강기가 차지하는 비중은 5%를 넘는다.

15 다음은 5개 지역별 민방위대 편성에 관한 자료이다. 이에 대한 설명으로 옳지 않은 것은?

(단위 : 대, 명)

구분 / 지역	통리민방위대		기술지원대		직장민방위대	
	대수	대원수	대수	대원수	대수	대원수
서울	12,382	663,154	25	2,442	2,024	66,820
부산	4,556	211,004	16	1,728	368	11,683
대구	3,661	145,952	8	689	290	7,970
인천	4,582	201,952	10	850	290	12,570
광주	2,500	92,378	5	441	240	9,520

① 서울지역 통리민방위대 1대당 대원수는 50명 이상이다.
② 5개 지역 중 통리민방위대 대원수가 직장민방위대 대원수의 10배 이상인 곳은 3곳이다.
③ 5개 지역 중 기술지원대 1대당 대원수가 100명 이상인 지역은 부산뿐이다.
④ 5개 지역 직장민방위대의 평균 대수는 600대가 안 된다.

16 다음은 '경제협력개발기구(OECD) 국가들의 인구 전망'에 대한 그림이다. 이에 대한 설명으로 옳은 것은?

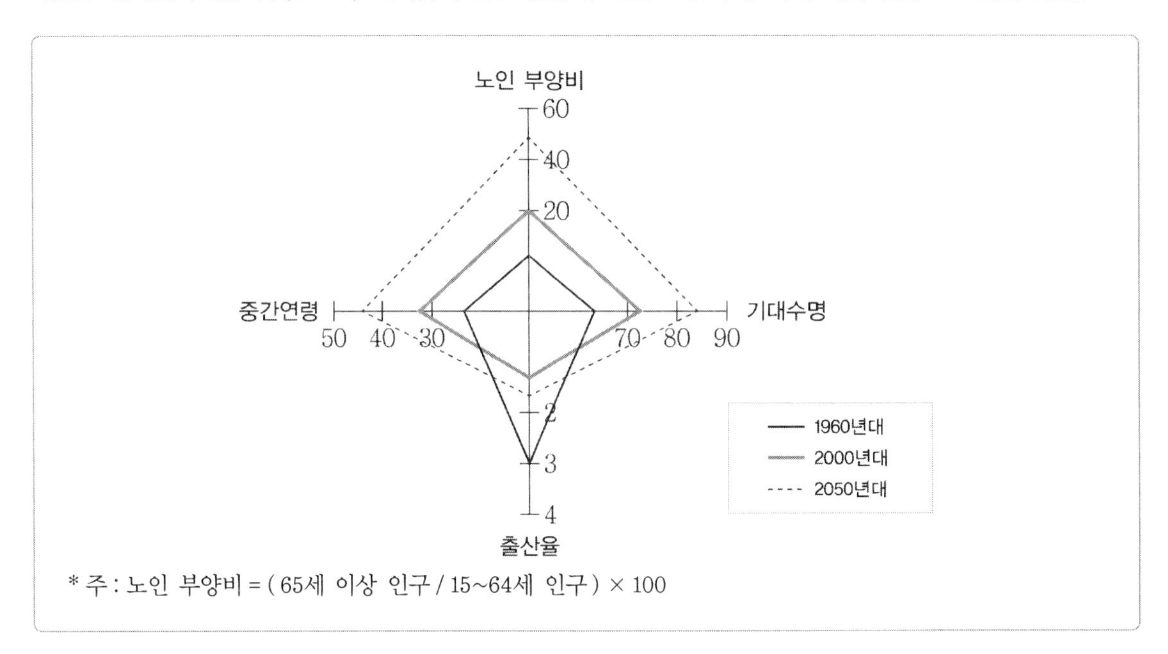

① 기대 수명의 증가는 출산율 저하가 주요 원인이다.

② 시간이 지날수록 피라미드형 인구 구조가 강화될 것이다.

③ 2050년이 되면 65세 이상 인구가 총인구의 40%를 넘는다.

④ 2000년 대비 2005년도의 노인부양비는 2배 이상 증가할 것이다.

17 다음은 어느해 5개 지역별 낙뢰발생 횟수에 대한 자료이다. 이에 대한 설명으로 옳은 것은?

(단위 : 회)

월 \ 지역	서울	세종	부산	대구	인천
1월	–	–	–	–	–
2월	8	–	1	–	22
3월	–	1	60	42	1
4월	1	14	1	2	2
5월	1,100	4	–	332	1,771
6월	43	62	124	84	52
7월	188	188	15	330	131
8월	291	23	122	94	783
9월	–	1	50	–	5
10월	24	15	–	1	206
11월	1	–	29	–	7
12월	–	–	1	–	–

① 5개 지역 모두에서 12월에는 낙뢰가 발생하지 않았다.
② 1년 동안 낙뢰가 가장 많이 발생한 지역은 서울이다.
③ 서울에서는 월 평균 138회의 낙뢰가 발생했다.
④ 6월 5개 지역의 평균 낙뢰발생 횟수는 71회이다.

18 다음은 2019년 5개 지역의 층수별 건축물 현황을 나타낸 자료이다. 이에 대한 설명으로 옳은 것은? (계산값에서 소수점 이하는 생략한다)

(단위 : 개)

층수 / 지역	1층	2-4층	5층	6-10층	11-20층	21-30층	31층 이상	그 외 기타
서울	112,290	369,808	62,891	33,829	16,080	3,538	394	775
부산	146,362	183,018	13,722	9,410	5,235	2,582	419	774
대구	86,839	148,116	6,492	2,715	4,171	1,085	148	668
인천	87,134	108,695	12,371	4,982	4,737	1,552	387	404
광주	56,771	73,020	3,419	1,786	3,627	567	49	383

① 31층 이상 건물의 수는 서울이 가장 많다.

② 모든 지역에서 6-10층 건물의 수가 11-20층 건물의 수보다 많다.

③ 광주 지역 층수별 총 건물의 수에서 2-4층 건물의 수가 차지하는 비중은 50%를 넘는다.

④ 5개 지역 21-30층 건물의 평균 개수보다 21-30층 건물의 수가 적은 지역은 2곳이다.

Q 다음은 A 해수욕장의 입장객을 연령 · 성별로 구분한 것이다. 물음에 답하시오. (단, 소수 둘째 자리에서 반올림한다) 【19~20】

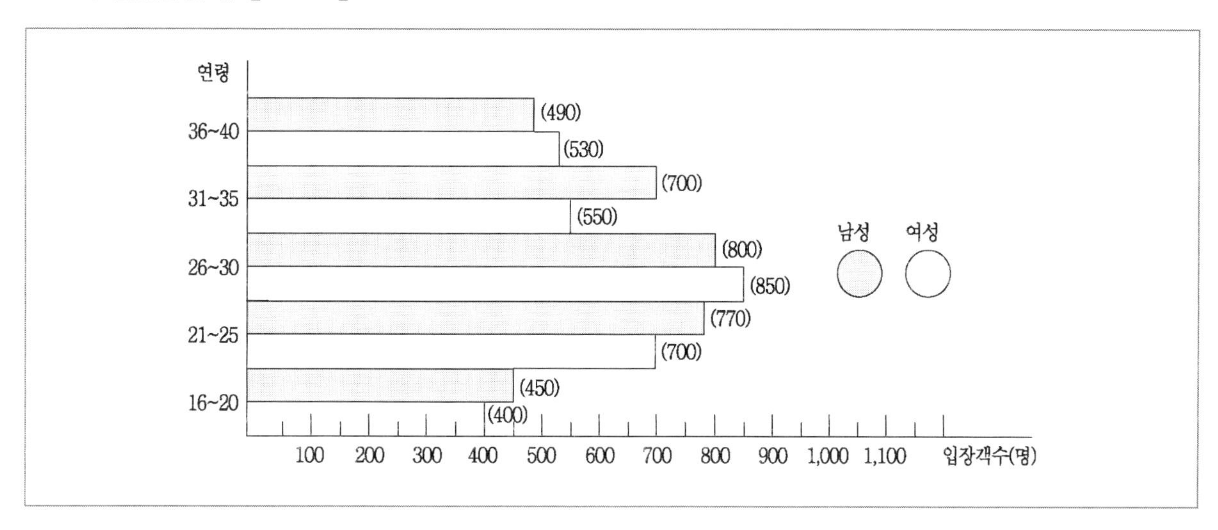

19 21~25세의 여성 입장객이 전체 여성 입장객에서 차지하는 비율은 몇 %인가?

① 22.5% ② 23.1%
③ 23.5% ④ 24.1%

20 다음 설명 중 옳지 않은 것은?

① 전체 남성 입장객의 수는 3,210명이다.
② 26~30세의 여성 입장객이 가장 많다.
③ 21~25세는 여성 입장객의 비율보다 남성 입장객의 비율이 더 높다.
④ 26~30세 여성 입장객수는 전체 여성 입장객수의 25.4%이다.

Q 다음은 우체국 택배물 취급에 관한 기준표이다. 표를 보고 물음에 답하시오. 【21~23】

(단위 : 원/개당)

중량(크기)		2kg까지 (60cm까지)	5kg까지 (80cm까지)	10kg까지 (120cm까지)	20kg까지 (140cm까지)	30kg까지 (160cm까지)
동일지역		4,000원	5,000원	6,000원	7,000원	8,000원
타 지역		5,000원	6,000원	7,000원	8,000원	9,000원
제주지역	빠른(항공)	6,000원	7,000원	8,000원	9,000원	11,000원
	보통(배)	5,000원	6,000원	7,000원	8,000원	9,000원

※ 1) 중량이나 크기 중에 하나만 기준을 초과하여도 초과한 기준에 해당하는 요금을 적용함.
2) 동일지역은 접수지역과 배달지역이 동일한 시/도이고, 타지역은 접수한 시/도지역 이외의 지역으로 배달되는 경우를 말한다.
3) 부가서비스(안심소포) 이용 시 기본요금에 50% 추가하여 부가됨.

21 미영이는 서울에서 포항에 있는 보람이와 설희에게 각각 택배를 보내려고 한다. 보람이에게 보내는 물품은 10kg에 130cm이고, 설희에게 보내려는 물품은 4kg에 60cm이다. 미영이가 택배를 보내는데 드는 비용은 모두 얼마인가?

① 13,000원
② 14,000원
③ 15,000원
④ 16,000원

22 설희는 서울에서 빠른 택배로 제주도에 있는 친구에게 안심소포를 이용해서 18kg짜리 쌀을 보내려고 한다. 쌀 포대의 크기는 130cm일 때, 설희가 지불해야 하는 택배 요금은 얼마인가?

① 19,500원
② 16,500원
③ 15,500원
④ 13,500원

23 ㉠ 타지역으로 15kg에 150cm 크기의 물건을 안심소포로 보내는 가격과 ㉡ 제주지역에 보통 택배로 8kg에 100cm 크기의 물건을 보내는 가격을 각각 바르게 적은 것은?

	㉠	㉡
①	13,500원	7,000원
②	13,500원	6,000원
③	12,500원	7,000원
④	12,500원	6,000원

24 표는 시민들의 사회단체 참여 비율을 나타낸 것이다. 이에 대한 분석으로 옳은 것을 모두 고르면?

(단위 : %)

구분		참여함						참여 안함
			친목 단체	종교 단체	봉사 단체	이익 단체	기타 단체	
성별	남성	48.2	83.7	8.9	4.0	1.5	1.9	51.8
	여성	41.6	75.1	18.4	4.5	0.6	1.4	58.4
학력별	초졸 이하	34.5	82.4	14	3.0	0.4	0.2	65.5
	중졸	38.5	76.7	14.5	7.3	0.7	0.8	61.5
	고졸	45.8	81.0	12.6	4.2	0.9	1.3	54.2
	대졸 이상	55.2	77.8	13.8	3.4	1.8	3.2	44.8

* 표집 대상 인원 : 성별, 학력별 각각 동일

㉠ 학력이 높을수록 사회단체에 참여하는 사람의 수가 많아진다.
㉡ 대졸 이상의 남성들이 사회단체에 참여하는 비율은 알 수 없다.
㉢ 여성이 남성보다 사회단체 참여율이 낮은 것은 여성의 취업률과 관련이 있다.
㉣ 사회단체에 참여하는 사람들 중 친목단체에 참여하는 사람의 수가 가장 많다.

① ㉠, ㉡
② ㉡, ㉢
③ ㉢, ㉣
④ ㉠, ㉡, ㉣

25 다음 (가) 조직에 비해 (나) 조직이 가지는 특징을 모두 고른 것은?

구분	(가)	(나)
계층성	+++	+
규칙성	+++	+
분업성	+++	++
유연성	+	+++
자율성	+	+++

(+는 강도를 나타냄)

㉠ 유기적인 교류를 통한 효율성 추구
㉡ 명백한 권한과 책임을 부여한 업무 처리
㉢ 연공서열보다 개인의 역량 활용을 강조
㉣ 수평적 의사소통과 집단 토론의 활성화

① ㉠, ㉡
② ㉡, ㉢
③ ㉢, ㉣
④ ㉠, ㉢, ㉣

26 다음은 기혼 여성의 출생아 수 현황에 대한 표이다. 이에 대한 분석으로 옳은 것은?

(단위 : %)

구분		출생아 수						계
		0명	1명	2명	3명	4명	5명 이상	
전체		6.4	15.6	43.8	16.2	7.0	11.0	100
지역	농촌	5.0	10.5	30.3	17.9	13.0	23.3	100
	도시	6.8	17.1	47.5	15.7	6.4	6.5	100
연령	20~29세	36.3	40.6	20.9	1.7	0.5	0.0	100
	30~39세	7.8	23.8	58.6	9.1	0.6	0.1	100
	40~49세	3.2	15.6	65.4	13.6	1.8	0.4	100
	50세 이상	4.0	6.1	11.2	19.9	21.4	37.4	100

① 농촌 지역의 출생아 수가 도시 지역보다 많다.
② 50세 이상에서는 대부분 5명 이상을 출산하였다.
③ 자녀를 출산하지 않은 여성의 수는 30대가 40대보다 많다.
④ 3명 이상을 출산한 여성이 1명 이하를 출산한 여성보다 많다.

27 다음은 결혼 이민자 자녀의 정체성에 대한 설문 조사 결과이다. 이에 대한 옳은 설명을 모두 고른 것은?

결혼 이민자 자녀(C)의 정체성 \ 조사 대상		* 결혼 이민자 부부(A)		** 일반 한국인(B)
		부부 중 외국인	부부 중 한국인	
한국인으로 보는가?	예	97.3%	88.5%	68.0%
	아니오	2.7%	11.5%	32.0%
한민족으로 보는가?	예	97.0%	98.8%	54.4%
	아니오	3.0%	1.2%	45.6%

* 결혼 이민자 부부 : 한국인과 외국인 배우자로 이루어진 부부
** 일반 한국인 : 한민족이면서 외국인과 결혼하지 않은 한국인

㉠ C에 대하여 한민족보다 한국인으로 보는 B가 많다.
㉡ B의 과반수는 C가 외집단의 구성원이라고 생각한다.
㉢ A와 B 사이에 C의 한국인 정체성보다 한민족 정체성에 대한 견해 차이가 더 크다.
㉣ A 중 외국인 배우자는 한국인 배우자에 비하여 C가 한국인이라고 생각하지 않을 가능성이 높다.

① ㉠, ㉢　　② ㉠, ㉣
③ ㉡, ㉣　　④ ㉠, ㉡, ㉢

Q 가사분담 실태에 대한 통계표이다. 표를 보고 물음에 답하시오. 【28~29】

(단위 : %)

	부인 주도	부인 전적	부인 주로	공평 분담	남편 주도	남편 주로	남편 전적
15~29세	40.2	12.6	27.6	17.1	1.3	0.9	0.3
30~39세	49.1	11.8	27.3	9.4	1.2	1.1	0.1
40~49세	48.8	15.2	23.5	9.1	1.9	1.6	0.3
50~59세	47.0	17.6	20.4	10.6	2.0	2.2	0.2
60세 이상	47.2	18.2	18.3	9.3	3.5	2.3	1.2
65세 이상	47.2	11.2	25.2	9.2	3.6	2.2	1.4

	부인 주도	부인 전적	부인 주로	공평 분담	남편 주도	남편 주로	남편 전적
맞벌이	55.9	14.3	21.5	5.2	1.9	1.0	0.2
비 맞벌이	59.1	12.2	20.9	4.8	2.1	0.6	0.3

28 위 표에 대한 설명으로 옳은 것은?

① 맞벌이 부부가 공평하게 가사 분담하는 비율이 부인이 주로 가사 담당하는 비율보다 높다.
② 비 맞벌이 부부는 가사를 부인이 주도하는 경우가 가장 높은 비율을 차지하고 있다.
③ 60세 이상은 비 맞벌이 부부가 대부분이기 때문에 부인이 가사를 주도하는 경우가 많다.
④ 대체로 부인이 가사를 전적으로 담당하는 경우가 가장 높은 비율을 차지하고 있다.

29 50세에서 59세의 부부의 가장 높은 비율을 차지하는 가사분담 형태는?

① 부인 주도로 가사 담당
② 부인이 전적으로 가사 담당
③ 공평하게 가사 분담
④ 남편이 주로 가사 담당

30 다음 자료에 대하여 갑과 같이 이해하는 입장에 대한 옳은 설명을 모두 고른 것은?

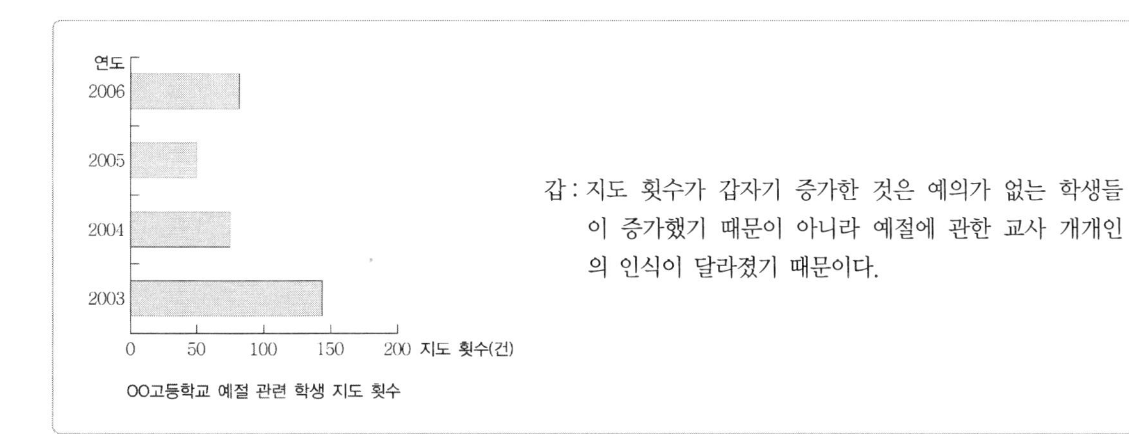
연도
2006
2005
2004
2003
0
50
100
150
200 지도 횟수(건)
OO고등학교 예절 관련 학생 지도 횟수
갑 : 지도 횟수가 갑자기 증가한 것은 예의가 없는 학생들이 증가했기 때문이 아니라 예절에 관한 교사 개개인의 인식이 달라졌기 때문이다.

㉠ 상호 작용과 주관적 의미 부여에 주목한다.
㉡ 일탈 행위 해결을 위해 처벌 강화를 요구한다.
㉢ 사회 문제가 상대성을 지니고 있음을 중시한다.
㉣ 개인적 행위도 구조적 틀에 의해 결정된 것이라고 본다.

① ㉠, ㉢
② ㉠, ㉣
③ ㉡, ㉣
④ ㉠, ㉡, ㉢

31 아래 표는 고구려대, 백제대, 신라대의 북부, 중부, 남부지역 학생 수이다. 표의 (나)대와 3지역을 올바르게 짝지은 것은?

구분	1지역	2지역	3지역	합계
(가)대	10	12	8	30
(나)대	20	5	12	37
(다)대	11	8	10	29

㉠ 백제대는 어느 한 지역의 학생 수도 나머지 지역 학생 수 합보다 크지 않다.
㉡ 중부지역 학생은 세 대학 중 백제대에 가장 많다.
㉢ 고구려대의 학생 중 남부지역 학생이 가장 많다.
㉣ 신라대 학생 중 북부지역 학생 비율은 백제대 학생 중 남부지역 학생 비율보다 높다.

① 고구려대 – 북부지역
② 고구려대 – 남부지역
③ 신라대 – 북부지역
④ 신라대 – 남부지역

32 다음은 한별의 3학년 1학기 성적표의 일부이다. 이 중에서 다른 학생에 비해 한별의 성적이 가장 좋다고 할 수 있는 과목은 ㉠이고, 이 학급에서 성적이 가장 고른 과목은 ㉡이다. 이 때 ㉠, ㉡에 해당하는 과목을 차례대로 나타낸 것은?

과목 / 성적	국어	영어	수학
한별의 성적	79	74	78
학급 평균 성적	70	56	64
표준편차	15	18	16

① 국어, 수학
② 수학, 국어
③ 영어, 국어
④ 영어, 수학

Q 다음은 4개 대학교 학생들의 하루 평균 독서시간을 조사한 결과이다. 다음 물음에 답하시오. 【33~34】

구분	1학년	2학년	3학년	4학년
㉠	3.4	2.5	2.4	2.3
㉡	3.5	3.6	4.1	4.7
㉢	2.8	2.4	3.1	2.5
㉣	4.1	3.9	4.6	4.9
대학생평균	2.9	3.7	3.5	3.9

33 주어진 단서를 참고하였을 때, 표의 처음부터 차례대로 들어갈 대학으로 알맞은 것은?

- A대학은 고학년이 될수록 독서시간이 증가하는 대학이다
- B대학은 각 학년별 독서시간이 항상 평균 이상이다.
- C대학은 3학년의 독서시간이 가장 낮다.
- 2학년의 하루 독서시간은 C대학과 D대학이 비슷하다.

㉠ ㉡ ㉢ ㉣
① C → A → D → B

㉠ ㉡ ㉢ ㉣
② A → B → C → D

③ D → B → A → C

④ D → C → A → B

34 다음 중 옳지 않은 것은?

① C대학은 학년이 높아질수록 독서시간이 줄어들었다.

② A대학은 3, 4학년부터 대학생 평균 독서시간보다 독서시간이 증가하였다.

③ B대학은 학년이 높아질수록 꾸준히 독서시간이 증가하였다.

④ D대학은 대학생 평균 독서시간보다 매 학년 독서시간이 적다.

35 다음은 우리나라 도시와 농촌의 연령층별 경제활동참가율에 대한 그래프이다. 이 자료에 대한 진술 중 타당한 것을 모두 고른 것은?

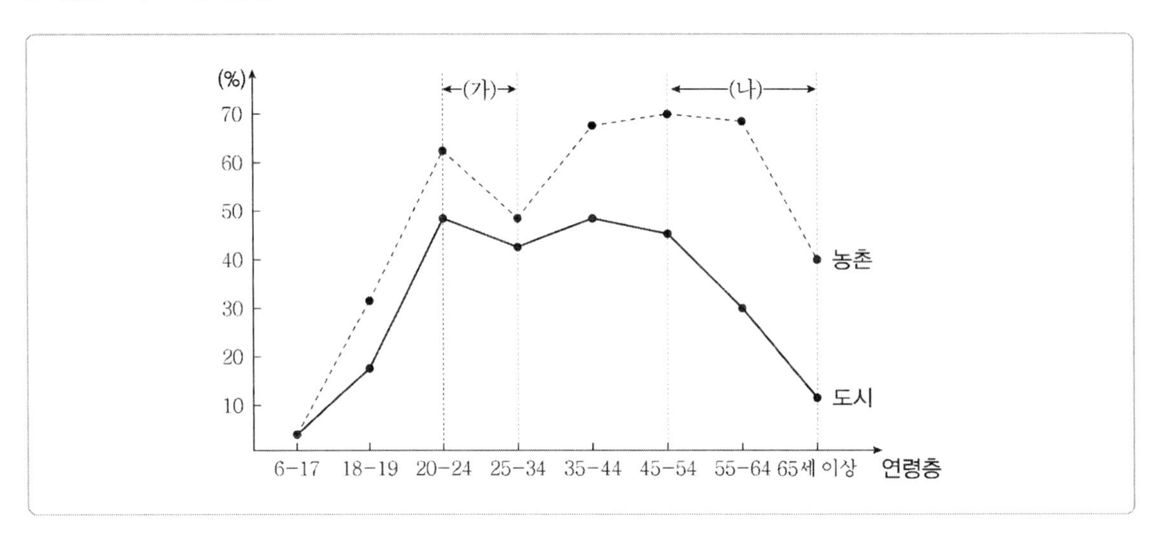

㉠ 육아 부담은 (가) 구간의 경제 활동 참가율 저하 현상을 유발할 수 있어.
㉡ 농촌 인구의 고령화는 (나) 구간의 지역 간 차이를 초래하는 요인 중 하나야.
㉢ 두 지역 간 경제 활동 참가율의 차이는 각 지역의 산업 구조와 관련 있어.
㉣ 55 – 64세 연령층에서는 농촌이 도시에 비해 경제 활동 참가자 수가 더 많아.

① ㉠, ㉢
② ㉠, ㉣
③ ㉡, ㉣
④ ㉠, ㉡, ㉢

36 다음은 우리나라 지역별 전입률과 전출률에 대한 그래프이다. 이 자료에 대한 분석으로 옳은 것은?

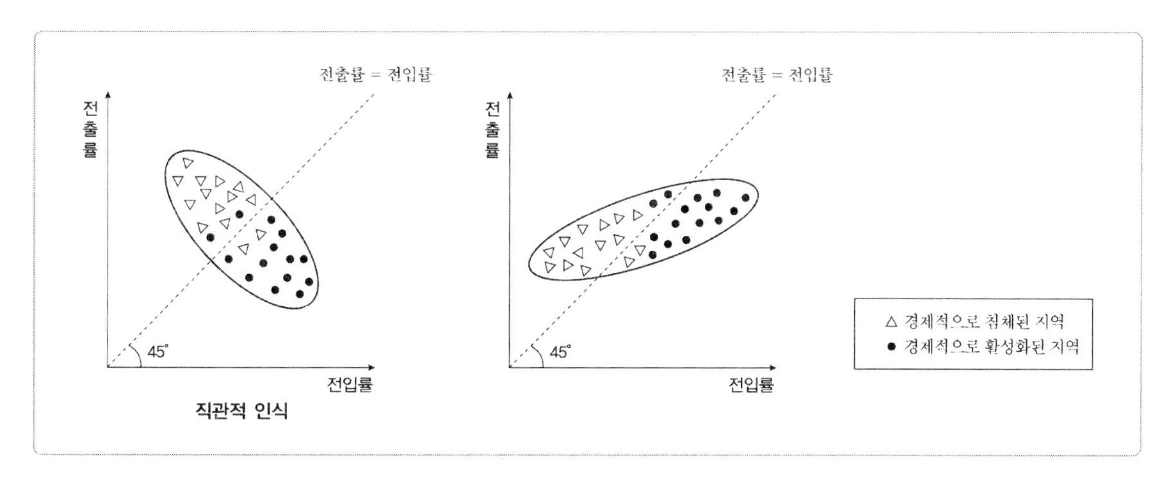

① 농촌의 전출률이 도시의 전출률보다 높다는 인식이 검증되었다.
② 경제적으로 침체된 지역은 인구의 전입률이 전출률보다 높다.
③ 균형 개발이 인구 이동을 억제한다는 주장을 정당화한다.
④ 경제적으로 활성화된 지역은 인구 이동이 활발하다.

37 다음은 어떤 지역의 연령층 · 지지 정당별 사형제 찬반에 대한 설문조사 결과이다. 이에 대한 설명 중 옳은 것을 고르면?

(단위 : 명)

연령층	지지정당	사형제에 대한 태도	빈도
청년층	A	찬성	90
		반대	10
	B	찬성	60
		반대	40
장년층	A	찬성	60
		반대	10
	B	찬성	15
		반대	15

① 청년층은 장년층보다 사형제에 반대하는 사람의 수가 적다.
② B당 지지자의 경우, 청년층은 장년층보다 사형제 반대 비율이 높다.
③ A당 지지자의 사형제 찬성 비율은 B당 지지자의 사형제 찬성 비율보다 낮다.
④ 사형제 찬성 비율의 지지 정당별 차이는 청년층보다 장년층에서 더 크다.

38 다음 그림과 같이 성냥개비를 이용하여 정사각형을 만들어 나가려고 한다. 정사각형을 x개 만들었을 때 사용한 성냥개비의 수를 y개라 할 때, y를 x에 관한 식으로 바르게 나타낸 것은?

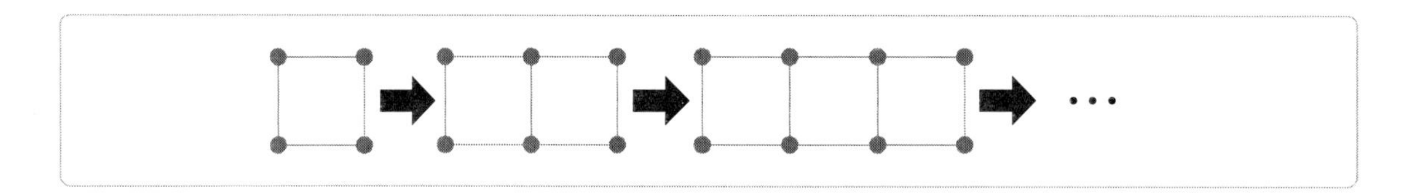

① $y=4x$
② $y=4x-1$
③ $y=3x$
④ $y=3x+1$

39 다음은 A기업에서 승진시험을 시행한 결과이다. 시험을 치른 200명의 국어와 영어의 점수 분포가 다음과 같을 때 국어에서 30점 미만을 얻은 사원의 영어 평균 점수의 범위는?

(단위 : 명)

영어(점) \ 국어(점)	0~9	10~19	20~29	30~39	40~49	50~59	60~69	70~79	80~89	90~100
0~9	3	2	3							
10~19	5	7	4							
20~29			6	5	5	4				
30~39				10	6	3	1	3	3	
40~49				2	9	10	2	5	2	
50~59				2	5	4	3	4	2	
60~69				1	3	9	24	10	3	
70~79					2	18				
80~89						10				
90~100										

① 9.3~18.3 ② 9.5~17.5

③ 10.2~12.3 ④ 11.6~15.4

40 다음은 '갑'지역의 친환경농산물 인증심사에 대한 자료이다. 2011년부터 인증심사원 1인당 연간 심사할 수 있는 농가수가 상근직은 400호, 비상근직은 250호를 넘지 못하도록 규정이 바뀐다고 할 때, 조건을 근거로 예측한 내용 중 옳지 않은 것은?

(단위 : 호, 명)

인증기관	심사 농가수		인증심사원		
		승인 농가수	상근	비상근	합
A	2,540	542	4	2	6
B	2,120	704	2	3	5
C	1,570	370	4	3	7
D	1,878	840	1	2	3
계	8,108	2,456	11	10	21

※ 1) 인증심사원은 인증기관 간 이동이 불가능하고 추가고용을 제외한 인원변동은 없음.
2) 각 인증기관은 추가 고용 시 최소인원만 고용함.

〈조건〉

- 인증기관의 수입은 인증수수료가 전부이고, 비용은 인증심사원의 인건비가 전부라고 가정한다.
- 인증수수료 : 승인농가 1호당 10만 원
- 인증심사원의 인건비는 상근직 연 1,800만 원, 비상근직 연 1,200만 원이다.
- 인증기관별 심사 농가수, 승인 농가수, 인증심사원 인건비, 인증수수료는 2010년과 2011년에 동일하다.

① 2010년에 인증기관 B의 수수료 수입은 인증심사원 인건비보다 적다.

② 2011년 인증기관 A가 추가로 고용해야 하는 인증심사원은 최소 2명이다.

③ 인증기관 D가 2011년에 추가로 고용해야 하는 인증심사원을 모두 상근으로 충당한다면 적자이다.

④ 만약 정부가 '갑'지역에 2010년 추가로 필요한 인증심사원을 모두 상근으로 고용하게 하고 추가로 고용되는 상근 심사원 1인당 보조금을 연 600만 원씩 지급한다면 보조금 액수는 연간 5,000만 원 이상이다.

Q 다음은 A회사의 기간별 제품출하량을 나타낸 표이다. 물음에 답하시오. 【41~42】

기간	제품 X(개)	제품 Y(개)
1월	254	343
2월	340	390
3월	541	505
4월	465	621

41 Y제품 한 개를 3,500원에 출하하다가 재고정리를 목적으로 4월에만 한시적으로 20% 인하하여 출하하였다. 1월부터 4월까지 총 출하액은 얼마인가?

① 5,274,500원 ② 5,600,000원

③ 6,071,800원 ④ 6,506,500원

42 다음 중 틀린 것을 고르면?

① 3월을 제외하고는 제품 Y의 출하량이 제품 X의 출하량보다 많다.

② 1월부터 4월까지 제품 X의 총 출하량은 제품 Y의 총 출하량보다 적다.

③ 제품 X 한 개를 3,000원에 출하하고 제품 Y 한 개를 2,700원에 출하한다고 할 때, 1월부터 4월까지 총 출하액은 제품 X가 더 많다.

④ 제품 X를 3월에 한 개당 1,000원에 출하하고 4월에 1,200원에 출하한다고 할 때, 제품 X의 4월 출하액이 3월 출하액보다 많다.

43 다음은 서울 및 수도권 지역의 가구를 대상으로 난방방식 현황 및 난방연료 사용현황에 대해 조사한 자료이다. 이에 대한 설명 중 옳은 것을 모두 고르면?

〈표 1〉 난방방식 현황

(단위 : %)

종류	서울	인천	경기남부	경기북부	전국평균
중앙난방	22.3	13.5	6.3	11.8	14.4
개별난방	64.3	78.7	26.2	60.8	58.2
지역난방	13.4	7.8	67.5	27.4	27.4

〈표 2〉 난방연료 사용현황

(단위 : %)

종류	서울	인천	경기남부	경기북부	전국평균
도시가스	84.5	91.8	33.5	66.1	69.5
LPG	0.1	0.1	0.4	3.2	1.4
등유	2.4	0.4	0.8	3.0	2.2
열병합	12.6	7.4	64.3	27.1	26.6
기타	0.4	0.3	1.0	0.6	0.3

㉠ 경기북부지역의 경우, 도시가스를 사용하는 가구수가 등유를 사용하는 가구수의 20배 이상이다.
㉡ 서울과 인천지역에서는 다른 난방연료보다 도시가스를 사용하는 비율이 높다.
㉢ 지역난방을 사용하는 가구수는 서울이 인천의 2배 이하이다.
㉣ 경기지역은 남부가 북부보다 지역난방을 사용하는 비율이 낮다.

① ㉠㉡　　② ㉠㉢
③ ㉠㉣　　④ ㉡㉣

44 다음은 7월부터 12월까지 서울과 파리의 월평균 기온과 강수량을 나타낸 것이다. 보기 중 옳은 것은?

	구분	7월	8월	9월	10월	11월	12월
서울	기온(℃)	24.6	25.4	20.6	14.3	6.6	−0.4
	강수량(mm)	369.1	293.9	168.9	49.4	53.1	21.7
파리	기온(℃)	18.6	17.9	14.2	10.8	7.4	4.3
	강수량(mm)	79	84	79	59	71	67

① 서울과 파리 모두 7월에 월평균 강수량이 가장 적다.
② 7월부터 12월까지 월평균기온은 매월 서울이 파리보다 높다.
③ 파리의 월평균 기온은 7월부터 12월까지 점점 낮아진다.
④ 서울의 월평균 강수량은 7월부터 12월까지 감소한다.

45 다음 표는 어느 학생의 시험성적을 월별로 표시한 것이다. 표를 보고 유추한 내용으로 옳지 않은 것은?

월	1	2	3	4	5	6	7	8	9	10	11	12
국어(점)	72	75	79	89	92	87	87	81	78	76	84	86
수학(점)	93	97	100	100	82	84	85	76	89	91	94	84

① 두 과목 평균이 가장 높은 달은 4월이다.
② 두 과목 평균이 가장 낮은 달은 9월이다.
③ 6월은 5월에 비해 평균이 1.5점 떨어졌다.
④ 평균이 세 번째로 높은 달은 11월이다.

Q 다음 표는 태양계의 행성에 관한 것이다. 물음에 답하시오. 【46~47】

행성명	태양에서의 평균거리(억 km)	공전주기(년)	자전주기(일)
수성	0.58	0.24	58.6
금성	1.08	0.62	243.0
지구	1.50	1.00	1.0
화성	2.28	1.88	1.0
목성	7.9	11.9	0.41
토성	14.3	29.5	0.44
천왕성	28.7	84.0	0.56
해왕성	45	165	0.77

46 다음 중 위 표에서 알 수 있는 사실은?

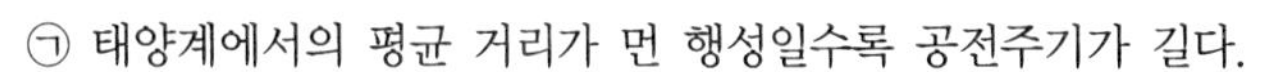
㉠ 태양계에서의 평균 거리가 먼 행성일수록 공전주기가 길다.
㉡ 태양에서의 평균 거리가 먼 행성일수록 자전주기가 짧다.
㉢ 공전주기와 자전주기는 반비례 관계이다.

① ㉠
② ㉡
③ ㉢
④ ㉠㉡㉢

47 어떤 행성 X와 태양과의 거리를 a, 행성 X의 바로 안쪽을 공전하는 행성과 태양과의 거리를 b라 할 때, (a − b) ÷ a를 계산하고 그 몫을 반올림하여 소수 첫째 자리까지 구하면 0.5이다. 행성 X는?

① 금성
② 화성
③ 천왕성
④ 해왕성

Ⓠ 다음에 제시된 투자 조건을 보고 물음에 답하시오. 【48~49】

투자안	판매단가(원/개)	고정비(원)	변동비(원/개)
A	2	20,000	1.5
B	2	60,000	1.0

※ 1) 매출액 = 판매단가× 매출량(개)
2) 매출원가 = 고정비 + (변동비× 매출량(개))
3) 매출이익 = 매출액 − 매출원가

48 위의 투자안 A와 B의 투자 조건을 보고 매출량과 매출이익을 해석한 것으로 옳은 것은?

① 매출량 증가폭 대비 매출이익의 증가폭은 투자안 A가 투자안 B보다 항상 작다.
② 매출량 증가폭 대비 매출이익의 증가폭은 투자안 A가 투자안 B보다 항상 크다.
③ 매출이익이 0이 되는 매출량은 투자안 A가 투자안 B보다 많다.
④ 매출이익이 0이 되는 매출량은 투자안 A가 투자안 B가 같다.

49 매출량이 60,000개라고 할 때, 투자안 A와 투자안 B를 비교한 매출이익은 어떻게 되겠는가?

① 투자안 A가 투자안 B보다 같다.
② 투자안 A가 투자안 B보다 작다.
③ 투자안 A가 투자안 B보다 크다.
④ 제시된 내용만으로 비교할 수 없다.

50 다음은 A도시의 생활비 지출에 관한 자료이다. 연령에 따른 전년도 대비 지출 증가비율을 나타낸 것이라 할 때 작년에 비해 가계운영이 더 어려웠을 가능성이 높은 업소는?

품목 \ 연령(세)	24 이하	25~29	30~34	35~39	40~44	45~49	50~54	55~59	60~64	65 이상
식료품	7.5	7.3	7.0	5.1	4.5	3.1	2.5	2.3	2.3	2.1
의류	10.5	12.7	−2.5	0.5	−1.2	1.1	−1.6	−0.5	−0.5	−6.5
신발	5.5	6.1	3.2	2.7	2.9	−1.2	1.5	1.3	1.2	−1.9
의료	1.5	1.2	3.2	3.5	3.2	4.1	4.9	5.8	6.2	7.1
교육	5.2	7.5	10.9	15.3	16.7	20.5	15.3	−3.5	−0.1	−0.1
교통	5.1	5.5	5.7	5.9	5.3	5.7	5.2	5.3	2.5	2.1
오락	1.5	2.5	−1.2	−1.9	−10.5	−11.7	−12.5	−13.5	−7.5	−2.5
통신	5.3	5.2	3.5	3.1	2.5	2.7	2.7	−2.9	−3.1	−6.5

① 30대 후반이 주로 찾는 의류 매장
② 중학생 대상의 국어 · 영어, 수학 학원
③ 30대 초반의 사람들이 주로 찾는 볼링장
④ 할아버지들이 자주 이용하는 마을버스 회사

51 A에서 B까지는 40km/h로 30분간 가고, B에서 C까지는 20km/h로 15분간 갔을 때, 총 이동거리는 얼마인가?

① 20km
② 25km
③ 30km
④ 35km

52 A가 등산을 하는데 올라갈 때는 시속 3km로 걷고, 내려올 때는 올라갈 때보다 4km 더 먼 길을 시속 4km로 걷는다. 올라갔다가 내려올 때 총 8시간이 걸렸다면, 올라갈 때 걸은 거리는 얼마인가?

① 8km
② 10km
③ 12km
④ 14km

53 15cm의 초가 다 타는데 10분이 걸렸다면 30cm의 초가 다 타는데 걸리는 시간은?

① 15분
② 18분
③ 20분
④ 25분

54 어느 지도에서 $\frac{1}{2}$cm는 실제로는 5km가 된다고 할 때 지도상 $1\frac{3}{4}$cm는 실제로 얼마나 되는가?

① 12.5km
② 15km
③ 17.5km
④ 20km

55 450페이지가 되는 소설책이 너무 재미있어서 휴가기간 5일 동안 하루도 빠지지 않고 매일 50페이지씩 읽었다. 휴가가 끝나면 나머지를 모두 읽으려고 한다. 휴가가 끝나면 모두 몇 페이지를 읽어야 하는가?

① 100페이지
② 150페이지
③ 200페이지
④ 250페이지

56 동근이는 동료들과 함께 공원을 산책하였다. 공원에는 동일한 크기의 벤치가 몇 개 있다. 한 벤치에 5명씩 앉았더니 4명이 앉을 자리가 없어서 6명씩 앉았더니 남는 자리 없이 딱 맞았다. 동근이는 몇 명의 동료들과 함께 공원을 갔는가?

① 16명
② 20명
③ 24명
④ 30명

57 30% 할인해서 팔던 벤치파카를 이월 상품 정리 기간에 할인된 가격의 20%를 추가로 할인해서 팔기로 하였다. 이 벤치파카는 원래 가격에서 얼마나 할인된 가격으로 판매하는 것인가?

① 34%
② 44%
③ 56%
④ 66%

58 A 주식의 가격은 B 주식의 가격의 2배이다. 민재가 두 주식을 각각 10주씩 구입 후 A 주식은 30%, B주식은 20% 올라 총 주식의 가격이 76,000원이 되었다. 오르기 전의 B 주식의 주당 가격은 얼마인가?

① 1,000원
② 1,500원
③ 2,000원
④ 3,000원

59 A의 엄마와 아빠는 4살 차이가 나며, 엄마와 아빠 나이의 합은 A 나이의 다섯 배이다. 10년 후에 아빠의 나이가 A의 두 배가 될 때, 엄마의 현재 나이를 구하면 얼마인가? (단, 아빠의 나이는 엄마의 나이보다 많다)

① 30세
② 32세
③ 35세
④ 38세

60 어떤 콘텐츠에 대한 네티즌 평가에서 3,000명이 참여한 A 사이트에서는 평균 평점이 8.0이었으며, 2,000명이 참여한 B 사이트의 평균 평점은 6.0이었다. 이 콘텐츠에 대한 두 사이트 전체의 참여자의 평균 평점은 얼마인가?

① 7.0　② 7.2
③ 8.0　④ 8.2

61 신입사원 채용시험 응시자가 500명이었다. 시험점수의 전체평균은 65점, 합격자 평균은 80점, 불합격자의 평균은 50점이었다. 합격한 사람의 수는?

① 100명　② 150명
③ 200명　④ 250명

62 양의 정수 x를 10배 한 수는 50보다 크고, x를 5배 한 수에서 20을 뺀 수는 40보다 작을 때, x값 중 가장 큰 값은?

① 14　② 13
③ 12　④ 11

63 $x^2-11x+33=(x-5)Q(x)+R$이 x에 대한 항등식일 때, 상수 R의 값을 구하면? (단, $Q(x)$는 다항식이다)

① 2　② 3
③ 4　④ 5

64 일의 자리의 숫자가 5인 두 자리 자연수에서 십의 자리와 일의 자리 숫자를 바꾸면 원래의 수의 4배보다 9가 작다. 다음 중 이 자연수의 십의 자리 수는?

① 1
② 3
③ 5
④ 7

65 농도 8%의 소금물 32g에 4%의 소금물을 몇 g 넣으면 5%의 소금물이 되겠는가?

① 30g
② 52g
③ 74g
④ 96g

66 10%의 소금물 200g과 20%의 소금물 300g을 섞었을 때 이 소금물의 농도는 얼마인가?

① 14%
② 16%
③ 18%
④ 20%

67 S사는 설문조사를 통해 남자 직원 중 A메신저를 사용하는 비율이 50%에 달하는 것을 확인했다. 총 직원 수는 300명이고, 여성 비율은 62%를 차지한다. 다음 중 전체 직원에 대한 메신저를 사용하는 남자 직원의 비율은?

① 15%
② 17%
③ 19%
④ 21%

68 C학원에서 진행한 모의고사에 응시한 여성 40명의 평균 점수는 76점이었다. 함께 응시한 남성의 평균은 74점이었고 응시자 총 평균은 75점이었을 때, 모의고사에 응시한 남성 수는?

① 40명 ② 45명
③ 50명 ④ 55명

69 주사위 2개를 던져 나오는 눈의 수를 각각 십의 자리, 일의 자리의 숫자로 만들 때, 45보다 크고 54보다 작은 정수의 합은?

① 176 ② 184
③ 198 ④ 202

70 승우가 혼자 6일, 정우가 혼자 10일이 걸리는 일이 있다. 공동 작업하여 3일 동안 일을 했을 때, 전체 작업량에서 차지하는 비율은?

① 75% ② 80%
③ 85% ④ 90%

PART 02

상황판단검사
국사
직무성격검사

CHAPTER

01 상황판단검사

Q 다음 상황을 읽고 제시된 질문에 답하시오. 【01~15】

※ 상황판단평가는 별도의 정답이 없습니다.

01

당신은 일요일 종교행사에 참석하는 초급부사관이다. 평소 부대 종교행사간 봉사활동을 마다않아 대대장과 친분이 두터운 지역주민이 K-55 자주포 앞에서 가족들과 기념사진 촬영을 하고 있다. 당신은 화포의 경우 군사장비로 사진촬영이 금지된 것으로 알고 있다. 대대장도 그 장면을 본 듯하나 별다른 제지를 하지 않는다.

이 상황에서 당신이 ⓐ 가장 할 것 같은 행동은 무엇입니까?
ⓑ 가장 하지 않을 것 같은 행동은 무엇입니까?

ⓐ 가장 할 것 같은 행동 ( )
ⓑ 가장 하지 않을 것 같은 행동 ( )

선택지	
①	자주포 앞에서 사진촬영이 불가함을 지역주민에게 알린다.
②	지역주민의 핸드폰에 저장된 사진을 삭제하고, 다른 장소에서 촬영을 제의한다.
③	대대장에게 보고하고 지침을 따른다.
④	부대 관할 기무대에 민간인의 사진촬영을 신고한다.
⑤	대대장과 친분도 두터운 만큼 민간인의 사진촬영을 방조한다.

02

당신은 기갑부대 소대장이다. 전술훈련 장갑차 기동 중 차내 통신이 불통이 되었다. 육성으로는 지휘가 불가능하기에 함께 탑승한 A병장은 기동중지를 요청한다. 기동을 멈출 경우 작전시간을 맞추기 어려워 보인다. 중대장 혹은 부소대장 등은 다른 장갑차에 탑승하고 있어 의견을 묻기가 어렵다. 기동중지 후 차내 통신망을 수리해도 빠르게 수리가 완료될 것이란 보장도 없다.

이 상황에서 당신이 ⓐ 가장 할 것 같은 행동은 무엇입니까?
ⓑ 가장 하지 않을 것 같은 행동은 무엇입니까?

ⓐ 가장 할 것 같은 행동 ( )
ⓑ 가장 하지 않을 것 같은 행동 ( )

선 택 지

① 안전상 문제가 발생할 수 있는 만큼 기동중지 후 통신망 수리에 나선다.

② 기동중지 후 중대장의 지침을 기다린다.

③ 훈련 중이지만 안전을 고려하여 핸드폰을 통해 부소대장과 의견을 나눈다.

④ 기동과 동시에 통신망 수리를 A병장에게 지시한다.

⑤ 작전시간을 맞추기 위해 기동을 하고, 통신망 수리를 실시한다.

03

당신은 수색대대 소대장이다. 소대원들은 15m 모형 탑에서 헬기 레펠 및 패스트로프 교육을 실시하고 있다. 고소공포증이 있는 A이병이 교육간 어지러움과 구토 증세를 호소하였다. 헬기 레펠이 불가능한 경우 수색대대원으로 임무가 불가능하다. A이병은 훈련 전까지만 해도 '할 수 있다'며 자신감을 보였고, 입대 전에도 고소공포증은 없는 것으로 확인되었다.

이 상황에서 당신이 ⓐ 가장 할 것 같은 행동은 무엇입니까?
ⓑ 가장 하지 않을 것 같은 행동은 무엇입니까?

ⓐ 가장 할 것 같은 행동 (　　　　)
ⓑ 가장 하지 않을 것 같은 행동 (　　　　)

선 택 지	
①	금번 훈련 간 열외 후 안정을 취하도록 한다.
②	A이병에게 수색대대원으로 임무가 어려움을 전하고, 타부대 전출을 권유한다.
③	군인정신으로 극복할 것을 주문한다.
④	A이병이 헬기 레펠 및 패스트교육에 참여토록 강하게 지시한다.
⑤	교육 전 '할 수 있다'는 자신감은 어디로 갔는지 질책한다.

04

당신은 당직부관으로 근무 중이다. 마침 근무 교대를 위해 대기 중인 병사가 먼저 근무 중이었던 김 상병이 혹시 여기에 안 왔었냐고 묻는다. 30분 넘도록 기다렸지만 김상병은 나타나지 않았다.

이 상황에서 당신이 ⓐ 가장 할 것 같은 행동은 무엇입니까?
ⓑ 가장 하지 않을 것 같은 행동은 무엇입니까?

ⓐ 가장 할 것 같은 행동 ( )
ⓑ 가장 하지 않을 것 같은 행동 ( )

선 택 지	
①	복잡한 일에 휘말리지 않도록 이 사실을 모른척한다.
②	5분 대기조를 출동시켜 주변을 수색한다.
③	당장 당직사관에게 이 사실을 보고한다.
④	해당 병사에게 이 사실을 다른 병사에게 알리라고 지시한다.
⑤	몸살이 난 것처럼 연기하여 상황을 피하려고 애쓴다.

05

당신은 유격훈련 교관으로 차출되어 근무 중이다. 훈련 중 병사 한 명이 몸이 아파 훈련을 못하겠다고 한다. 평소 이 병사는 훈련만 있으면 꾀병부리기로 유명하여 믿을 수 없다.

이 상황에서 당신이 ⓐ 가장 할 것 같은 행동은 무엇입니까?
ⓑ 가장 하지 않을 것 같은 행동은 무엇입니까?

ⓐ 가장 할 것 같은 행동 ( )
ⓑ 가장 하지 않을 것 같은 행동 ( )

선 택 지	
①	이 훈련만 끝내면 보상을 하겠다고 유도한다.
②	정신 상태를 운운하며 군인의 마음가짐을 강조한다.
③	주위 병사에게 꾀병인지 여부를 확인한다.
④	바로 의무대로 가도록 지시한다.
⑤	다른 동료에게 이 상황에 대해 조언을 구한다.

06

당신은 당직부관으로 근무 중이다. 점호 이후 병사들끼리 시비가 붙어 크게 싸움이 벌어졌다. 여럿이 싸움을 말리려 했지만 서로 흥분하여 멈추지 않는다.

이 상황에서 당신이 ⓐ 가장 할 것 같은 행동은 무엇입니까?
ⓑ 가장 하지 않을 것 같은 행동은 무엇입니까?

ⓐ 가장 할 것 같은 행동 ( )
ⓑ 가장 하지 않을 것 같은 행동 ( )

선 택 지

① 싸움을 일으킨 두 병사에게 얼차려를 부과한다.

② 싸움을 방관한 모든 병사에게 얼차려를 부과한다.

③ 당직사관에게 이 사실을 모두 보고한다.

④ 싸움이 끝날 때까지 기다린다.

⑤ 상급 부대에 이 사실을 알려 도움을 청한다.

07

당신은 훈련소 교관이다. 훈련 도중 훈련병에게 삿대질하며 흥분한 조교를 보았다. 이에 해당 훈련은 중지된 상태이다. 오후에는 비가 예보되어있어 훈련을 빠르게 마쳐야 한다.

이 상황에서 당신이 ⓐ 가장 할 것 같은 행동은 무엇입니까?
ⓑ 가장 하지 않을 것 같은 행동은 무엇입니까?

ⓐ 가장 할 것 같은 행동 ( )
ⓑ 가장 하지 않을 것 같은 행동 ( )

선 택 지	
①	해당 훈련병만 열외 시키고 훈련을 진행한다.
②	담당 조교를 불러 훈련을 재진행하도록 지시한다.
③	시간을 지연시킨 조교를 불러 얼차려를 부과한다.
④	전체 훈련병들에게 휴식을 부과한다.
⑤	동료 중사에게 보고하고 지침을 기다린다.

08

당신은 임관한지 한 달된 하사이다. A상사가 부탁한 일을 깜빡하고 잊은 상태로 퇴근하였다. 늦은 밤 갑자기 부탁한 일이 생각났다. 다시 부대로 들어가기에는 시간이 너무 늦었다.

이 상황에서 당신이 ⓐ 가장 할 것 같은 행동은 무엇입니까?
ⓑ 가장 하지 않을 것 같은 행동은 무엇입니까?

ⓐ 가장 할 것 같은 행동 (　　　)
ⓑ 가장 하지 않을 것 같은 행동 (　　　)

선 택 지

① 빠르게 부대로 복귀하여 부탁한 일을 마무리한다.

② 당직사령에게 보고하고 지침을 기다린다.

③ A상사에게 연락하여 사정을 말한다.

④ 내일 일찍 부대에 가서 일을 마무리한다.

⑤ 당장의 일을 무마하기 위해 변명을 궁리한다.

09

당신은 재입대한 부사관이다. 근무 중 A상사가 자꾸 자리를 비우는 것을 알았다. 주위 중사들의 말에 의하면 툭하면 자리를 이탈하여 잠을 자러 간다고 한다. 더불어 이 일이 몇 달 넘도록 반복된다고 하소연한다.

이 상황에서 당신이 ⓐ 가장 할 것 같은 행동은 무엇입니까?
ⓑ 가장 하지 않을 것 같은 행동은 무엇입니까?

ⓐ 가장 할 것 같은 행동 ( )
ⓑ 가장 하지 않을 것 같은 행동 ( )

선 택 지	
①	A상사에게 직접 자리를 비우는 이유를 묻는다.
②	주위 동료에게 A상사의 일을 알린다.
③	다른 상사에게 일탈을 해결해줄 것을 요청한다.
④	A상사에게 대대장에게 보고할 것임을 경고한다.
⑤	A상사를 따라다니며 현장을 적발하려 노력한다.

10

당신은 접적지역 중사이다. 우연히 취사병들이 급양반장인 A하사에 대한 이야기를 하는 것을 들었다. 간부들이 잘 안 찾는 작은 식당에서 A하사가 툭하면 게임기를 가져와 병사들과 자유로운 생활을 즐긴다는 것이었다. 직접 확인해보니 이는 사실이었다.

이 상황에서 당신이 ⓐ 가장 할 것 같은 행동은 무엇입니까?
ⓑ 가장 하지 않을 것 같은 행동은 무엇입니까?

ⓐ 가장 할 것 같은 행동 ( )
ⓑ 가장 하지 않을 것 같은 행동 ( )

선 택 지

① A하사를 불러내 이유를 묻는다.

② A하사에게 중대장에게 보고할 것임을 경고한다.

③ 조용히 A하사가 처벌받도록 조치한다.

④ 다른 동료들을 불러내 일을 해결할 것을 지시한다.

⑤ A하사와 주위의 병사들을 현장에서 적발한다.

11

당신은 당직부관이다. 당직사령은 새벽시간이면 화장실을 다녀온다면서 근무 시간이 마무리될 즈음 나타난다. 당직을 설 때마다 항상 자리를 이탈하는 당직사령 때문에 인내심에 한계가 오고 있다.

이 상황에서 당신이 ⓐ 가장 할 것 같은 행동은 무엇입니까?
ⓑ 가장 하지 않을 것 같은 행동은 무엇입니까?

ⓐ 가장 할 것 같은 행동 ( )
ⓑ 가장 하지 않을 것 같은 행동 ( )

선 택 지	
①	당직사령에 대해 안 좋은 소문을 낸다.
②	조용히 대대장에게 이 사실을 보고한다.
③	당직사령이 있는 곳을 수소문하여 현장 적발한다.
④	동료들에게 이 사실을 알린다.
⑤	당직사령에게 일탈을 자제해달라고 요청한다.

12

당신은 승진한지 얼마 안된 중사이다. 당신은 대부분의 일과를 A중사와 함께 한다. A중사는 말끝마다 욕설을 서슴지 않는 스타일이다. 이러한 탓에 주위 중사들이 가까이 하기를 꺼린다.

이 상황에서 당신이 ⓐ 가장 할 것 같은 행동은 무엇입니까?
ⓑ 가장 하지 않을 것 같은 행동은 무엇입니까?

ⓐ 가장 할 것 같은 행동 ( )
ⓑ 가장 하지 않을 것 같은 행동 ( )

선 택 지	
①	A중사에게 욕설을 하지 말라고 요구한다.
②	A중사처럼 욕설을 하고 다닌다.
③	주위 중사들을 따라 A중사를 멀리한다.
④	티가 나지 않게 A중사를 무시한다.
⑤	대대장에게 이 일을 보고한다.

13

당신은 당직부관이다. 부대 전체가 고등산악극복훈련을 받아 너무 피곤한 상황이다. 당직사령도 내일 동행평가를 나가야 한다며 근무 서기를 거부하였다. 또한 오늘 근무는 말년 병사에게 맡기라고 종용한다.

이 상황에서 당신이 ⓐ 가장 할 것 같은 행동은 무엇입니까?
ⓑ 가장 하지 않을 것 같은 행동은 무엇입니까?

ⓐ 가장 할 것 같은 행동 ( )
ⓑ 가장 하지 않을 것 같은 행동 ( )

선 택 지	
①	병사에게 당직 근무를 맡긴다.
②	모든 책임을 당직사령에게 떠넘긴다.
③	혼자라도 당직근무를 선다.
④	당직근무를 서지 않을 궁리를 해본다.
⑤	대대주임원사에게 보고하여 당직사령이 처벌받도록 조치한다.

14

당신은 행정보급관이다. 두 달간 병사들을 동원해 분리수거장과 취사장을 크게 만들었다. 툭하면 병사들을 시켜 일을 시키는 탓에 병사들의 불만이 상당히 쌓여있다.

이 상황에서 당신이 ⓐ 가장 할 것 같은 행동은 무엇입니까?
ⓑ 가장 하지 않을 것 같은 행동은 무엇입니까?

ⓐ 가장 할 것 같은 행동 ( )
ⓑ 가장 하지 않을 것 같은 행동 ( )

선 택 지

① 불만이 많은 병사 한 명에게 얼차려를 부여한다.

② 이러한 상황을 동료 중사에게 알려 도움을 청한다.

③ 서로 무시하고 대화를 하지 않는다.

④ 불만을 무시하고 일을 더욱 지시한다.

⑤ 일을 도와준 병사들을 모아 먹을 것을 제공한다.

15

당신은 당직 부사관이다. 화장실 청소가 엉망인 것을 파악하고 다시 하라고 지시했지만 병사들이 물만 뿌리는 것을 목격하였다. 다시 지적하고 10분 후 돌아왔지만 제대로 청소가 되어있지 않았다.

이 상황에서 당신이 ⓐ 가장 할 것 같은 행동은 무엇입니까?
ⓑ 가장 하지 않을 것 같은 행동은 무엇입니까?

ⓐ 가장 할 것 같은 행동 (　　　)
ⓑ 가장 하지 않을 것 같은 행동 (　　　)

선 택 지	
①	주위 동료에게 조언을 구한다.
②	재미있는 농담을 건네며 일을 하게끔 유도한다.
③	일을 마치기 전까지 점호를 하지 않는다.
④	담당 병사를 따로 불러 꾸짖는다.
⑤	지시를 제대로 이행하지 않았으므로 규정과 방침대로 행동한다.

≫ 정답 및 해설 p.292

01 다음 중 강화도와 관계가 없는 것은?

① 제너럴셔먼호
② 오페르트 도굴사건
③ 정제두
④ 운요호

02 다음 사건에 대한 설명으로 옳은 것은?

㉠ 3 · 1운동	㉡ 6 · 10만세운동	㉢ 광주학생운동

① ㉠은 비폭력 시위에서 무력적인 저항운동으로 확대되었다.
② ㉡ 이후에 사회주의 사상이 본격적으로 유입되었다.
③ ㉡과 ㉢으로 인해 일제는 식민통치방식을 획기적으로 바꾸었다.
④ 시기적으로 ㉠ – ㉢ – ㉡의 순서로 진행되었다.

03 다음은 우리나라 사람들과 접촉한 인물들이다. 그 시기가 빠른 순으로 배열된 것은?

㉠ 묄렌도르프(Möllendorff)
㉡ 하멜(Hamel)
㉢ 오페르트(Oppert)
㉣ 웰테브레(Weltevree)

① ㉡㉣㉢㉠
② ㉡㉣㉠㉢
③ ㉣㉡㉢㉠
④ ㉣㉡㉠㉢

04 다음 (㉠)에 들어갈 인물과 관련이 없는 것은?

각국과 더불어 통상한 이래 안팎의 관계와 교섭이 날로 늘어나고, 따라서 관청과 상인들이 주고받는 통신이 많아지게 되었다. … (중략) … 우정총국(郵征總局)을 설립하여 연해의 각 항구에서 왕래하는 서신을 관장하고, 내지(內地)의 우편(郵便)도 또한 마땅히 점차 확장하여 공사(公私)의 이익을 거두도록 하라. 병조참판 (㉠)을 우정총판(郵征總辦)으로 뽑고, 그로 하여금 우정총국의 장정(章程)의 마련과 임원의 선정을 보고하여 시행하도록 할 것을 통리군국사무아문(統理軍國事務衙門)과 통리교섭통상사무아문(統理交涉通商事務衙門)에 분부한다.

– 일성록, 고종 21년 3월 27일(양력 4월 22일) –

① 갑신정변
② 조사시찰단
③ 보빙사
④ 아관파천

05 다음을 시대순으로 바르게 나열한 것은?

㉠ 카이로 회담	㉡ 대한민국 정부수립
㉢ 모스크바 3상회의	㉣ 제주 4 · 3항쟁

① ㉠ - ㉢ - ㉡ - ㉣
② ㉠ - ㉢ - ㉣ - ㉡
③ ㉢ - ㉠ - ㉡ - ㉣
④ ㉣ - ㉠ - ㉢ - ㉡

06 다음은 한국 현대사에 발생한 사건들이다. 시기적으로 ㉠과 ㉡ 사이에 들어갈 수 있는 사실은?

㉠ 박정희를 중심으로 한 군부세력은 사회혼란을 구실로 군사정변을 일으켜 정권을 잡았다.
㉡ 10월유신이 단행되어 대통령에게 강력한 통치권을 부여하는 권위주의 통치체제가 구축되었다.

① 자유당의 독재와 부정선거를 규탄하는 대규모 시위가 일어났다.
② 내각책임제와 양원제 국회의 권력구조로 헌법을 개정하였다.
③ 7년 단임의 대통령을 간접선거로 선출하는 헌법이 공포되었다.
④ 베트남으로 국군이 파병되었으며 한 · 일협정이 체결되었다.

07 다음 중 청과 일본 간의 대립촉발원인에 해당되지 않는 것은?

① 임오군란
② 갑신정변
③ 거문도사건
④ 동학농민운동

08 1940년대 대한민국임시정부와 가장 관련이 깊은 것은?

① 한인애국단의 조직
② 정치 · 경제 · 교육의 균등을 꾀하는 삼균주의 채택
③ 한국독립군을 창설하여 일본에 정식으로 선전포고
④ 교통국과 연통제의 활성화

09 다음 중 헌의 6조의 내용과 거리가 먼 것은?

① 권력의 독점 방지
② 자강개혁운동 실천
③ 국민의 기본권 확보
④ 공화정치의 실현

10 다음 (㉠)에 관련된 단체의 활동에 대한 설명으로 옳은 것은?

> 대한민국 임시정부는 대한민국 원년(1919)에 정부가 공포한 군사 조직법에 의거하여 … (㉠)을/를 조직하고 … 공동의 적인 일본 제국주의자들을 타도하기 위해 연합군의 일원으로 항전을 계속한다. … 우리 민족의 확고한 독립정신은 불명예스러운 노예 생활에서 벗어나기 위하여 무자비한 압박자에 대한 영웅적 항쟁을 계속하여 왔다. … 이때 우리는 큰 희망을 갖고 우리 조국의 독립을 위해 우리의 전투력을 강화할 시기가 왔다고 확신한다. … 우리들은 한 · 중 연합 전선에서 우리 스스로의 부단한 투쟁을 감행하여 동아시아를 비롯한 아시아 민중들의 자유와 평등을 쟁취할 것을 약속하는 바이다.

① 조선 의용대 병력을 일부 흡수하여 조직을 강화하였다.
② 양세봉의 지휘 하에 중국군과 연합 작전을 전개하였다.
③ 중국 호로군과 연합하여 동경성 전투에서 일본군을 무찔렀다.
④ 조국 광복회 국내 조직의 도움을 받아 국내 진입 작전을 시도하였다.

11 다음 중 대한민국 수립 전후 상황으로 옳은 것은?

① 김구가 남북협상을 위해 노력했다.
② 남 · 북한 공동 총선거의 실시가 결의되었다.
③ 미 · 소공동위원회가 한반도를 5년 동안 신탁통치하기로 결정하였다.
④ 4 · 3제주사건은 좌익계 군인들을 중심으로 전개되었다.

12 흥선대원군이 다음과 같은 개혁정책을 추구하였던 궁극적인 목적은?

> ㉠ 양반에게도 군포를 부과, 징수하는 호포법을 실시하였다.
> ㉡ 대전회통, 육전조례 등을 편찬하여 법치질서를 재정비하였다.
> ㉢ 비변사 기능을 축소하고 의정부 기능을 강화하였으며 삼군부를 부활시켰다.
> ㉣ 붕당의 근거지로 백성을 수탈해 온 600여개소의 서원을 철폐하였다.

① 부족한 국가의 재정기반을 확대함이 목적이었다.
② 지배층의 수탈을 억제하여 민생을 보호함이 목적이었다.
③ 문란한 기강을 바로 잡아 왕권을 재확립함에 있었다.
④ 열강의 침략을 대비하기 위해 국방을 강화함에 있었다.

13 대한민국임시정부와 관련된 내용으로 옳지 않은 것은?

① 한국광복군의 창설
② 민족유일당운동의 결과로 수립
③ 우리나라 최초의 민주공화제 정부
④ 연통제와 교통국 등의 비밀행정조직망

14 다음 사건의 공통점으로 옳지 않은 것은?

- 한 · 일 학생 간에 충돌로 광주학생항일운동이 일어났다.
- 순종 황제의 인산일을 기하여 6 · 10만세운동이 일어났다.

① 민족주의계와 사회주의계의 대립 극복에 기여하였다.
② 학생들이 독립투쟁에 있어 주역이었음을 알 수 있다.
③ 민족유일당운동으로 조직된 신간회가 주도한 독립운동이다.
④ 일제의 식민지 교육에 대한 반발이 배경이 되었다.

15 다음의 조 · 일통상규정(1876)의 내용을 통해 추론한 것 중 옳은 것은?

- 화물의 출입에는 특별히 수년간의 면세를 허용한다.
- 일본 정부에 소속된 모든 선박은 항구세를 납부하지 않는다.
- 일본인은 모든 항구에서 쌀과 잡곡을 수출할 수 있다. 단, 재해시 1개월 전에 통고하고 방곡령이 가능하다.

① 조선에 대한 일본의 경제원조가 시작이 되었다.
② 조선과 일본은 자유무역을 통하여 상호이익을 얻었다.
③ 조선 정부는 방곡령을 통해 미곡의 유출을 방지할 수 있었다.
④ 일본으로 양곡이 무제한 유출되어 조선의 농촌경제는 피폐해졌다.

16 다음은 강화도조약 이후 조선과 일본과의 관계를 설명한 것이다. 가장 늦게 일어난 것은?

① 전국의 황무지개간권을 요구하였다.
② 일본 화폐의 유통과 양곡의 무제한 유출을 허용하였다.
③ 공사관 보호를 위한 일본 군대를 주둔할 수 있게 하였다.
④ 지조법 개정, 경찰제 실시를 주장하는 개혁안을 발표하게 하였다.

17 1972년 7 · 4남북공동성명에서 남북이 합의한 평화통일 3대 기본원칙이 아닌 것은?

① 자주통일
② 평화통일
③ 연방제 통일
④ 민족적 통일

18 우리나라 현대에 나타났던 정치적 사실들이다. 이로 인해 발생한 역사적 사건은?

> ㉠ 대통령 직선제를 골자로 하는 발췌개헌안의 통과
> ㉡ 현직 대통령의 중임제한을 철폐하는 사사오입개헌안의 통과
> ㉢ 국민 전체의 이익보다는 일당의 집권욕망을 채우기 위해 민주주의 기본원칙의 무시

① 10월유신
② 4 · 19혁명
③ 10 · 26사태
④ 5 · 16군사정변

19 다음의 개혁에서 공통적으로 제기된 것은?

> 갑신정변 14개조, 동학농민운동 12개조, 갑오개혁 2차 홍범14조

① 자유민권 신장
② 일본의 개입으로 실패
③ 근대적 학교 설립
④ 조세와 신분제도의 개혁

20 문호 개방 이후 전개된 새로운 움직임으로 볼 수 없는 것은?

① 근대적 정치사상을 수용하여 입헌군주제를 확립하려는 노력이 대두되었다.
② 민족적이고 민중적인 새로운 종교가 창시되어 근대사회 건설과 반제국주의 운동을 주도하였다.
③ 농업 중심의 봉건적 토지경제에서 벗어나 상공업 중심의 근대 자본주의 경제를 추구하려는 움직임이 나타났다.
④ 양반 중심의 특권체제를 부정하고, 민권보장과 참정권 운동을 통해 평등사회를 구현하려는 노력이 대두되었다.

21 임오군란에 대한 글을 읽고 그 성격을 말한 것 중 옳지 않은 것은?

> 임오군란은 민씨정권이 일본인 교관을 채용하여 훈련시킨 신식군대인 별기군을 우대하고, 구식군대를 차별대우한 데 대한 불만에서 폭발하였다. 구식군인들은 대원군에게 도움을 청하고, 정부고관의 집을 습격하여 파괴하는 한편, 일본인 교관을 죽이고 일본 공사관을 습격하였다. 뿐만 아니라 도시빈민들이 합세한 가운데 민씨정권의 고관을 처단한 뒤 군란을 피해 달아나는 일본 공사 일행을 인천까지 추격하였다. 임오군란은 대원군의 재집권으로 일단 진정되었으나, 이로 인하여 조선을 둘러싼 청·일 양국의 새로운 움직임을 초래하였다.

① 친청운동
② 반일운동
③ 대원군 지지운동
④ 개화반대운동

22 갑신정변을 추진한 정치세력에 대한 설명으로 옳은 것을 고르면?

> ㉠ 입헌군주제와 토지의 재분배를 추구하였다.
> ㉡ 청의 내정간섭과 민씨정권의 보수화에 반발하였다.
> ㉢ 청의 양무운동을 본받아 점진적인 개혁을 추구하였다.
> ㉣ 일본의 메이지유신을 본받아 급진적인 개혁을 추구하였다.
> ㉤ 민중을 개화운동과 결합하여 일본의 정치적 · 경제적 침략을 저지하려 하였다.

① ㉠㉡
② ㉠㉢㉣
③ ㉡㉣
④ ㉡㉢㉤

23 다음을 통해서 알 수 있는 동학농민운동의 성격은?

> 폐정개혁 12개조를 한꺼번에 개혁하고 숙청하는 바람에, 소위 부자 · 빈자라는 것과 양반 · 상놈 · 상전 · 종놈 · 적자 · 서자 등 모든 차별적 명색은 그림자도 보지 못하게 되었으므로, 세상 사람들이 동학군의 별명을 지어 부르기를 나라의 역적이요, 유교의 난적이요, 부자의 강도요, 양반의 원수라 하는 것이다.

① 반침략의 자주독립운동
② 반봉건적인 사회개혁운동
③ 성리학적인 질서확립운동
④ 민권 확립의 자유민권운동

24 **다음은 갑오개혁과 을미개혁에 대한 설명이다. 옳은 것은?**

> 일본의 강요 이전에 갑신정변이나 동학농민운동에 대한 개혁운동이 일어났고, 갑오개혁과 을미개혁이 사실상 조선의 개화관료들에 의해 추진되었다. 개혁의 결과도 근대화 과정에서 대단히 중요한 정치·경제·사회적인 일대 개혁이었다는 점에서 제한적이나마 그 개혁의 자율성이 인정되고 있다.

① 민족의 내적 노력으로 이루어진 근대적인 개혁이었다.
② 일본과 조선의 타협으로 이루어진 급진적인 개혁이었다.
③ 국민의 지지를 통해 이루어진 자주적인 개혁이었다.
④ 일본의 억압에 의해 이루어진 강제적인 개혁이었다.

25 **다음과 같은 내용으로 개혁을 추구하였던 운동에 대한 설명 중 옳지 않은 것은?**

> • 문벌을 폐지하여 인민평등의 권리를 제정하고 능력에 따라 관리를 등용할 것
> • 재정은 모두 호조에서 관할하게 하고 그 밖의 재무관청은 폐지할 것

① 민중의 지지를 받지 못해 3일 천하로 끝났다.
② 청의 무력 간섭으로 실패하였다.
③ 반외세운동으로 평가받고 있다.
④ 근대국가 건설을 목표로 하였다.

26 갑신정변 후 청나라와 일본간에 맺어진 톈진조약의 내용이다. 이를 통해 추정할 수 있는 사실은?

> ㉠ 청 · 일본 양국군은 4개월 이내에 조선에서 철병할 것
> ㉡ 조선의 훈련교관은 청 · 일 이외의 제3국에서 초빙할 것
> ㉢ 조선에 파병할 경우에는 상대국에 미리 문서로 연락할 것

① 조선 문제를 놓고 청과 일본이 처음으로 대립하게 되었다.
② 조선은 청나라, 일본 이외의 나라와도 외교관계를 맺게 되었다.
③ 청과 일본은 조선에서 동등한 지위를 갖게 되었다.
④ 조선은 청에 대한 사대외교를 청산하게 되었다.

27 다음 중 연결순서가 옳은 것은?

① 갑오개혁 – 아관파천 – 삼국간섭 – 대한제국 성립
② 아관파천 – 강화도조약 – 갑신정변 – 대한제국 성립
③ 임오군란 – 갑신정변 – 갑오개혁 – 아관파천
④ 강화도조약 – 갑신정변 – 임오군란 – 갑오개혁

28 독립협회가 주장한 내용과 거리가 먼 것은?

① 개인의 생명과 재산의 자유권을 주장했다.
② 국민주권론을 토대로 국민참정권을 주장했다.
③ 중추원을 개편하여 의회를 설립할 것을 주장했다.
④ 군주제를 폐지하고 공화제를 실시할 것을 주장했다.

29 다음 (㉠) 단체에 대한 설명으로 옳지 않은 것은?

> 무릇 우리 대한인은 내외를 막론하고 통일 연합으로써 그 진로를 정하고 독립 자유로써 그 목적을 세움이니, 이것이 (㉠)이/가 원하는 바이며, (㉠)이/가 품어 생각하는 소이이니, 간단히 말하면 오직 신정신을 불러 깨우쳐서 신단체를 조직한 후에 신국을 건설할 뿐이다.

① 국내를 중심으로 무장투쟁 독립운동을 전개하였다.
② 교과서와 서적 출판보급을 위해 태극서관을 설립하였다.
③ 민족자본육성을 위해 평양에 자기회사를 운영하였다.
④ 정주에 오산학교 등을 세워 민족교육을 실시하였다.

30 다음에서 설명되는 독립운동세력을 고르면?

> 이들은 만주의 독립군과 긴밀한 연락을 취하면서 일제의 식민통치기관 파괴, 일본 군경과의 교전, 친일파 처단, 군자금 모금 등의 무장항일투쟁을 벌였다.

> ㉠ 보합단 ㉡ 천마산대
> ㉢ 대한광복회 ㉣ 조선국권회복단

① ㉠㉡ ② ㉠㉣
③ ㉡㉢ ④ ㉢㉣

31 독립협회에서 주최했던 관민공동회에서 결의한 헌의 6조의 내용에 나타난 주장이라고 볼 수 없는 것은?

> ㉠ 외국인에게 아부하지 말 것
> ㉡ 외국과의 이권에 관한 계약과 조약은 각 대신과 중추원 의장이 합동 날인하여 시행할 것
> ㉢ 국가재정은 탁지부에서 전관하고, 예산과 결산을 국민에게 공포할 것
> ㉣ 중대 범죄를 공판하되, 피고의 인권을 존중할 것
> ㉤ 칙임관을 임명할 때는 정부에 그 뜻을 물어서 중의를 따를 것
> ㉥ 정해진 규정을 실천할 것

① 공화정치의 실현
② 권력의 독점방지
③ 국민의 기본권 확보
④ 자강개혁운동의 실천

32 다음 중 한말 의병운동에 대한 설명으로 옳은 것은?

① 위정척사사상을 가진 유생층이 주도하였다.
② 애국계몽단체들과 공동투쟁을 전개하였다.
③ 정부의 적극적인 후원과 지원을 받았다.
④ 러시아와 일본의 침략에 맞서 봉기하였다.

33 **대한민국임시정부의 주요 활동을 통해 추론할 수 있는 사실은?**

- 미국에 구미위원부를 두어 한국의 독립문제를 제기하였다.
- 연통제를 통하여 국내외의 연결과 군자금의 조달을 도모하였다.
- 국제연맹과 워싱턴회의에 우리 민족의 독립열망을 전달하였다.
- 김규식으로 하여금 파리강화회의에서 우리 민족의 독립을 주장하게 하였다.

① 일본과의 무력항쟁에 주력하였다.
② 국외 무장독립운동세력을 통합할 수 있었다.
③ 무장투쟁의 근거지를 국외에서 국내로 옮기려 하였다.
④ 전체 독립운동가들의 동조를 얻지 못하여 진통을 겪게 되었다.

34 **대한민국임시정부의 활동으로 옳지 못한 것은?**

① 연통제와 교통국 조직
② 봉오동, 청산리전투
③ 한국광복군의 창설
④ 사료편찬소 설치

35 **한말에 다음과 같은 활동을 한 단체의 목표를 모두 고르면?**

- 평양에 대성학교, 정주에 오산학교를 설립하였다.
- 평양에 자기회사를 만들어 산업 부흥에 노력하였다.
- 대구에 태극서관을 설립하여 문화운동을 건설하였다.
- 남만주에 삼원보, 밀산부에 한흥동을 건설하였다.

㉠ 국권 회복과 공화정체의 국민국가 수립
㉡ 문화적 · 경제적인 실력양성운동
㉢ 독립군기지 건설에 의한 군사력의 양성
㉣ 민족주의와 사회주의 진영의 통합

① ㉠㉡
② ㉠㉡㉢
③ ㉠㉡㉣
④ ㉠㉡㉢㉣

36 **다음은 헌병경찰통치하의 식민정치양식이다. 옳지 않은 것은?**

① 교원까지도 제복을 입히고 칼을 차게 하였다.
② 조선 총독은 군대통수권까지 장악하고 집행하였다.
③ 당시에 자행된 105인사건은 가장 악랄한 수법의 표본이다.
④ 중추원을 따로 두어 조선인의 의사도 어느 정도 반영하였다.

37 다음 사실들은 통일을 위한 우리의 노력을 보여 주고 있다. 이 가운데서 남한과 북한, 양측의 통일의지가 반영된 것은?

① 1972년의 7 · 4남북공동성명
② 1973년의 6 · 23선언
③ 1988년의 7 · 7특별선언
④ 1989년의 한민족공동체 통일방안

38 1948년에 세워진 대한민국이 민족사적 정통성을 갖는 근거는?

① 카이로선언의 약속
② 건국준비위원회의 협력
③ 모스크바 3국 외상회의의 결정
④ 대한민국 임시정부의 법통 계승

39 다음에 해당하는 시기에 실시된 일제의 경제정책은?

- 3 · 1운동 이후 실시되었다.
- 문관총독의 임명을 약속하였으나 임영되지 않았다.
- 헌병경찰제를 보통경찰제로 전환하였으나 경찰수나 장비는 증가하였다.
- 소수의 친일분자를 양성하여 우리 민족을 이간하여 분열시켰다.

① 토지조사사업
② 남면북양정책
③ 병참기지화정책
④ 산미증식계획

40 경제구국운동으로 잘못 연결된 것은?

① 시전상인 – 황국중앙총상회
② 보안회 – 황무지개간권 반대운동
③ 차관 제공 – 물산장려운동
④ 독립협회 – 러시아의 이권침탈저지

41 다음의 민족운동과 관련된 설명으로 옳지 않은 것은?

> 지금 우리들의 정신을 새로이 하고 충의를 떨칠 때이니, 국채 1,300만원은 우리 한 제국의 존망에 직결된 것이라. 이것을 갚으면 나라가 존재하고, 갚지 못하면 나라가 망할 것은 필연적인 사실이나, 지금 국고는 도저히 상환할 능력이 없으며, 만일 나라에서 갚는다면 그 때는 이미 3,000리 강토가 내 나라 내 민족의 소유가 못 될 것이다.

① 일제는 대한제국의 화폐정리와 시설개선의 명목으로 차관을 제공하였다.
② 차관제공정책은 대한제국을 재정적으로 일본에 완전히 예속시키려는 것이었다.
③ 일제는 이 운동에 앞장섰던 대한매일신보를 탄압하여 발행자 베델을 추방하려 하였다.
④ 이 운동은 처음 평양에서 조만식 등이 조선물산장려회를 발족시키면서 시작되었다.

42 다음의 내용에 대한 설명으로 올바른 것은?

> 농가나 부재지주가 소유한 3정보 이상의 농지는 국가가 매수하고, 국가에서 매수한 농지는 영세농민에게 3정보를 한도로 분배하였다. 그 대가를 5년간에 걸쳐 보상토록 하였다.

① 북한의 토지개혁에 영향을 주었다.
② 무상몰수, 무상분배의 원칙하에 전개되었다.
③ 토지국유제에 입각하여 경작권을 나누어주었다.
④ 많은 농민들이 자기 토지를 소유하게 되었다.

43 국민의 힘으로 일본에서 들여온 차관을 갚고, 국권을 지키기 위해 대구에서 시작되어 전국으로 확산된 운동은?

① 국채보상운동
② 상권수호운동
③ 물산장려운동
④ 민립대학 설립운동

44 일제에 의해 실시된 정책들이다. 이들의 공통목표는?

> • 회사령, 어업령, 광업령 제정
> • 토지조사사업 실시
> • 담배, 인삼, 소금 등의 전매제도 실시

① 산업과 자원의 침탈
② 한국의 자본주의 발전
③ 민족기업의 규제
④ 세계경제공황의 타개

45 일제의 통치정책 중의 일부이다. 이와 같은 내용을 모두 포괄하는 일제의 식민통치방법은?

> • 일본식 성명의 강요
> • 신사참배의 강요
> • 징병 · 징용제도의 실시
> • 부녀자의 정신대 징발

① 문화통치
② 헌병경찰통치
③ 민족말살통치
④ 병참기지화정책

46 **다음은 국채보상 국민대회의 취지문에서 발췌한 내용이다. 이를 통해 알 수 있는 일제의 침략정책은?**

> 지금은 우리가 정신을 새로이 하고 충의를 떨칠 때이니, 국채 1,300만원은 바로 한(韓) 제국의 존망에 직결된 것이다. 이것을 갚으면 나라가 존재하고, 갚지 못하면 나라가 망할 것은 필연적인 사실이나, 지금 국고는 도저히 상환할 능력이 없으며, 만일 나라에서 갚는다면 그 때는 이미 3,000리 강토는 내 나라, 내 민족의 소유가 못 될 것이다. 국토란 한 번 잃어버리면 다시는 찾을 길이 없는 것이다.

① 재정적으로 일본에 예속시키기 위한 정책을 시행하였다.
② 공산품을 수출하고 그 대가로 조선의 곡물을 주로 가져갔다.
③ 조선의 민족정신을 말살하려는 우민화교육을 실시하였다.
④ 식민지화를 위한 기초작업으로 토지약탈에 주력하였다.

47 **다음 중 민족기업에 관한 설명으로 옳지 않은 것은?**

① 민족기업은 순수한 한국인만으로 운영되었다.
② 지주 출신 기업인이 지주와 거상의 자본을 모아 대규모 공장을 세웠다.
③ 대규모 공장은 평양의 메리야스공장 및 양말공장, 고무신공장들이었다.
④ 3·1운동 이후 민족산업을 육성하여 경제적 자립을 도모하려는 움직임이 고조되어 갔다.

48 **일제시대 경제적 저항운동에 대한 설명으로 옳지 않은 것은?**

① 소작쟁의는 농민들의 생존권 투쟁이었으며, 항일운동의 성격도 띠고 있었다.
② 민족기업의 활동은 큰 회사의 설립보다는 오히려 소규모 공장의 건설에서 두드러졌다.
③ 노동쟁의는 일제가 대륙 침략을 위해 노동자들의 요구조건을 들어줌에 따라 1940년부터는 거의 없어졌다.
④ 기업가와 상인들을 중심으로 물산장려운동을 벌여 근검저축, 생활개선, 금주·단연운동 등을 추진하였다.

49 다음 중 소작쟁의에 관한 설명으로 옳지 않은 것은?

① 전국적인 농민조직은 1927년에 결성된 조선농민총동맹이다.
② 당시 소작인들은 소작료로 수확량의 50% 이상을 일본인 지주에게 바쳤다.
③ 소작쟁의는 농민들의 생존권 투쟁이었으며, 나아가 일제의 수탈에 항거하는 성격이 강하였다.
④ 소작쟁의는 1912년 토지조사사업 때 처음 발생하였으나 3 · 1운동과 더불어 진압되었다.

50 다음 중 노동운동과 관련된 설명으로 옳지 않은 것은?

① 1950년대 이후 빈부의 격차가 커지자, 상대적 빈곤감을 느끼는 계층들의 불만을 자아내게 되었다.
② 1960년대는 공업화 초기로 실업자가 일자리를 얻게 되고, 절대빈곤인구가 감소되어 갔다.
③ 1970년대 이후부터는 빈부의 격차가 커지고, 상대적 빈곤감을 느끼게 되었다.
④ 1980년대 이후에는 정부의 탄압으로 노동운동이 활성화되지 못하였다.

51 일제의 산미증식계획에 대한 설명으로 옳지 않은 것은?

① 일본의 식량 공급을 목적으로 한 계획이었다.
② 한국 농업을 논농사 중심의 농업구조로 바꾸었다.
③ 쌀이 증산되면서 농민들의 소작료는 점점 인하되었다.
④ 수리시설의 증가는 도리어 농민을 빈곤하게 만들었다.

52 1920년대 일제의 주요 경제정책내용은?

① 토지조사사업
② 남면북양정책
③ 산미증식계획
④ 중화학공업의 육성

53 다음과 같은 열강의 경제 침탈에 대응하여 일어난 우리의 저항운동은?

> 일본은 우리 정부로 하여금 차관을 도입하게 하는 한편, 화폐정리업무까지 담당하여 대한제국의 금융을 장악하였다.

① 방곡령 선포
② 만민공동회 개최
③ 상회사의 설립
④ 국채보상운동 전개

54 갑오개혁으로 신분 해방은 되었으나 사회적으로는 여전한 신분불평등을 해소할 것을 요구하며 진주에서 일어난 백정의 신분해방운동으로 옳은 것은?

① 조선형평사
② 집강소
③ 활빈당
④ 조선농민총동맹

55 다음은 일제가 우리나라에서 실시하였던 경제정책을 나열한 것이다. 이에 대한 설명으로 옳은 것을 모두 고르면?

> (가) 토지조사령을 발표하여 전국적인 토지조사사업을 벌였다.
> (나) 회사령을 제정하여, 기업의 설립을 총독의 허가제로 하였다.
> (다) 발전소를 건립하고 군수산업 중심의 중화학공업을 일으켰다.

> ㉠ (가)의 결과로 우리 농민이 종래 보유하고 있던 경작권이 근대적 소유권으로 전환되었다.
> ㉡ (나)의 목적은 우리의 민족자본을 억압하기 위한 것이었다.
> ㉢ (가), (나)의 정책이 추진되었던 시기에는 주로 소비재 중심의 경공업이 발달하였다.
> ㉣ (다)의 시설은 북동부 해안지방에 편중되어 남북간의 공업 발달에 심한 불균형을 초래하였다.

① ㉠㉡㉢
② ㉠㉡㉣
③ ㉠㉢㉣
④ ㉡㉢㉣

56 다음 중 민족유일당운동으로 형성된 단체는?

① 신간회
② 황국중앙총상회
③ 신민회
④ 보안회

57 일제하의 국내 사회운동에 대해 바르게 설명한 것은?

① 강력한 대항을 위해 사회주의자만 참여한 민족유일당운동으로 신간회가 조직되었다.
② 물산장려운동은 일제의 경제 침탈에 대항해서 민족주의와 사회주의 진영을 통합한 민족협동전선으로 전개되었다.
③ 농민 · 노동운동은 1920년대 전반기에는 생존권 투쟁 중심에서 1920년대 후반기에는 갈수록 항일민족운동의 성격을 띤다.
④ 여성들은 전근대의식에서 탈피하지 못하여 사회운동에는 참여하지 않았다.

58 다음 중 신간회에 관한 내용으로 옳지 않은 것은?

① 좌우협력운동의 양상이 확대되어 1927년 신간회가 조직되었다.
② 김활란 등 여성들이 조직한 근우회가 자매단체로 활동하였다.
③ 신간회는 평양에 자기회사를 설립하고, 평양 · 대구에 태극서관을 운영하였다.
④ 신간회는 당시 진행되고 있던 자치운동을 기회주의로 규정하여 철저히 규탄하였다.

59 다음 단체들이 추진하려고 했던 것은?

• 신간회	• 근우회

① 물산장려운동
② 무장항일투쟁
③ 민족유일당운동
④ 농민운동과 노동운동

60 개항(1876) 이후에 일반 백성들의 의식이 향상되면서 봉건적 신분제도에 대한 거부감이 늘어나게 되었다. 이러한 신분제 타파에 기여하게 된 사건이 아닌 것은?

① 동학운동
② 임오군란
③ 갑오개혁
④ 갑신정변

61 다음에서 의회 설립에 의한 국민참정운동을 최초로 전개한 단체는?

① 신민회
② 독립협회
③ 대한협회
④ 황국협회

62 간도와 연해주에서의 독립운동에 대한 설명으로 옳지 않은 것은?

① 2 · 8독립선언을 발표하여 3 · 1운동의 도화선을 제공하였다.
② 한국독립군은 중국군과 연합하여 항일전을 전개하였다.
③ 대부분의 독립운동단체들은 경제 및 교육단체를 표방하였다.
④ 대한광복군 정부가 수립되어 무장투쟁의 기반이 마련되었다.

63 다음의 내용에 대하여 옳게 설명한 것은?

- 최초로 설립된 조선은행에 이어 한성은행, 천일은행 등의 민간은행이 설립되었다.
- 1880년대 초기부터 대동상회, 장통상회 등의 상회사가 나타나 갑오개혁 이전의 회사수가 전국 각지에 40여개에 달했다.

① 토착상인은 외국상인의 침략으로 모두 몰락하였다.
② 민족자본은 외국자본의 유입으로 그 토대를 마련하였다.
③ 근대적 민족자본은 정부의 지원과 보조로만 형성될 수 있었다.
④ 외국자본에 대항하여 민족자본을 형성하려는 노력이 전개되었다.

64 일제에 의한 수난기에 우리 민족이 행하였던 저항이 시기적으로 맞게 설명된 것은?

① 1910년대 – 무장독립전쟁, 신간회 활동
② 1920년대 – 조선교육회 설립, 해외독립운동기지 건설
③ 1930년대 – 비밀결사운동, 조선어학회 사건
④ 1940년대 – 광복군의 활동, 신사참배거부운동

65 다음 중 사회주의가 반대한 것은?

① 신간회
② 소작쟁의
③ 물산장려운동
④ 노동쟁의

66 한국의 독립과 관련된 회담내용으로 옳지 않은 것은?

① 모스크바 삼상회의(三相會議)에서 임시정부 수립과 신탁통치안을 결의하였다.
② 카이로 회담에서 미 · 영 · 중의 수뇌들은 적당한 절차를 거쳐 한국을 독립시킬 것을 처음으로 결의하였다.
③ 포츠담 회담에서 일본은 한국에 대한 모든 권리 및 청구권을 포기하였다.
④ 제2차 미 · 소공동위원회에서 한국의 신탁통치문제를 협의하였으나 결렬되고 말았다.

67 1930년대에 전개된 소작쟁의에 대한 설명으로 옳은 것은?

① 산미증식계획의 추진으로 감소되었다.
② 소작료 인하가 소작쟁의의 주된 쟁점이었다.
③ 신민회의 적극적인 지도하에 전국으로 확산되었다.
④ 일제의 식민지 지배에 저항하는 민족운동의 성격이 보다 강화되었다.

68 다음의 사회교육활동을 시대순으로 바르게 나열한 것은?

㉠ 멸공필승의 신념과 집단안보의식의 고취
㉡ 국민교육헌장 선포
㉢ 홍익인간의 교육이념 수립
㉣ 재건국민운동의 추진

① ㉠㉢㉣㉡
② ㉠㉣㉡㉢
③ ㉢㉠㉣㉡
④ ㉢㉣㉡㉠

69 다음 중 1883년 덕원 주민들과 개화파 인물이 설립한 최초의 근대적 사립학교는?

① 육영공원
② 배재학당
③ 원산학사
④ 동문학

70 다음의 내용과 관련된 조직을 바르게 나열한 것은?

> 동일한 목적, 동일한 성공을 위하여 운동하고 투쟁하는 혁명가들은 반드시 하나의 기치 아래 모이고, 하나의 호령 아래 모여야만 비로소 상당한 효과를 얻을 수 있음은 더 말할 나위가 없다.

① 물산장려회 조직
② 조선어학회와 진단학회 조직
③ 신간회와 조선어학회 조직
④ 신간회와 근우회의 조직

71 다음 중 1920년대 초에 유입된 사회주의 사상의 영향으로 활발하게 전개된 운동을 바르게 고른 것은?

> ㉠ 소작쟁의
> ㉡ 노동쟁의
> ㉢ 청소년운동
> ㉣ 물산장려운동
> ㉤ 6 · 10만세운동

① ㉠㉡㉢㉣
② ㉠㉡㉢㉤
③ ㉠㉡㉣㉤
④ ㉠㉢㉣㉤

72 1960년대부터 진행된 산업화와 도시화의 결과로 옳지 않은 것은?

① 도시에 주택문제, 환경문제가 발생하였다.
② 저곡가정책으로 농촌의 생활이 개선되었다.
③ 가족제도가 붕괴되고 노동자문제가 나타났다.
④ 서비스산업, 광공업분야의 종사자가 늘어났다.

73 다음에서 설명하는 종교는?

• 1909년에 나철, 오기호 등에 의해 창시된 단군을 숭배하는 민족종교이다.
• 항일구국운동에 앞장섰으며 북로군정서군의 모태가 되었다.

① 대종교
② 천도교
③ 개신교
④ 원불교

74 다음 중 신문에 대한 설명으로 옳지 않은 것은?

① 독립신문 – 영문과 한글로 간행되었다.
② 황성신문 – 장지연의 '시일야 방성대곡'을 게재하였다.
③ 대한매일신보 – 베델과 양기탁에 의해 발행되었고 국채보상운동도 지원하였다.
④ 제국신문 – 가톨릭이 간행하였고 순 한글 주간지였다.

75 **다음에 내용과 관련있는 민족주의 사학자와 그 업적이 바르게 연결된 것은?**

> 나라는 형체이요, 역사는 정신이다. 지금 한국에 형은 허물어졌으나 신만이라도 홀로 전제할 수 없는 것인가? 이것이 통사를 저술하는 까닭이라, 신이 존속하여 멸하지 않으면 형은 부활할 때가 있을 것이다.

① 문일평 – 조선심
② 박은식 – 혼사상
③ 정인보 – 얼사상
④ 신채호 – 낭가사상

CHAPTER

03 직무성격검사

※ 직무성격검사는 응시자의 성격이 직무에 적합한지를 파악하기 위한 자료로써, 별도의 정답이 존재하지 않습니다.

Q 다음 상황을 읽고 제시된 질문에 답하시오. 【001~180】

① 전혀 그렇지 않다 ② 그렇지 않다 ③ 보통이다 ④ 그렇다 ⑤ 매우 그렇다

001. 신경질적이라고 생각한다. ① ② ③ ④ ⑤

002. 주변 환경을 받아들이고 쉽게 적응하는 편이다. ① ② ③ ④ ⑤

003. 여러 사람들과 있는 것보다 혼자 있는 것이 좋다. ① ② ③ ④ ⑤

004. 주변이 어리석게 생각되는 때가 자주 있다. ① ② ③ ④ ⑤

005. 나는 지루하거나 따분해지면 소리치고 싶어지는 편이다. ① ② ③ ④ ⑤

006. 남을 원망하거나 증오하거나 했던 적이 한 번도 없다. ① ② ③ ④ ⑤

007. 보통사람들보다 쉽게 상처받는 편이다. ① ② ③ ④ ⑤

008. 사물에 대해 곰곰이 생각하는 편이다. ① ② ③ ④ ⑤

009. 감정적이 되기 쉽다. ① ② ③ ④ ⑤

010. 고지식하다는 말을 자주 듣는다. ① ② ③ ④ ⑤

011. 주변사람에게 정떨어지게 행동하기도 한다. ① ② ③ ④ ⑤

012. 수다떠는 것이 좋다. ① ② ③ ④ ⑤

013. 푸념을 늘어놓은 적이 없다. ① ② ③ ④ ⑤

014. 항상 뭔가 불안한 일이 있다. ① ② ③ ④ ⑤

015. 나는 도움이 안 되는 인간이라고 생각한 적이 가끔 있다. ① ② ③ ④ ⑤

016. 주변으로부터 주목받는 것이 좋다. ① ② ③ ④ ⑤

017. 사람과 사귀는 것은 성가시다라고 생각한다. ① ② ③ ④ ⑤

018. 나는 충분한 자신감을 가지고 있다. ① ② ③ ④ ⑤

019. 밝고 명랑한 편이어서 화기애애한 모임에 나가는 것이 좋다. ① ② ③ ④ ⑤

020. 남을 상처 입힐 만한 것에 대해 말한 적이 없다. ① ② ③ ④ ⑤

021. 부끄러워서 얼굴 붉히지 않을까 걱정된 적이 없다. ① ② ③ ④ ⑤

022. 낙심해서 아무것도 손에 잡히지 않은 적이 있다. ① ② ③ ④ ⑤

023. 나는 후회하는 일이 많다고 생각한다. ① ② ③ ④ ⑤

024. 남이 무엇을 하려고 하든 자신에게는 관계없다고 생각한다. ① ② ③ ④ ⑤

025. 나는 다른 사람보다 기가 세다. ① ② ③ ④ ⑤

026. 특별한 이유없이 기분이 자주 들뜬다. ① ② ③ ④ ⑤

027. 화낸 적이 없다. ① ② ③ ④ ⑤

028. 작은 일에도 신경쓰는 성격이다. ① ② ③ ④ ⑤

029. 배려심이 있다는 말을 주위에서 자주 듣는다. ① ② ③ ④ ⑤

030. 나는 의지가 약하다고 생각한다. ① ② ③ ④ ⑤

031. 어렸을 적에 혼자 노는 일이 많았다. ① ② ③ ④ ⑤

032. 여러 사람 앞에서도 편안하게 의견을 발표할 수 있다. ① ② ③ ④ ⑤

033. 아무 것도 아닌 일에 흥분하기 쉽다. ① ② ③ ④ ⑤

034. 지금까지 거짓말한 적이 없다. ① ② ③ ④ ⑤

035. 소리에 굉장히 민감하다. ① ② ③ ④ ⑤

036. 친절하고 착한 사람이라는 말을 자주 듣는 편이다. ① ② ③ ④ ⑤

037. 남에게 들은 이야기로 인하여 의견이나 결심이 자주 바뀐다. ① ② ③ ④ ⑤

038. 개성있는 사람이라는 소릴 많이 듣는다. ① ② ③ ④ ⑤

039. 모르는 사람들 사이에서도 나의 의견을 확실히 말할 수 있다. ① ② ③ ④ ⑤

040. 붙임성이 좋다는 말을 자주 듣는다. ① ② ③ ④ ⑤

041. 지금까지 변명을 한 적이 한 번도 없다. ① ② ③ ④ ⑤

042. 남들에 비해 걱정이 많은 편이다. ① ② ③ ④ ⑤

043. 자신이 혼자 남겨졌다는 생각이 자주 드는 편이다. ① ② ③ ④ ⑤

044. 기분이 아주 쉽게 변한다는 말을 자주 듣는다. ① ② ③ ④ ⑤

045. 남의 일에 관련되는 것이 싫다. ① ② ③ ④ ⑤

046. 주위의 반대에도 불구하고 나의 의견을 밀어붙이는 편이다. ① ② ③ ④ ⑤

047. 기분이 산만해지는 일이 많다. ① ② ③ ④ ⑤

048. 남을 의심해 본적이 없다. ① ② ③ ④ ⑤

049. 꼼꼼하고 빈틈이 없다는 말을 자주 듣는다. ① ② ③ ④ ⑤

050. 문제가 발생했을 경우 자신이 나쁘다고 생각한 적이 많다. ① ② ③ ④ ⑤

051. 자신이 원하는 대로 지내고 싶다고 생각한 적이 많다. ① ② ③ ④ ⑤

052. 아는 사람과 마주쳤을 때 반갑지 않은 느낌이 들 때가 많다. ① ② ③ ④ ⑤

053. 어떤 일이라도 끝까지 잘 해낼 자신이 있다. ① ② ③ ④ ⑤

054. 기분이 너무 고취되어 안정되지 않은 경우가 있다. ① ② ③ ④ ⑤

055. 지금까지 감기에 걸린 적이 한 번도 없다. ① ② ③ ④ ⑤

056. 보통 사람보다 공포심이 강한 편이다. ① ② ③ ④ ⑤

057. 인생은 살 가치가 없다고 생각된 적이 있다. ① ② ③ ④ ⑤

058. 이유없이 물건을 부수거나 망가뜨리고 싶은 적이 있다. ① ② ③ ④ ⑤

059. 나의 고민, 진심 등을 털어놓을 수 있는 사람이 없다. ① ② ③ ④ ⑤

060. 자존심이 강하다는 소릴 자주 듣는다. ① ② ③ ④ ⑤

061. 아무것도 안하고 멍하게 있는 것을 싫어한다. ① ② ③ ④ ⑤

062. 지금까지 감정적으로 행동했던 적은 없다. ① ② ③ ④ ⑤

063. 항상 뭔가에 불안한 일을 안고 있다. ① ② ③ ④ ⑤

064. 세세한 일에 신경을 쓰는 편이다. ① ② ③ ④ ⑤

065. 그때그때의 기분에 따라 행동하는 편이다. ① ② ③ ④ ⑤

066. 혼자가 되고 싶다고 생각한 적이 많다. ① ② ③ ④ ⑤

067. 남에게 재촉당하면 화가 나는 편이다. ① ② ③ ④ ⑤

068. 주위에서 낙천적이라는 소릴 자주 듣는다. ① ② ③ ④ ⑤

069. 남을 싫어해 본 적이 단 한 번도 없다. ① ② ③ ④ ⑤

070. 조금이라도 나쁜 소식은 절망의 시작이라고 생각한다. ① ② ③ ④ ⑤

071. 언제나 실패가 걱정되어 어쩔 줄 모른다. ① ② ③ ④ ⑤

072. 다수결의 의견에 따르는 편이다. ① ② ③ ④ ⑤

073. 혼자서 영화관에 들어가는 것은 전혀 두려운 일이 아니다. ① ② ③ ④ ⑤

074. 승부근성이 강하다. ① ② ③ ④ ⑤

075. 자주 흥분하여 침착하지 못한다. ① ② ③ ④ ⑤

076. 지금까지 살면서 남에게 폐를 끼친 적이 없다. ① ② ③ ④ ⑤

077. 내일 해도 되는 일을 오늘 안에 끝내는 것을 좋아한다. ① ② ③ ④ ⑤

078. 무엇이든지 자기가 나쁘다고 생각하는 편이다. ① ② ③ ④ ⑤

079. 자신을 변덕스러운 사람이라고 생각한다. ① ② ③ ④ ⑤

080. 고독을 즐기는 편이다. ① ② ③ ④ ⑤

81. 감정적인 사람이라고 생각한다. ① ② ③ ④ ⑤

082. 자신만의 신념을 가지고 있다. ① ② ③ ④ ⑤

083. 다른 사람을 바보 같다고 생각한 적이 있다. ① ② ③ ④ ⑤

084. 남의 비밀을 금방 말해버리는 편이다. ① ② ③ ④ ⑤

085. 대재앙이 오지 않을까 항상 걱정을 한다. ① ② ③ ④ ⑤

086. 문제점을 해결하기 위해 항상 많은 사람들과 이야기하는 편이다. ① ② ③ ④ ⑤

087. 내 방식대로 일을 처리하는 편이다. ① ② ③ ④ ⑤

088. 영화를 보고 운 적이 있다. ① ② ③ ④ ⑤

089. 사소한 충고에도 걱정을 한다. ① ② ③ ④ ⑤

090. 학교를 쉬고 싶다고 생각한 적이 한 번도 없다. ① ② ③ ④ ⑤

091. 불안감이 강한 편이다. ① ② ③ ④ ⑤

092. 사람을 설득시키는 것이 어렵지 않다. ① ② ③ ④ ⑤

093. 다른 사람에게 어떻게 보일지 신경을 쓴다. ① ② ③ ④ ⑤

094. 다른 사람에게 의존하는 경향이 있다. ① ② ③ ④ ⑤

095. 그다지 융통성이 있는 편이 아니다. ① ② ③ ④ ⑤

096. 숙제를 잊어버린 적이 한 번도 없다. ① ② ③ ④ ⑤

097. 밤길에는 발소리가 들리기만 해도 불안하다. ① ② ③ ④ ⑤

098. 자신은 유치한 사람이다. ① ② ③ ④ ⑤

099. 잡담을 하는 것보다 책을 읽는 편이 낫다. ① ② ③ ④ ⑤

100. 나는 영업에 적합한 타입이라고 생각한다. ① ② ③ ④ ⑤

101. 술자리에서 술을 마시지 않아도 흥을 돋굴 수 있다. ① ② ③ ④ ⑤

102. 한 번도 병원에 간 적이 없다. ① ② ③ ④ ⑤

103. 나쁜 일은 걱정이 되어 어쩔 줄을 모른다. ① ② ③ ④ ⑤

104. 금세 무기력해지는 편이다. ① ② ③ ④ ⑤

105. 비교적 고분고분한 편이라고 생각한다. ① ② ③ ④ ⑤

106. 독자적으로 행동하는 편이다. ① ② ③ ④ ⑤

107. 적극적으로 행동하는 편이다. ① ② ③ ④ ⑤

108. 금방 감격하는 편이다. ① ② ③ ④ ⑤

109. 밤에 잠을 못 잘 때가 많다. ① ② ③ ④ ⑤

110. 후회를 자주 하는 편이다. ① ② ③ ④ ⑤

111. 쉽게 뜨거워지고 쉽게 식는 편이다. ① ② ③ ④ ⑤

112. 자신만의 세계를 가지고 있다. ① ② ③ ④ ⑤

113. 말하는 것을 아주 좋아한다. ① ② ③ ④ ⑤

114. 이유없이 불안할 때가 있다. ① ② ③ ④ ⑤

115. 주위 사람의 의견을 생각하여 발언을 자제할 때가 있다. ① ② ③ ④ ⑤

116. 생각없이 함부로 말하는 경우가 많다. ① ② ③ ④ ⑤

117. 정리가 되지 않은 방에 있으면 불안하다. ① ② ③ ④ ⑤

118. 슬픈 영화나 TV를 보면 자주 운다. ① ② ③ ④ ⑤

119. 자신을 충분히 신뢰할 수 있는 사람이라고 생각한다. ① ② ③ ④ ⑤

120. 노래방을 아주 좋아한다. ① ② ③ ④ ⑤

121. 자신만이 할 수 있는 일을 하고 싶다. ① ② ③ ④ ⑤

122. 자신을 과소평가 하는 경향이 있다. ① ② ③ ④ ⑤

123. 책상 위나 서랍 안은 항상 깔끔히 정리한다. ① ② ③ ④ ⑤

124. 건성으로 일을 하는 때가 자주 있다. ① ② ③ ④ ⑤

125. 남의 험담을 한 적이 없다. ① ② ③ ④ ⑤

126. 초조하면 손을 떨고, 심장박동이 빨라진다. ① ② ③ ④ ⑤

127. 말싸움을 하여 진 적이 한 번도 없다. ① ② ③ ④ ⑤

128. 다른 사람들과 덩달아 떠든다고 생각할 때가 자주 있다. ① ② ③ ④ ⑤

129. 아첨에 넘어가기 쉬운 편이다. ① ② ③ ④ ⑤

130. 이론만 내세우는 사람과 대화하면 짜증이 난다. ① ② ③ ④ ⑤

131. 상처를 주는 것도 받는 것도 싫다. ① ② ③ ④ ⑤

132. 매일매일 그 날을 반성한다. ① ② ③ ④ ⑤

133. 주변 사람이 피곤해하더라도 자신은 항상 원기왕성하다. ① ② ③ ④ ⑤

134. 친구를 재미있게 해주는 것을 좋아한다. ① ② ③ ④ ⑤

134. 아침부터 아무것도 하고 싶지 않을 때가 있다. ① ② ③ ④ ⑤

135. 지각을 하면 학교를 결석하고 싶어진다. ① ② ③ ④ ⑤

136. 이 세상에 없는 세계가 존재한다고 생각한다. ① ② ③ ④ ⑤

137. 하기 싫은 것을 하고 있으면 무심코 불만을 말한다. ① ② ③ ④ ⑤

138. 투지를 드러내는 경향이 있다. ① ② ③ ④ ⑤

139. 어떤 일이라도 헤쳐나갈 자신이 있다. ① ② ③ ④ ⑤

137. 착한 사람이라는 말을 자주 듣는다. ① ② ③ ④ ⑤

138. 조심성이 있는 편이다. ① ② ③ ④ ⑤

139. 이상주의자이다. ① ② ③ ④ ⑤

140. 인간관계를 중요하게 생각한다. ① ② ③ ④ ⑤

141. 협조성이 뛰어난 편이다. ① ② ③ ④ ⑤

142. 정해진 대로 따르는 것을 좋아한다. ① ② ③ ④ ⑤

143. 정이 많은 사람을 좋아한다. ① ② ③ ④ ⑤

144. 조직이나 전통에 구애를 받지 않는다. ① ② ③ ④ ⑤

145. 잘 아는 사람과만 만나는 것이 좋다. ① ② ③ ④ ⑤

146. 파티에서 사람을 소개받는 편이다. ① ② ③ ④ ⑤
147. 모임이나 집단에서 분위기를 이끄는 편이다. ① ② ③ ④ ⑤
148. 취미 등이 오랫동안 지속되지 않는 편이다. ① ② ③ ④ ⑤
149. 다른 사람을 부럽다고 생각해 본 적이 없다. ① ② ③ ④ ⑤
150. 꾸지람을 들은 적이 한 번도 없다. ① ② ③ ④ ⑤
151. 시간이 오래 걸려도 항상 침착하게 생각하는 경우가 많다. ① ② ③ ④ ⑤
152. 실패의 원인을 찾고 반성하는 편이다. ① ② ③ ④ ⑤
153. 여러 가지 일을 재빨리 능숙하게 처리하는 데 익숙하다. ① ② ③ ④ ⑤
154. 행동을 한 후 생각을 하는 편이다. ① ② ③ ④ ⑤
155. 민첩하게 활동을 하는 편이다. ① ② ③ ④ ⑤
156. 일을 더디게 처리하는 경우가 많다. ① ② ③ ④ ⑤
157. 몸을 움직이는 것을 좋아한다. ① ② ③ ④ ⑤
158. 스포츠를 보는 것이 좋다. ① ② ③ ④ ⑤
159. 일을 하다 어려움에 부딪히면 단념한다. ① ② ③ ④ ⑤
160. 너무 신중하여 타이밍을 놓치는 때가 많다. ① ② ③ ④ ⑤
161. 시험을 볼 때 한 번에 모든 것을 마치는 편이다. ① ② ③ ④ ⑤
162. 일에 대한 계획표를 만들어 실행을 하는 편이다. ① ② ③ ④ ⑤
163. 한 분야에서 1인자가 되고 싶다고 생각한다. ① ② ③ ④ ⑤
164. 규모가 큰 일을 하고 싶다. ① ② ③ ④ ⑤
165. 높은 목표를 설정하여 수행하는 것이 의욕적이라고 생각한다. ① ② ③ ④ ⑤
166. 다른 사람들과 있으면 침작하지 못하다. ① ② ③ ④ ⑤
167. 수수하고 조심스러운 편이다. ① ② ③ ④ ⑤
168. 여행을 가기 전에 항상 계획을 세운다. ① ② ③ ④ ⑤
169. 구입한 후 끝까지 읽지 않은 책이 많다. ① ② ③ ④ ⑤
170. 쉬는 날은 집에 있는 경우가 많다. ① ② ③ ④ ⑤
171. 돈을 허비한 적이 없다. ① ② ③ ④ ⑤

172. 흐린 날은 항상 우산을 가지고 나간다. ① ② ③ ④ ⑤

173. 조연상을 받은 배우보다 주연상을 받은 배우를 좋아한다. ① ② ③ ④ ⑤

174. 유행에 민감하다고 생각한다. ① ② ③ ④ ⑤

175. 친구의 휴대폰 번호를 모두 외운다. ① ② ③ ④ ⑤

176. 환경이 변화되는 것에 구애받지 않는다. ① ② ③ ④ ⑤

177. 조직의 일원으로 별로 안 어울린다고 생각한다. ① ② ③ ④ ⑤

178. 외출시 문을 잠그었는지 몇 번을 확인하다. ① ② ③ ④ ⑤

179. 성공을 위해서는 어느 정도의 위험성을 감수해야 한다고 생각한다. ① ② ③ ④ ⑤

180. 남들이 이야기하는 것을 보면 자기에 대해 험담을 하고 있는 것 같다. ① ② ③ ④ ⑤

PART

03

인성검사

CHAPTER

01 인성검사의 개요

section 01 인성(성격)검사의 개념과 목적

인성(성격)이란 개인을 특징짓는 평범하고 일상적인 사회적 이미지, 즉 지속적이고 일관된 공적 성격(Public-personality)이며, 환경에 대응함으로써 선천적 · 후천적 요소의 상호작용으로 결정화된 심리적 · 사회적 특성 및 경향을 의미한다. 인성검사는 직무적성검사를 실시하는 대부분의 기관에서 병행하여 실시하고 있으며, 인성검사만 독자적으로 실시하는 기관도 있다.

군에서는 인성검사를 통하여 각 개인이 어떠한 성격 특성이 발달되어 있고, 어떤 특성이 얼마나 부족한지, 그것이 해당 직무의 특성 및 조직문화와 얼마나 맞는지를 알아보고 이에 적합한 인재를 선발하고자 한다. 또한 개인에게 적합한 직무 배분과 부족한 부분을 교육을 통해 보완하도록 할 수 있다.

section 02 성격의 특성

1 정서적 측면

정서적 측면은 평소 마음의 당연시하는 자세나 정신상태가 얼마나 안정하고 있는지 또는 불안정한지를 측정한다. 정서의 상태는 직무수행이나 대인관계와 관련하여 태도나 행동으로 드러난다. 그러므로, 정서적 측면을 측정하는 것에 의해, 장래 조직 내의 인간관계에 어느 정도 잘 적응할 수 있을까(또는 적응하지 못할까)를 예측하는 것이 가능하다. 그렇기 때문에, 정서적 측면의 결과는 채용시에 상당히 중시된다. 아무리 능력이 좋아도 장기적으로 조직 내의 인간관계에 잘 적응할 수 없다고 판단되는 인재는 기본적으로는 채용되지 않는다. 일반적으로 인성(성격)검사는 채용과는 관계없다고 생각하나 정서적으로 조직에 적응하지 못하는 인재는 채용단계에서 가려내지는 것을 유의하여야 한다.

② 민감성(신경도) … 꼼꼼함, 섬세함, 성실함 등의 요소를 통해 일반적으로 신경질적인지 또는 자신의 존재를 위협받는다라는 불안을 갖기 쉬운지를 측정한다.

질문	그렇다	약간 그렇다	그저 그렇다	별로 그렇지 않다	그렇지 않다
• 배려적이라고 생각한다. • 어지러진 방에 있으면 불안하다. • 실패 후에는 불안하다. • 세세한 것까지 신경쓴다. • 이유 없이 불안할 때가 있다.					

▶ 측정결과

㉠ **'그렇다'가 많은 경우**(상처받기 쉬운 유형) : 사소한 일에 신경쓰고 다른 사람의 사소한 한마디 말에 상처를 받기 쉽다.
- 면접관의 심리 : '동료들과 잘 지낼 수 있을까?', '실패할 때마다 위축되지 않을까?'
- 면접대책 : 다소 신경질적이라도 능력을 발휘할 수 있다는 평가를 얻도록 한다. 주변과 충분한 의사소통이 가능하고, 결정한 것을 실행할 수 있다는 것을 보여주어야 한다.

㉡ **'그렇지 않다'가 많은 경우**(정신적으로 안정적인 유형) : 사소한 일에 신경쓰지 않고 금방 해결하며, 주위 사람의 말에 과민하게 반응하지 않는다.
- 면접관의 심리 : '계약할 때 필요한 유형이고, 사고 발생에도 유연하게 대처할 수 있다.'
- 면접대책 : 일반적으로 '민감성'의 측정치가 낮으면 플러스 평가를 받으므로 더욱 자신감 있는 모습을 보여준다.

② 자책성(과민도) … 자신을 비난하거나 책망하는 정도를 측정한다.

질문	그렇다	약간 그렇다	그저 그렇다	별로 그렇지 않다	그렇지 않다
• 후회하는 일이 많다. • 자신을 하찮은 존재로 생각하는 경우가 있다. • 문제가 발생하면 자기의 탓이라고 생각한다. • 무슨 일이든지 끙끙대며 진행하는 경향이 있다. • 온순한 편이다.					

▶ 측정결과

㉠ **'그렇다'가 많은 경우**(자책하는 유형) : 비관적이고 후회하는 유형이다.
- 면접관의 심리 : '끙끙대며 괴로워하고, 일을 진행하지 못할 것 같다.'
- 면접대책 : 기분이 저조해도 항상 의욕을 가지고 생활하는 것과 책임감이 강하다는 것을 보여준다.

㉡ **'그렇지 않다'가 많은 경우**(낙천적인 유형) : 기분이 항상 밝은 편이다.
- 면접관의 심리 : '안정된 대인관계를 맺을 수 있고, 외부의 압력에도 흔들리지 않는다.'
- 면접대책 : 일반적으로 '자책성'의 측정치가 낮으면 플러스 평가를 받으므로 자신감을 가지고 임한다.

③ 기분성(불안도) … 기분의 굴곡이나 감정적인 면의 미숙함이 어느 정도인지를 측정하는 것이다.

질문	그렇다	약간 그렇다	그저 그렇다	별로 그렇지 않다	그렇지 않다
• 다른 사람의 의견에 자신의 결정이 흔들리는 경우가 많다. • 기분이 쉽게 변한다. • 종종 후회한다. • 다른 사람보다 의지가 약한 편이라고 생각한다. • 금방 싫증을 내는 성격이라는 말을 자주 듣는다.					

▶ **측정결과**

㉠ **'그렇다'가 많은 경우**(감정의 기복이 많은 유형) : 의지력보다 기분에 따라 행동하기 쉽다.

- 면접관의 심리 : '감정적인 것에 약하며, 상황에 따라 생산성이 떨어지지 않을까?'
- 면접대책 : 주변 사람들과 항상 협조한다는 것을 강조하고 한결같은 상태로 일할 수 있다는 평가를 받도록 한다.

㉡ **'그렇지 않다'가 많은 경우**(감정의 기복이 적은 유형) : 감정의 기복이 없고, 안정적이다.

- 면접관의 심리 : '안정적으로 업무에 임할 수 있다.'
- 면접대책 : 기분성의 측정치가 낮으면 플러스 평가를 받으므로 자신감을 가지고 면접에 임한다.

④ 독자성(개인도) … 주변에 대한 견해나 관심, 자신의 견해나 생각에 어느 정도의 속박감을 가지고 있는지를 측정한다.

질문	그렇다	약간 그렇다	그저 그렇다	별로 그렇지 않다	그렇지 않다
• 창의적 사고방식을 가지고 있다. • 융통성이 있는 편이다. • 혼자 있는 편이 많은 사람과 있는 것보다 편하다. • 개성적이라는 말을 듣는다. • 교제는 번거로운 것이라고 생각하는 경우가 많다.					

▶ **측정결과**

㉠ **'그렇다'가 많은 경우** : 자기의 관점을 중요하게 생각하는 유형으로, 주위의 상황보다 자신의 느낌과 생각을 중시한다.

- 면접관의 심리 : '제멋대로 행동하지 않을까?'
- 면접대책 : 주위 사람과 협조하여 일을 진행할 수 있다는 것과 상식에 얽매이지 않는다는 인상을 심어준다.

㉡ **'그렇지 않다'가 많은 경우** : 상식적으로 행동하고 주변 사람의 시선에 신경을 쓴다.

- 면접관의 심리 : '다른 직원들과 협조하여 업무를 진행할 수 있겠다.'
- 면접대책 : 협조성이 요구되는 기업체에서는 플러스 평가를 받을 수 있다.

⑤ 자신감(자존심도) … 자기 자신에 대해 얼마나 긍정적으로 평가하는지를 측정한다.

질문	그렇다	약간 그렇다	그저 그렇다	별로 그렇지 않다	그렇지 않다
• 다른 사람보다 능력이 뛰어나다고 생각한다. • 다소 반대의견이 있어도 나만의 생각으로 행동할 수 있다. • 나는 다른 사람보다 기가 센 편이다. • 동료가 나를 모욕해도 무시할 수 있다. • 대개의 일을 목적한 대로 헤쳐나갈 수 있다고 생각한다.					

▶ 측정결과

㉠ **'그렇다'가 많은 경우** : 자기 능력이나 외모 등에 자신감이 있고, 비판당하는 것을 좋아하지 않는다.

- 면접관의 심리 : '자만하여 지시에 잘 따를 수 있을까?'
- 면접대책 : 다른 사람의 조언을 잘 받아들이고, 겸허하게 반성하는 면이 있다는 것을 보여주고, 동료들과 잘 지내며 리더의 자질이 있다는 것을 강조한다.

㉡ **'그렇지 않다'가 많은 경우** : 자신감이 없고 다른 사람의 비판에 약하다.

- 면접관의 심리 : '패기가 부족하지 않을까?', '쉽게 좌절하지 않을까?'
- 면접대책 : 극도의 자신감 부족으로 평가되지는 않는다. 그러나 마음이 약한 면은 있지만 의욕적으로 일을 하겠다는 마음가짐을 보여준다.

⑥ 고양성(분위기에 들뜨는 정도) … 자유분방함, 명랑함과 같이 감정(기분)의 높고 낮음의 정도를 측정한다.

질문	그렇다	약간 그렇다	그저 그렇다	별로 그렇지 않다	그렇지 않다
• 침착하지 못한 편이다. • 다른 사람보다 쉽게 우쭐해진다. • 모든 사람이 아는 유명인사가 되고 싶다. • 모임이나 집단에서 분위기를 이끄는 편이다. • 취미 등이 오랫동안 지속되지 않는 편이다.					

▶ **측정결과**

㉠ **'그렇다'가 많은 경우** : 자극이나 변화가 있는 일상을 원하고 기분을 들뜨게 하는 사람과 친밀하게 지내는 경향이 강하다.

• 면접관의 심리 : '일을 진행하는 데 변덕스럽지 않을까?'

• 면접대책 : 밝은 태도는 플러스 평가를 받을 수 있지만, 착실한 업무능력이 요구되는 직종에서는 마이너스 평가가 될 수 있다. 따라서 자기조절이 가능하다는 것을 보여준다.

㉡ **'그렇지 않다'가 많은 경우** : 감정이 항상 일정하고, 속을 드러내 보이지 않는다.

• 면접관의 심리 : '안정적인 업무 태도를 기대할 수 있겠다.'

• 면접대책 : '고양성'의 낮음은 대체로 플러스 평가를 받을 수 있다. 그러나 '무엇을 생각하고 있는지 모르겠다' 등의 평을 듣지 않도록 주의한다.

⑦ 허위성(진위성) … 필요 이상으로 자기를 좋게 보이려 하거나 기업체가 원하는 '이상형'에 맞춘 대답을 하고 있는지, 없는지를 측정한다.

질문	그렇다	약간 그렇다	그저 그렇다	별로 그렇지 않다	그렇지 않다
• 약속을 깨뜨린 적이 한 번도 없다. • 다른 사람을 부럽다고 생각해 본 적이 없다. • 꾸지람을 들은 적이 없다. • 사람을 미워한 적이 없다. • 화를 낸 적이 한 번도 없다.					

▶ **측정결과**

㉠ **'그렇다'가 많은 경우** : 실제의 자기와는 다른, 말하자면 원칙으로 해답할 가능성이 있다.

- 면접관의 심리 : '거짓을 말하고 있다.'
- 면접대책 : 조금이라도 좋게 보이려고 하는 '거짓말쟁이'로 평가될 수 있다. '거짓을 말하고 있다.'는 마음 따위가 전혀 없다해도 결과적으로는 정직하게 답하지 않는다는 것이 되어 버린다. '허위성'의 측정 질문은 구분되지 않고 다른 질문 중에 섞여 있다. 그러므로 모든 질문에 솔직하게 답하여야 한다. 또한 자기 자신과 너무 동떨어진 이미지로 답하면 좋은 결과를 얻지 못한다. 그리고 면접에서 '허위성'을 기본으로 한 질문을 받게 되므로 당황하거나 또 다른 모순된 답변을 하게 된다. 겉치레를 하거나 무리한 욕심을 부리지 말고 '이런 사회인이 되고 싶다.'는 현재의 자신보다, 조금 성장한 자신을 표현하는 정도가 적당하다.

㉡ **'그렇지 않다'가 많은 경우** : 냉정하고 정직하며, 외부의 압력과 스트레스에 강한 유형이다. '대쪽같음'의 이미지가 굳어지지 않도록 주의한다.

② 행동적인 측면

행동적 측면은 인격 중에 특히 행동으로 드러나기 쉬운 측면을 측정한다. 사람의 행동 특징 자체에는 선도 악도 없으나, 일반적으로는 일의 내용에 의해 원하는 행동이 있다. 때문에 행동적 측면은 주로 직종과 깊은 관계가 있는데 자신의 행동 특성을 살려 적합한 직종을 선택한다면 플러스가 될 수 있다.
행동 특성에서 보여지는 특징은 면접장면에서도 드러나기 쉬운데 본서의 모의 TEST의 결과를 참고하여 자신의 태도, 행동이 면접관의 시선에 어떻게 비치는지를 점검하도록 한다.

① 사회적 내향성 … 대인관계에서 나타나는 행동경향으로 '낯가림'을 측정한다.

질문	선택
A : 파티에서는 사람을 소개받은 편이다. B : 파티에서는 사람을 소개하는 편이다.	
A : 처음 보는 사람과는 즐거운 시간을 보내는 편이다. B : 처음 보는 사람과는 어색하게 시간을 보내는 편이다.	
A : 친구가 적은 편이다. B : 친구가 많은 편이다.	
A : 자신의 의견을 말하는 경우가 적다. B : 자신의 의견을 말하는 경우가 많다.	
A : 사교적인 모임에 참석하는 것을 좋아하지 않는다. B : 사교적인 모임에 항상 참석한다.	

▶ **측정결과**

㉠ **'A'가 많은 경우** : 내성적이고 사람들과 접하는 것에 소극적이다. 자신의 의견을 말하지 않고 조심스러운 편이다.
- 면접관의 심리 : '소극적인데 동료와 잘 지낼 수 있을까?'
- 면접대책 : 대인관계를 맺는 것을 싫어하지 않고 의욕적으로 일을 할 수 있다는 것을 보여준다.

㉡ **'B'가 많은 경우** : 사교적이고 자기의 생각을 명확하게 전달할 수 있다.
- 면접관의 심리 : '사교적이고 활동적인 것은 좋지만, 자기 주장이 너무 강하지 않을까?'
- 면접대책 : 협조성을 보여주고, 자기 주장이 너무 강하다는 인상을 주지 않도록 주의한다.

② 내성성(침착도) … 자신의 행동과 일에 대해 침착하게 생각하는 정도를 측정한다.

질문	선택
A : 시간이 걸려도 침착하게 생각하는 경우가 많다. B : 짧은 시간에 결정을 하는 경우가 많다. A : 실패의 원인을 찾고 반성하는 편이다. B : 실패를 해도 그다지(별로) 개의치 않는다. A : 결론이 도출되어도 몇 번 정도 생각을 바꾼다. B : 결론이 도출되면 신속하게 행동으로 옮긴다. A : 여러 가지 생각하는 것이 능숙하다. B : 여러 가지 일을 재빨리 능숙하게 처리하는 데 익숙하다. A : 여러 가지 측면에서 사물을 검토한다. B : 행동한 후 생각을 한다.	

▶ 측정결과

㉠ 'A'가 많은 경우 : 행동하기 보다는 생각하는 것을 좋아하고 신중하게 계획을 세워 실행한다.

- 면접관의 심리 : '행동으로 실천하지 못하고, 대응이 늦은 경향이 있지 않을까?'
- 면접대책 : 발로 뛰는 것을 좋아하고, 일을 더디게 한다는 인상을 주지 않도록 한다.

㉡ 'B'가 많은 경우 : 차분하게 생각하는 것보다 우선 행동하는 유형이다.

- 면접관의 심리 : '생각하는 것을 싫어하고 경솔한 행동을 하지 않을까?'
- 면접대책 : 계획을 세우고 행동할 수 있는 것을 보여주고 '사려깊다'라는 인상을 남기도록 한다.

③ 신체활동성 … 몸을 움직이는 것을 좋아하는가를 측정한다.

질문	선택
A : 민첩하게 활동하는 편이다. B : 준비행동이 없는 편이다. A : 일을 척척 해치우는 편이다. B : 일을 더디게 처리하는 편이다. A : 활발하다는 말을 듣는다. B : 얌전하다는 말을 듣는다. A : 몸을 움직이는 것을 좋아한다. B : 가만히 있는 것을 좋아한다. A : 스포츠를 하는 것을 즐긴다. B : 스포츠를 보는 것을 좋아한다.	

▶ 측정결과

㉠ 'A'가 많은 경우 : 활동적이고, 몸을 움직이게 하는 것이 컨디션이 좋다.

- 면접관의 심리 : '활동적으로 활동력이 좋아 보인다.'
- 면접대책 : 활동하고 얻은 성과 등과 주어진 상황의 대응능력을 보여준다.

㉡ 'B'가 많은 경우 : 침착한 인상으로, 차분하게 있는 타입이다.

- 면접관의 심리 : '좀처럼 행동하려 하지 않아 보이고, 일을 빠르게 처리할 수 있을까?'

④ 지속성(노력성) … 무슨 일이든 포기하지 않고 끈기 있게 하려는 정도를 측정한다.

질문	선택
A : 일단 시작한 일은 시간이 걸려도 끝까지 마무리한다. B : 일을 하다 어려움에 부딪히면 단념한다. A : 끈질긴 편이다. B : 바로 단념하는 편이다. A : 인내가 강하다는 말을 듣는다. B : 금방 싫증을 낸다는 말을 듣는다. A : 집념이 깊은 편이다. B : 담백한 편이다. A : 한 가지 일에 구애되는 것이 좋다고 생각한다. B : 간단하게 체념하는 것이 좋다고 생각한다.	

▶ 측정결과

㉠ 'A'가 많은 경우 : 시작한 것은 어려움이 있어도 포기하지 않고 인내심이 높다.

• 면접관의 심리 : '한 가지의 일에 너무 구애되고, 업무의 진행이 원활할까?'

• 면접대책 : 인내력이 있는 것은 플러스 평가를 받을 수 있지만 집착이 강해 보이기도 한다.

㉡ 'B'가 많은 경우 : 뒤끝이 없고 조그만 실패로 일을 포기하기 쉽다.

• 면접관의 심리 : '질리는 경향이 있고, 일을 정확히 끝낼 수 있을까?'

• 면접대책 : 지속적인 노력으로 성공했던 사례를 준비하도록 한다.

⑤ 신중성(주의성) … 자신이 처한 주변상황을 즉시 파악하고 자신의 행동이 어떤 영향을 미치는지를 측정한다.

질문	선택
A : 여러 가지로 생각하면서 완벽하게 준비하는 편이다. B : 행동할 때부터 임기응변적인 대응을 하는 편이다. A : 신중해서 타이밍을 놓치는 편이다. B : 준비 부족으로 실패하는 편이다. A : 자신은 어떤 일에도 신중히 대응하는 편이다. B : 순간적인 충동으로 활동하는 편이다. A : 시험을 볼 때 끝날 때까지 재검토하는 편이다. B : 시험을 볼 때 한 번에 모든 것을 마치는 편이다. A : 일에 대해 계획표를 만들어 실행한다. B : 일에 대한 계획표 없이 진행한다.	

▶ 측정결과

㉠ 'A'가 많은 경우 : 주변 상황에 민감하고, 예측하여 계획있게 일을 진행한다.

• 면접관의 심리 : '너무 신중해서 적절한 판단을 할 수 있을까?', '앞으로의 상황에 불안을 느끼지 않을까?'

• 면접대책 : 예측을 하고 실행을 하는 것은 플러스 평가가 되지만, 너무 신중하면 일의 진행이 정체될 가능성을 보이므로 추진력이 있다는 강한 의욕을 보여준다.

㉡ 'B'가 많은 경우 : 주변 상황을 살펴 보지 않고 착실한 계획없이 일을 진행시킨다.

• 면접관의 심리 : '사려깊지 않고 않고, 실패하는 일이 많지 않을까?', '판단이 빠르고 유연한 사고를 할 수 있을까?'

• 면접대책 : 사전준비를 중요하게 생각하고 있다는 것 등을 보여주고, 경솔한 인상을 주지 않도록 한다. 또한 판단력이 빠르거나 유연한 사고 덕분에 일 처리를 잘 할 수 있다는 것을 강조한다.

③ 의욕적인 측면

의욕적인 측면은 의욕의 정도, 활동력의 유무 등을 측정한다. 여기서의 의욕이란 우리들이 보통 말하고 사용하는 '하려는 의지'와는 조금 뉘앙스가 다르다. '하려는 의지'란 그 때의 환경이나 기분에 따라 변화하는 것이지만, 여기에서는 조금 더 변화하기 어려운 특징, 말하자면 정신적 에너지의 양으로 측정하는 것이다.

의욕적 측면은 행동적 측면과는 다르고, 전반적으로 어느 정도 점수가 높은 쪽을 선호한다. 모의검사의 의욕적 측면의 결과가 낮다면, 평소 일에 몰두할 때 조금 의욕 있는 자세를 가지고 서서히 개선하도록 노력해야 한다.

① **달성의욕** … 목적의식을 가지고 높은 이상을 가지고 있는지를 측정한다.

질문	선택
A : 경쟁심이 강한 편이다. B : 경쟁심이 약한 편이다. A : 어떤 한 분야에서 제1인자가 되고 싶다고 생각한다. B : 어느 분야에서든 성실하게 임무를 진행하고 싶다고 생각한다. A : 규모가 큰 일을 해보고 싶다. B : 맡은 일에 충실히 임하고 싶다. A : 아무리 노력해도 실패한 것은 아무런 도움이 되지 않는다. B : 가령 실패했을 지라도 나름대로의 노력이 있었으므로 괜찮다. A : 높은 목표를 설정하여 수행하는 것이 의욕적이다. B : 실현 가능한 정도의 목표를 설정하는 것이 의욕적이다.	

▶ **측정결과**

㉠ **'A'가 많은 경우** : 큰 목표와 높은 이상을 가지고 승부욕이 강한 편이다.
- 면접관의 심리 : '열심히 일을 해줄 것 같은 유형이다.'
- 면접대책 : 달성의욕이 높다는 것은 어떤 직종이라도 플러스 평가가 된다.

㉡ **'B'가 많은 경우** : 현재의 생활을 소중하게 여기고 비약적인 발전을 위해 기를 쓰지 않는다.
- 면접관의 심리 : '외부의 압력에 약하고, 기획입안 등을 하기 어려울 것이다.'
- 면접대책 : 일을 통하여 하고 싶은 것들을 구체적으로 어필한다.

② **활동의욕** … 자신에게 잠재된 에너지의 크기로, 정신적인 측면의 활동력이라 할 수 있다.

질문	선택
A : 하고 싶은 일을 실행으로 옮기는 편이다. B : 하고 싶은 일을 좀처럼 실행할 수 없는 편이다. A : 어려운 문제를 해결해 가는 것이 좋다. B : 어려운 문제를 해결하는 것을 잘하지 못한다. A : 일반적으로 결단이 빠른 편이다. B : 일반적으로 결단이 느린 편이다. A : 곤란한 상황에도 도전하는 편이다. B : 사물의 본질을 깊게 관찰하는 편이다. A : 시원시원하다는 말을 잘 듣는다. B : 꼼꼼하다는 말을 잘 듣는다.	

▶ **측정결과**

㉠ **'A'가 많은 경우** : 꾸물거리는 것을 싫어하고 재빠르게 결단해서 행동하는 타입이다.
- 면접관의 심리 : '일을 처리하는 솜씨가 좋고, 일을 척척 진행할 수 있을 것 같다.'
- 면접대책 : 활동의욕이 높은 것은 플러스 평가가 된다. 사교성이나 활동성이 강하다는 인상을 준다.

㉡ **'B'가 많은 경우** : 안전하고 확실한 방법을 모색하고 차분하게 시간을 아껴서 일에 임하는 타입이다.
- 면접관의 심리 : '재빨리 행동을 못하고, 일의 처리속도가 느린 것이 아닐까?'
- 면접대책 : 활동성이 있는 것을 좋아하고 움직임이 더디다는 인상을 주지 않도록 한다.

section 03 성격의 유형

❶ 인성검사유형의 4가지 척도

정서적인 측면, 행동적인 측면, 의욕적인 측면의 요소들은 성격 특성이라는 관점에서 제시된 것들로 각 개인의 장 · 단점을 파악하는 데 유용하다. 그러나 전체적인 개인의 인성을 이해하는 데는 한계가 있다.
성격의 유형은 개인의 '성격적인 특색'을 가리키는 것으로, 사회인으로서 적합한지, 아닌지를 말하는 관점과는 관계가 없다. 따라서 채용의 합격 여부에는 사용되지 않는 경우가 많으며, 입사 후의 적정 부서 배치의 자료가 되는 편이라 생각하면 된다. 그러나 채용과 관계가 없다고 해서 아무런 준비도 필요없는 것은 아니다. 자신을 아는 것은 면접 대책의 밑거름이 되므로 모의검사 결과를 충분히 활용하도록 하여야 한다.
본서에서는 4개의 척도를 사용하여 기본적으로 16개의 패턴으로 성격의 유형을 분류하고 있다. 각 개인의 성격이 어떤 유형인지 재빨리 파악하기 위해 사용되며, '적성'에 맞는지, 맞지 않는지의 관점에 활용된다.

- 흥미 · 관심의 방향 : 내향형 ←——→ 외향형
- 사물에 대한 견해 : 직관형 ←——→ 감각형
- 판단하는 방법 : 감정형 ←——→ 사고형
- 환경에 대한 접근방법 : 지각형 ←——→ 판단형

❷ 성격유형

① **흥미 · 관심의 방향(내향 ⇆ 외향)** … 흥미 · 관심의 방향이 자신의 내면에 있는지, 주위환경 등 외면에 향하는 지를 가리키는 척도이다.

② **일(사물)을 보는 방법(직감 ⇆ 감각)** … 일(사물)을 보는 법이 직감적으로 형식에 얽매이는지, 감각적으로 상식적인지를 가리키는 척도이다.

③ **판단하는 방법(감정 ⇆ 사고)** … 일을 감정적으로 판단하는지, 논리적으로 판단하는지를 가리키는 척도이다.

④ **환경에 대한 접근방법** … 주변상황에 어떻게 접근하는지, 그 판단기준을 어디에 두는지를 측정한다.

인성검사의 실시

※ 인성검사는 응시자의 인성을 파악하기 위한 자료이므로 정답이 존재하지 않습니다.

Q 다음 ( ) 안에 진술이 자신에게 적합하면 YES, 그렇지 않다면 NO를 선택하시오. 【001~338】

	YES	NO
001. 사람들이 붐비는 도시보다 한적한 시골이 좋다.	( )	( )
002. 전자기기를 잘 다루지 못하는 편이다.	( )	( )
003. 인생에 대해 깊이 생각해 본 적이 없다.	( )	( )
004. 혼자서 식당에 들어가는 것은 전혀 두려운 일이 아니다.	( )	( )
005. 남녀 사이의 연애에서 중요한 것은 돈이다.	( )	( )
006. 걸음걸이가 빠른 편이다.	( )	( )
007. 육류보다 채소류를 더 좋아한다.	( )	( )
008. 소곤소곤 이야기하는 것을 보면 자기에 대해 험담하고 있는 것으로 생각된다.	( )	( )
009. 여럿이 어울리는 자리에서 이야기를 주도하는 편이다.	( )	( )
010. 집에 머무는 시간보다 밖에서 활동하는 시간이 더 많은 편이다.	( )	( )
011. 무엇인가 창조해내는 작업을 좋아한다.	( )	( )
012. 자존심이 강하다고 생각한다.	( )	( )
013. 금방 흥분하는 성격이다.	( )	( )
014. 거짓말을 한 적이 많다.	( )	( )
015. 신경질적인 편이다.	( )	( )
016. 끙끙대며 고민하는 타입이다.	( )	( )
017. 자신이 맡은 일에 반드시 책임을 지는 편이다.	( )	( )
018. 누군가와 마주하는 것보다 통화로 이야기하는 것이 더 편하다.	( )	( )
019. 운동신경이 뛰어난 편이다.	( )	( )
020. 생각나는 대로 말해버리는 편이다.	( )	( )
021. 싫어하는 사람이 없다.	( )	( )

	YES	NO
022. 학창시절 국 · 영 · 수보다는 예체능 과목을 더 좋아했다.	( )	( )
023. 쓸데없는 고생을 하는 일이 많다.	( )	( )
024. 자주 생각이 바뀌는 편이다.	( )	( )
025. 갈등은 대화로 해결한다.	( )	( )
026. 내 방식대로 일을 한다.	( )	( )
027. 영화를 보고 운 적이 많다.	( )	( )
028. 어떤 것에 대해서도 화낸 적이 없다.	( )	( )
029. 좀처럼 아픈 적이 없다.	( )	( )
030. 자신은 도움이 안 되는 사람이라고 생각한다.	( )	( )
031. 어떤 일이든 쉽게 싫증을 내는 편이다.	( )	( )
032. 개성적인 사람이라고 생각한다.	( )	( )
033. 자기주장이 강한 편이다.	( )	( )
034. 뒤숭숭하다는 말을 들은 적이 있다.	( )	( )
035. 인터넷 사용이 아주 능숙하다.	( )	( )
036. 사람들과 관계 맺는 것을 보면 잘하지 못한다.	( )	( )
037. 사고방식이 독특하다.	( )	( )
038. 대중교통보다는 걷는 것을 더 선호한다.	( )	( )
039. 끈기가 있는 편이다.	( )	( )
040. 신중한 편이라고 생각한다.	( )	( )
041. 인생의 목표는 큰 것이 좋다.	( )	( )
042. 어떤 일이라도 바로 시작하는 타입이다.	( )	( )
043. 낯가림을 하는 편이다.	( )	( )
044. 생각하고 나서 행동하는 편이다.	( )	( )
045. 쉬는 날은 밖으로 나가는 경우가 많다.	( )	( )
046. 시작한 일은 반드시 완성시킨다.	( )	( )
047. 면밀한 계획을 세운 여행을 좋아한다.	( )	( )
048. 야망이 있는 편이라고 생각한다.	( )	( )

	YES	NO
049. 활동력이 있는 편이다.	( )	( )
050. 많은 사람들과 왁자지껄하게 식사하는 것을 좋아하지 않는다.	( )	( )
051. 장기적인 계획을 세우는 것을 꺼려한다.	( )	( )
052. 자기 일이 아닌 이상 무심한 편이다.	( )	( )
053. 하나의 취미에 열중하는 타입이다.	( )	( )
054. 스스로 모임에서 회장에 어울린다고 생각한다.	( )	( )
055. 입신출세의 성공이야기를 좋아한다.	( )	( )
056. 어떠한 일도 의욕을 가지고 임하는 편이다.	( )	( )
057. 학급에서는 존재가 희미했다.	( )	( )
058. 항상 무언가를 생각하고 있다.	( )	( )
059. 스포츠는 보는 것보다 하는 게 좋다.	( )	( )
060. 문제 상황을 바르게 인식하고 현실적이고 객관적으로 대처한다.	( )	( )
061. 흐린 날은 반드시 우산을 가지고 간다.	( )	( )
062. 여러 명보다 1 : 1로 대화하는 것을 선호한다.	( )	( )
063. 공격하는 타입이라고 생각한다.	( )	( )
064. 리드를 받는 편이다.	( )	( )
065. 너무 신중해서 기회를 놓친 적이 있다.	( )	( )
066. 시원시원하게 움직이는 타입이다.	( )	( )
067. 야근을 해서라도 업무를 끝낸다.	( )	( )
068. 누군가를 방문할 때는 반드시 사전에 확인한다.	( )	( )
069. 아무리 노력해도 결과가 따르지 않는다면 의미가 없다.	( )	( )
070. 솔직하고 타인에 대해 개방적이다.	( )	( )
071. 유행에 둔감하다고 생각한다.	( )	( )
072. 정해진 대로 움직이는 것은 시시하다.	( )	( )
073. 꿈을 계속 가지고 있고 싶다.	( )	( )
074. 질서보다 자유를 중요시하는 편이다.	( )	( )
075. 혼자서 취미에 몰두하는 것을 좋아한다.	( )	( )

YES NO

076. 직관적으로 판단하는 편이다. ( )( )

077. 영화나 드라마를 보며 등장인물의 감정에 이입된다. ( )( )

078. 시대의 흐름에 역행해서라도 자신을 관철하고 싶다. ( )( )

079. 다른 사람의 소문에 관심이 없다. ( )( )

080. 창조적인 편이다. ( )( )

081. 비교적 눈물이 많은 편이다. ( )( )

082. 융통성이 있다고 생각한다. ( )( )

083. 친구의 휴대전화 번호를 잘 모른다. ( )( )

084. 스스로 고안하는 것을 좋아한다. ( )( )

085. 정이 두터운 사람으로 남고 싶다. ( )( )

086. 새로 나온 전자제품의 사용방법을 익히는 데 오래 걸린다. ( )( )

087. 세상의 일에 별로 관심이 없다. ( )( )

088. 변화를 추구하는 편이다. ( )( )

089. 업무는 인간관계로 선택한다. ( )( )

090. 환경이 변하는 것에 구애되지 않는다. ( )( )

091. 다른 사람들에게 첫인상이 좋다는 이야기를 자주 듣는다. ( )( )

092. 인생은 살 가치가 없다고 생각한다. ( )( )

093. 의지가 약한 편이다. ( )( )

094. 다른 사람이 하는 일에 별로 관심이 없다. ( )( )

095. 자주 넘어지거나 다치는 편이다. ( )( )

096. 심심한 것을 못 참는다. ( )( )

097. 다른 사람을 욕한 적이 한 번도 없다. ( )( )

098. 몸이 아프더라도 병원에 잘 가지 않는 편이다. ( )( )

099. 금방 낙심하는 편이다. ( )( )

100. 평소 말이 빠른 편이다. ( )( )

101. 어려운 일은 되도록 피하는 게 좋다. ( )( )

102. 다른 사람이 내 의견에 간섭하는 것이 싫다. ( )( )

	YES	NO
103. 낙천적인 편이다.	( )	( )
104. 남을 돕다가 오해를 산 적이 있다.	( )	( )
105. 모든 일에 준비성이 철저한 편이다.	( )	( )
106. 상냥하다는 말을 들은 적이 있다.	( )	( )
107. 맑은 날보다 흐린 날을 더 좋아한다.	( )	( )
108. 많은 친구들을 만나는 것보다 단 둘이 만나는 것이 더 좋다.	( )	( )
109. 평소에 불평불만이 많은 편이다.	( )	( )
110. 가끔 나도 모르게 엉뚱한 행동을 하는 때가 있다.	( )	( )
111. 생리현상을 잘 참지 못하는 편이다.	( )	( )
112. 다른 사람을 기다리는 경우가 많다.	( )	( )
113. 술자리나 모임에 억지로 참여하는 경우가 많다.	( )	( )
114. 결혼과 연애는 별개라고 생각한다.	( )	( )
115. 노후에 대해 걱정이 될 때가 많다.	( )	( )
116. 잃어버린 물건은 쉽게 찾는 편이다.	( )	( )
117. 비교적 쉽게 감격하는 편이다.	( )	( )
118. 어떤 것에 대해서는 불만을 가진 적이 없다.	( )	( )
119. 걱정으로 밤에 못 잘 때가 많다.	( )	( )
120. 자주 후회하는 편이다.	( )	( )
121. 쉽게 학습하지만 쉽게 잊어버린다.	( )	( )
122. 낮보다 밤에 일하는 것이 좋다.	( )	( )
123. 많은 사람 앞에서도 긴장하지 않는다.	( )	( )
124. 상대방에게 감정 표현을 하기가 어렵게 느껴진다.	( )	( )
125. 인생을 포기하는 마음을 가진 적이 한 번도 없다.	( )	( )
126. 규칙에 대해 드러나게 반발하기보다 속으로 반발한다.	( )	( )
127. 자신의 언행에 대해 자주 반성한다.	( )	( )
128. 활동범위가 좁아 늘 가던 곳만 고집한다.	( )	( )
129. 나는 끈기가 다소 부족하다.	( )	( )

		YES	NO
130.	좋다고 생각하더라도 좀 더 검토하고 나서 실행한다.	( )	( )
131.	위대한 인물이 되고 싶다.	( )	( )
132.	한 번에 많은 일을 떠맡아도 힘들지 않다.	( )	( )
133.	사람과 약속은 부담스럽다.	( )	( )
134.	질문을 받으면 충분히 생각하고 나서 대답하는 편이다.	( )	( )
135.	머리를 쓰는 것보다 땀을 흘리는 일이 좋다.	( )	( )
136.	결정한 것에는 철저히 구속받는다.	( )	( )
137.	아무리 바쁘더라도 자기관리를 위한 운동을 꼭 한다.	( )	( )
138.	이왕 할 거라면 일등이 되고 싶다.	( )	( )
139.	과감하게 도전하는 타입이다.	( )	( )
140.	자신은 사교적이 아니라고 생각한다.	( )	( )
141.	무심코 도리에 대해서 말하고 싶어진다.	( )	( )
142.	목소리가 큰 편이다.	( )	( )
143.	단념하기보다 실패하는 것이 낫다고 생각한다.	( )	( )
144.	예상하지 못한 일은 하고 싶지 않다.	( )	( )
145.	파란만장하더라도 성공하는 인생을 살고 싶다.	( )	( )
146.	활기찬 편이라고 생각한다.	( )	( )
147.	자신의 성격으로 고민한 적이 있다.	( )	( )
148.	무심코 사람들을 평가 한다.	( )	( )
149.	때때로 성급하다고 생각한다.	( )	( )
150.	자신은 꾸준히 노력하는 타입이라고 생각한다.	( )	( )
151.	터무니없는 생각이라도 메모한다.	( )	( )
152.	리더십이 있는 사람이 되고 싶다.	( )	( )
153.	열정적인 사람이라고 생각한다.	( )	( )
154.	다른 사람 앞에서 이야기를 하는 것이 조심스럽다.	( )	( )
155.	세심하기보다 통찰력이 있는 편이다.	( )	( )
156.	엉덩이가 가벼운 편이다.	( )	( )

	YES	NO
157. 여러 가지로 구애받는 것을 견디지 못한다.	(	)( )
158. 돌다리도 두들겨 보고 건너는 쪽이 좋다.	(	)( )
159. 자신에게는 권력욕이 있다.	(	)( )
160. 자신의 능력보다 과중한 업무를 할당받으면 기쁘다.	(	)( )
161. 사색적인 사람이라고 생각한다.	(	)( )
162. 비교적 개혁적이다.	(	)( )
163. 좋고 싫음으로 정할 때가 많다.	(	)( )
164. 전통에 얽매인 습관은 버리는 것이 적절하다.	(	)( )
165. 교제 범위가 좁은 편이다.	(	)( )
166. 발상의 전환을 할 수 있는 타입이라고 생각한다.	(	)( )
167. 주관적인 판단으로 실수한 적이 있다.	(	)( )
168. 현실적이고 실용적인 면을 추구한다.	(	)( )
169. 타고난 능력에 의존하는 편이다.	(	)( )
170. 다른 사람을 의식하여 외모에 신경을 쓴다.	(	)( )
171. 마음이 담겨 있으면 선물은 아무 것이나 좋다.	(	)( )
172. 여행은 내 마음대로 하는 것이 좋다.	(	)( )
173. 추상적인 일에 관심이 있는 편이다.	(	)( )
174. 큰일을 먼저 결정하고 세세한 일을 나중에 결정하는 편이다.	(	)( )
175. 괴로워하는 사람을 보면 답답하다.	(	)( )
176. 자신의 가치기준을 알아주는 사람은 아무도 없다.	(	)( )
177. 인간성이 없는 사람과는 함께 일할 수 없다.	(	)( )
178. 상상력이 풍부한 편이라고 생각한다.	(	)( )
179. 의리, 인정이 두터운 상사를 만나고 싶다.	(	)( )
180. 인생은 앞날을 알 수 없어 재미있다.	(	)( )
181. 조직에서 분위기 메이커다.	(	)( )
182. 반성하는 시간에 차라리 실수를 만회할 방법을 구상한다.	(	)( )
183. 늘 하던 방식대로 일을 처리해야 마음이 편하다.	(	)( )

	YES	NO
184. 쉽게 이룰 수 있는 일에는 흥미를 느끼지 못한다.	( )	( )
185. 좋다고 생각하면 바로 행동한다.	( )	( )
186. 후배들은 무섭게 가르쳐야 따라온다.	( )	( )
187. 한 번에 많은 일을 떠맡는 것이 부담스럽다.	( )	( )
188. 능력 없는 상사라도 진급을 위해 아부할 수 있다.	( )	( )
189. 질문을 받으면 그때의 느낌으로 대답하는 편이다.	( )	( )
190. 땀을 흘리는 것보다 머리를 쓰는 일이 좋다.	( )	( )
191. 단체 규칙에 그다지 구속받지 않는다.	( )	( )
192. 물건을 자주 잃어버리는 편이다.	( )	( )
193. 불만이 생기면 즉시 말해야 한다.	( )	( )
194. 안전한 방법을 고르는 타입이다.	( )	( )
195. 사교성이 많은 사람을 보면 부럽다.	( )	( )
196. 성격이 급한 편이다.	( )	( )
197. 갑자기 중요한 프로젝트가 생기면 혼자서라도 야근할 수 있다.	( )	( )
198. 내 인생에 절대로 포기하는 경우는 없다.	( )	( )
199. 예상하지 못한 일도 해보고 싶다.	( )	( )
200. 평범하고 평온하게 행복한 인생을 살고 싶다.	( )	( )
201. 상사의 부정을 눈감아 줄 수 있다.	( )	( )
202. 자신은 소극적이라고 생각하지 않는다.	( )	( )
203. 이것저것 평하는 것이 싫다.	( )	( )
204. 자신은 꼼꼼한 편이라고 생각한다.	( )	( )
205. 꾸준히 노력하는 것을 잘 하지 못한다.	( )	( )
206. 내일의 계획이 이미 머릿속에 계획되어 있다.	( )	( )
207. 협동성이 있는 사람이 되고 싶다.	( )	( )
208. 동료보다 돋보이고 싶다.	( )	( )
209. 다른 사람 앞에서 이야기를 잘한다.	( )	( )
210. 실행력이 있는 편이다.	( )	( )

YES NO

211. 계획을 세워야만 실천할 수 있다. ( )( )

212. 누구라도 나에게 싫은 소리를 하는 것은 듣기 싫다. ( )( )

213. 생각으로 끝나는 일이 많다. ( )( )

214. 피곤하더라도 웃으며 일하는 편이다. ( )( )

215. 과중한 업무를 할당받으면 포기해버린다. ( )( )

216. 상사가 지시한 일이 부당하면 업무를 하더라도 불만을 토로한다. ( )( )

217. 또래에 비해 보수적이다. ( )( )

218. 자신에게 손해인지 이익인지를 생각하여 결정할 때가 많다. ( )( )

219. 전통적인 방식이 가장 좋은 방식이라고 생각한다. ( )( )

220. 때로는 친구들이 너무 많아 부담스럽다. ( )( )

221. 상식적인 판단을 할 수 있는 타입이라고 생각한다. ( )( )

222. 너무 객관적이라는 평가를 받는다. ( )( )

223. 안정적인 방법보다는 위험성이 높더라도 높은 이익을 추구한다. ( )( )

224. 타인의 아이디어를 도용하여 내 아이디어처럼 꾸민 적이 있다. ( )( )

225. 조직에서 돋보이기 위해 준비하는 것이 있다. ( )( )

226. 선물은 상대방에게 필요한 것을 사줘야 한다. ( )( )

227. 나무보다 숲을 보는 것에 소질이 있다. ( )( )

228. 때때로 자신을 지나치게 비하하기도 한다. ( )( )

229. 조직에서 있는 듯 없는 듯한 존재이다. ( )( )

230. 다른 일을 제쳐두고 한 가지 일에 몰두한 적이 있다. ( )( )

231. 가끔 다음 날 지장이 생길 만큼 술을 마신다. ( )( )

232. 같은 또래보다 개방적이다. ( )( )

233. 사실 돈이면 안 될 것이 없다고 생각한다. ( )( )

234. 능력이 없더라도 공평하고 공적인 상사를 만나고 싶다. ( )( )

235. 사람들이 자신을 비웃는다고 종종 여긴다. ( )( )

236. 내가 먼저 적극적으로 사람들과 관계를 맺는다. ( )( )

237. 모임을 스스로 만들기보다 이끌려가는 것이 편하다. ( )( )

YES NO

238. 몸을 움직이는 것을 좋아하지 않는다. ( )( )

239. 꾸준한 취미를 갖고 있다. ( )( )

240. 때때로 나는 경솔한 편이라고 생각한다. ( )( )

241. 때로는 목표를 세우는 것이 무의미하다고 생각한다. ( )( )

242. 어떠한 일을 시작하는데 많은 시간이 걸린다. ( )( )

243. 초면인 사람과도 바로 친해질 수 있다. ( )( )

244. 일단 행동하고 나서 생각하는 편이다. ( )( )

245. 여러 가지 일 중에서 쉬운 일을 먼저 시작하는 편이다. ( )( )

246. 마무리를 짓지 못해 포기하는 경우가 많다. ( )( )

247. 여행은 계획 없이 떠나는 것을 좋아한다. ( )( )

248. 욕심이 없는 편이라고 생각한다. ( )( )

249. 성급한 결정으로 후회한 적이 있다. ( )( )

250. 많은 사람들과 왁자지껄하게 식사하는 것을 좋아한다. ( )( )

251. 상대방의 잘못을 쉽게 용서하지 못한다. ( )( )

252. 주위 사람이 상처받는 것을 고려해 발언을 자제할 때가 있다. ( )( )

253. 자존심이 강한 편이다. ( )( )

254. 생각 없이 함부로 말하는 사람을 보면 불편하다. ( )( )

255. 다른 사람 앞에 내세울 만한 특기가 서너 개 정도 있다. ( )( )

256. 거짓말을 한 적이 한 번도 없다. ( )( )

257. 경쟁사라도 많은 연봉을 주면 옮길 수 있다. ( )( )

258. 자신은 충분히 신뢰할 만한 사람이라고 생각한다. ( )( )

259. 좋고 싫음이 얼굴에 분명히 드러난다. ( )( )

260. 다른 사람에게 욕을 한 적이 한 번도 없다. ( )( )

261. 친구에게 먼저 연락을 하는 경우가 드물다. ( )( )

262. 밥보다는 빵을 더 좋아한다. ( )( )

263. 누군가에게 쫓기는 꿈을 종종 꾼다. ( )( )

264. 삶은 고난의 연속이라고 생각한다. ( )( )

	YES	NO
265. 쉽게 화를 낸다는 말을 듣는다.	( )	( )
266. 지난 과거를 돌이켜 보면 괴로운 적이 많았다.	( )	( )
267. 토론에서 진 적이 한 번도 없다.	( )	( )
268. 나보다 나이가 많은 사람을 대하는 것이 불편하다.	( )	( )
269. 의심이 많은 편이다.	( )	( )
270. 주변 사람이 자기 험담을 하고 있다고 생각할 때가 있다.	( )	( )
271. 이론만 내세우는 사람이라는 평가를 받는다.	( )	( )
272. 실패보다 성공을 먼저 생각한다.	( )	( )
273. 자신에 대한 자부심이 강한 편이다.	( )	( )
274. 다른 사람들의 장점을 잘 보는 편이다.	( )	( )
275. 주위에 괜찮은 사람이 거의 없다.	( )	( )
276. 법에도 융통성이 필요하다고 생각한다.	( )	( )
277. 쓰레기를 길에 버린 적이 없다.	( )	( )
278. 차가 없으면 빨간 신호라도 횡단보도를 건넌다.	( )	( )
279. 평소 식사를 급하게 하는 편이다.	( )	( )
280. 동료와의 경쟁심으로 불법을 저지른 적이 있다.	( )	( )
281. 자신을 배신한 사람에게는 반드시 복수한다.	( )	( )
282. 몸이 조금이라도 아프면 병원에 가는 편이다.	( )	( )
283. 잘 자는 것보다 잘 먹는 것이 중요하다.	( )	( )
284. 시각보다 청각이 예민한 편이다.	( )	( )
285. 주위 사람들에 비해 생활력이 강하다고 생각한다.	( )	( )
286. 차가운 것보다 뜨거운 것을 좋아한다.	( )	( )
287. 모든 사람은 거짓말을 한다고 생각한다.	( )	( )
288. 조심해서 나쁠 것은 없다.	( )	( )
289. 부모님과 격이 없이 지내는 편이다.	( )	( )
290. 매해 신년 계획을 세우는 편이다.	( )	( )
291. 잘 하는 것보다는 좋아하는 것을 해야 한다고 생각한다.	( )	( )

	YES	NO
292. 오히려 고된 일을 헤쳐 나가는데 자신이 있다.	( )	( )
293. 착한 사람이라는 말을 들을 때가 많다.	( )	( )
294. 업무적인 능력으로 칭찬 받을 때가 자주 있다.	( )	( )
295. 개성적인 사람이라는 말을 자주 듣는다.	( )	( )
296. 누구와도 편하게 대화할 수 있다.	( )	( )
297. 나보다 나이가 많은 사람들하고도 격의 없이 지낸다.	( )	( )
298. 사물의 근원과 배경에 대해 관심이 많다.	( )	( )
299. 쉬는 것보다 일하는 것이 편하다.	( )	( )
300. 계획하는 시간에 직접 행동하는 것이 효율적이다.	( )	( )
301. 높은 수익이 안정보다 중요하다.	( )	( )
302. 지나치게 꼼꼼하게 검토하다가 시기를 놓친 경험이 있다.	( )	( )
303. 이성보다 감성이 풍부하다.	( )	( )
304. 약속한 일을 어기는 경우가 종종 있다.	( )	( )
305. 생각했다고 해서 꼭 행동으로 옮기는 것은 아니다.	( )	( )
306. 목표 달성을 위해서 타인을 이용한 적이 있다.	( )	( )
307. 적은 친구랑 깊게 사귀는 편이다.	( )	( )
308. 경쟁에서 절대로 지고 싶지 않다.	( )	( )
309. 내일해도 되는 일을 오늘 안에 끝내는 편이다.	( )	( )
310. 정확하게 한 가지만 선택해야 하는 결정은 어렵다.	( )	( )
311. 시작하기 전에 정보를 수집하고 계획하는 시간이 더 많다.	( )	( )
312. 복잡하게 오래 생각하기보다 일단 해나가며 수정하는 것이 좋다.	( )	( )
313. 나를 다른 사람과 비교하는 경우가 많다.	( )	( )
314. 개인주의적 성향이 강하여 사적인 시간을 중요하게 생각한다.	( )	( )
315. 논리정연하게 말을 하는 편이다.	( )	( )
316. 어떤 일을 하다 문제에 부딪히면 스스로 해결하는 편이다.	( )	( )
317. 업무나 과제에 대한 끝맺음이 확실하다.	( )	( )
318. 남의 의견에 순종적이며 지시받는 것이 편안하다.	( )	( )

	YES	NO
319. 부지런한 편이다.	( )(	)
320. 뻔한 이야기나 서론이 긴 것을 참기 어렵다.	( )(	)
321. 창의적인 생각을 잘 하지만 실천은 부족하다.	( )(	)
322. 막판에 몰아서 일을 처리하는 경우가 종종 있다.	( )(	)
323. 나는 의견을 말하기에 앞서 신중히 생각하는 편이다.	( )(	)
324. 선입견이 강한 편이다.	( )(	)
325. 돌발적이고 긴급한 상황에서도 쉽게 당황하지 않는다.	( )(	)
326. 새로운 친구를 사귀는 것보다 현재의 친구들을 유지하는 것이 좋다.	( )(	)
327. 글보다 말로 하는 것이 편할 때가 있다.	( )(	)
328. 혼자 조용히 일하는 경우가 능률이 오른다.	( )(	)
329. 불의를 보더라도 참는 편이다.	( )(	)
330. 기회는 쟁취하는 사람의 것이라고 생각한다.	( )(	)
331. 사람을 설득하는 것에 다소 어려움을 겪는다.	( )(	)
332. 착실한 노력의 이야기를 좋아한다.	( )(	)
333. 어떠한 일에도 의욕이 임하는 편이다.	( )(	)
334. 학급에서는 존재가 두드러졌다.	( )(	)
335. 아무것도 생가하지 않을 때가 많다.	( )(	)
336. 스포츠는 하는 것보다는 보는 게 좋다.	( )(	)
337. '좀 더 노력하시오'라는 말을 듣는 편이다.	( )(	)
338. 비가 오지 않으면 우산을 가지고 가지 않는다.	( )(	)

PART

04

정답 및 해설

정답 및 해설

CHAPTER 01 지적능력평가

공간능력

01	02	03	04	05	06	07	08	09	10	11	12	13	14	15	16	17	18	19	20
②	④	③	①	③	③	②	④	①	②	①	③	②	①	③	①	②	④	④	③
21	22	23	24	25	26	27	28	29	30	31	32	33	34	35	36	37	38	39	40
③	②	④	②	③	①	②	①	④	③	③	①	①	②	④	④	④	③	①	②
41	42	43	44	45	46	47	48	49	50	51	52	53	54						
①	①	④	③	④	②	④	③	②	①	②	①	③	②						

01 ②

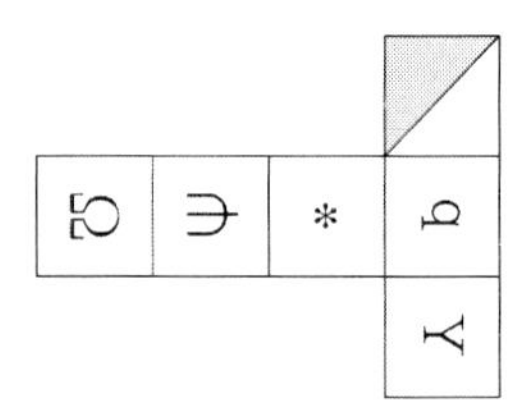

02 ④

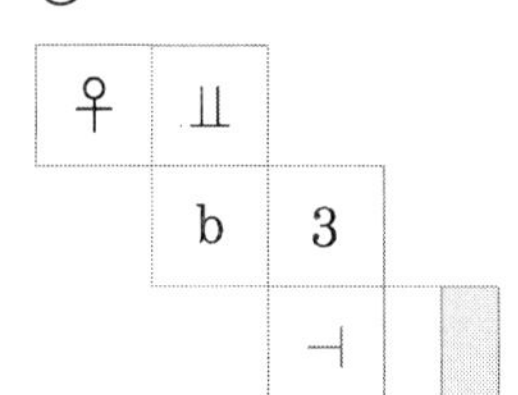

03 ③

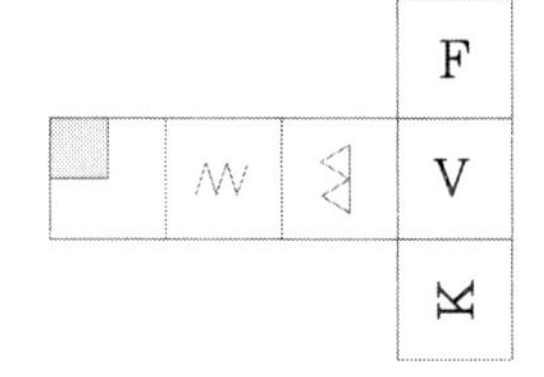

04 ①

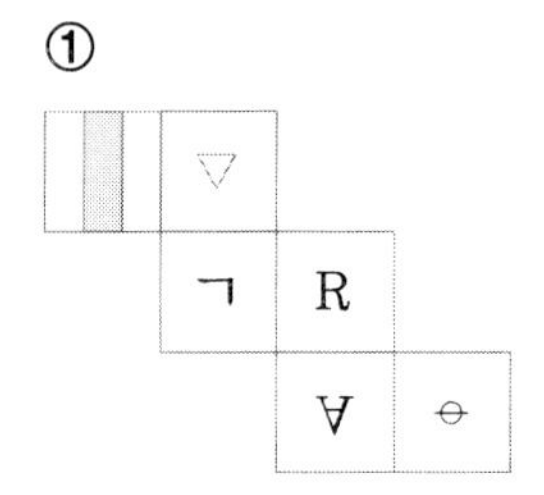

05 ③

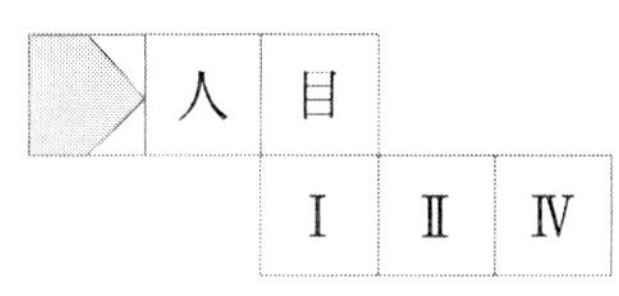

06 ③

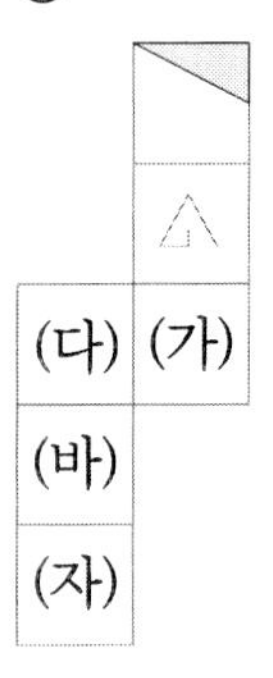

07 ②

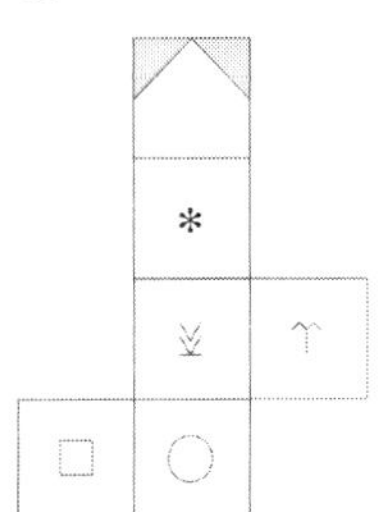

08 ④

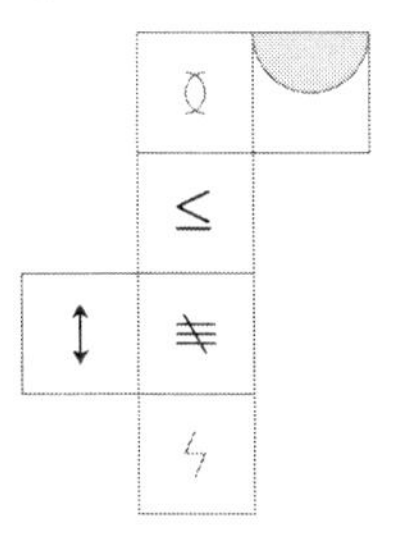

09 ①

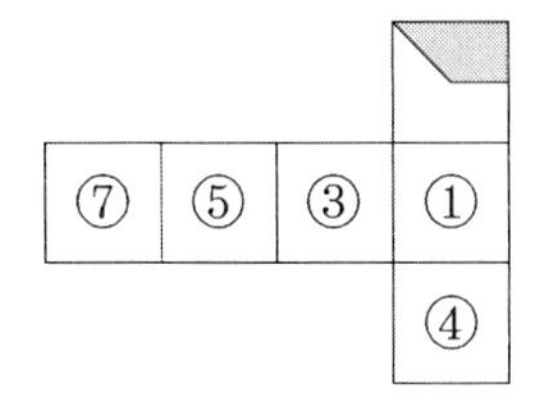

10 ②

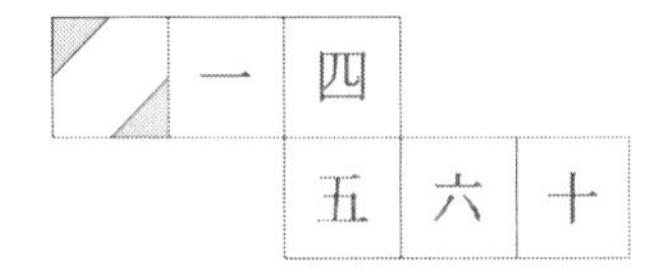

11 ①

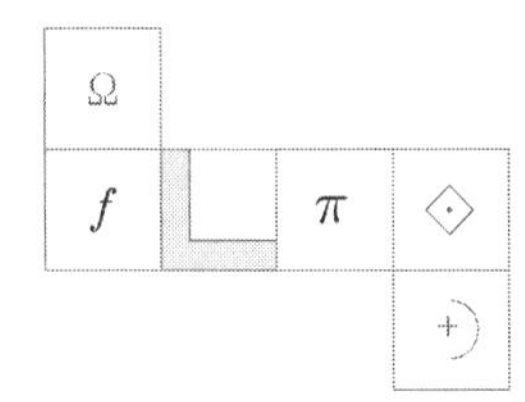

12 ③

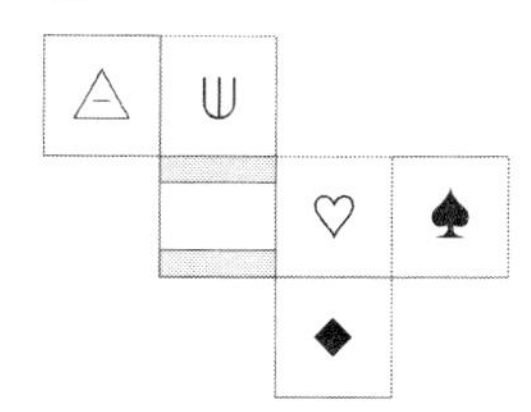

13 ②

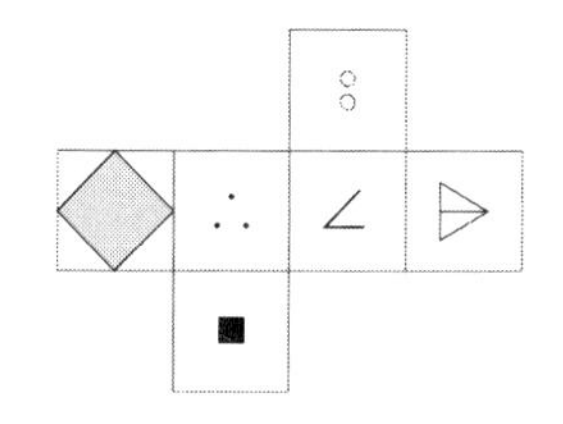

14 ①

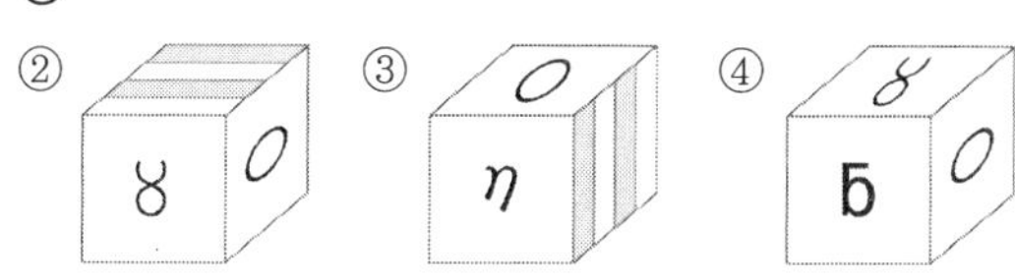

15 ③

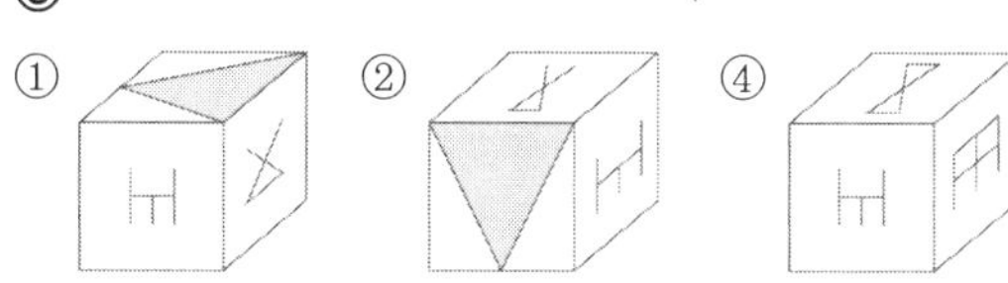

16 ①

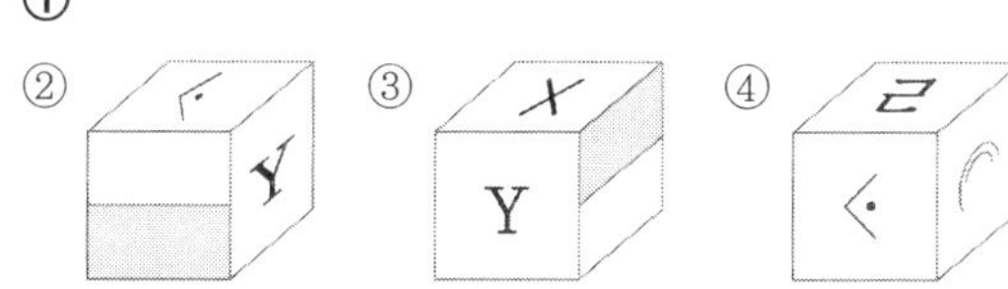

17 ②

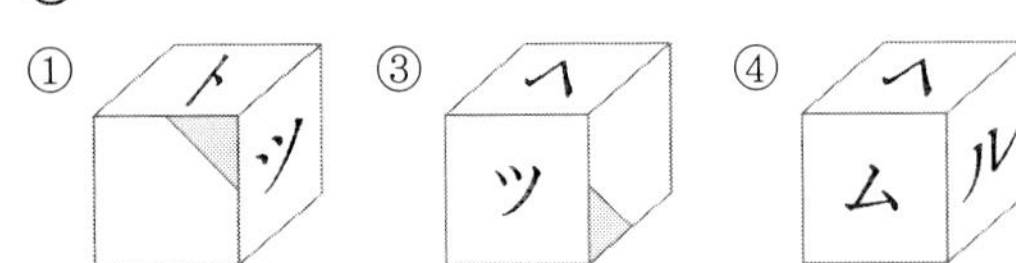

18 ④

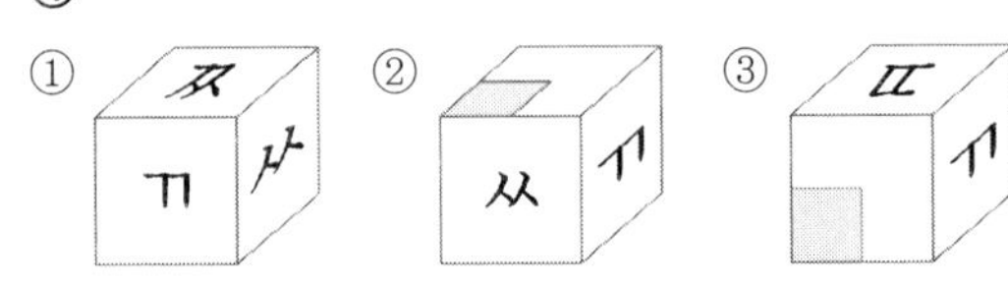

19 ④

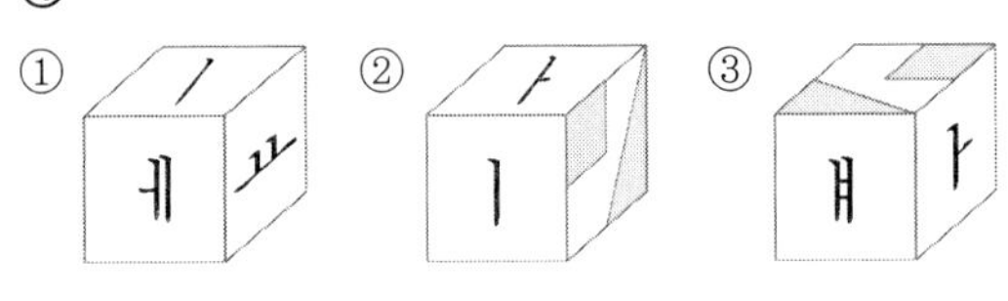

20 ③

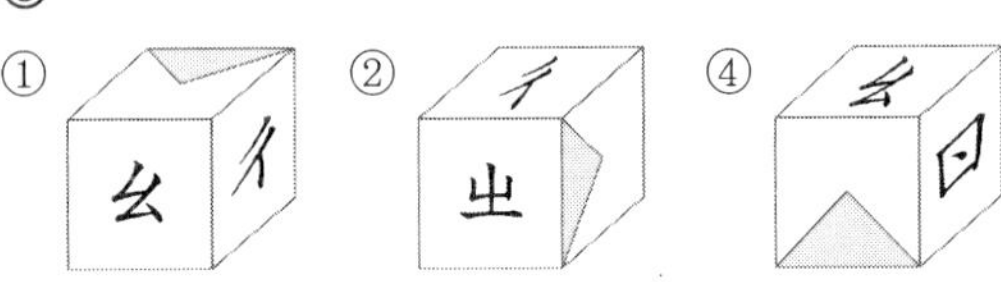

21 ③

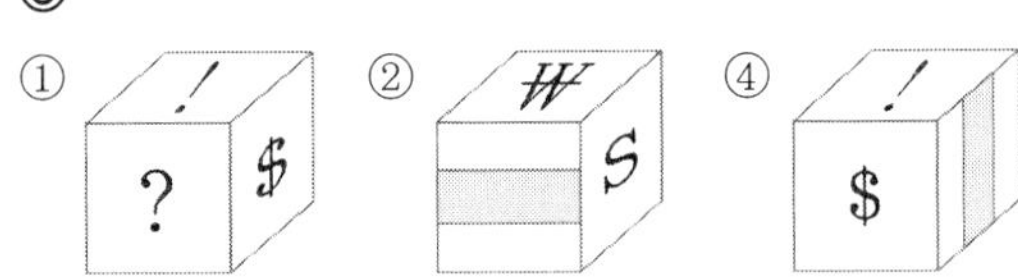

22 ②

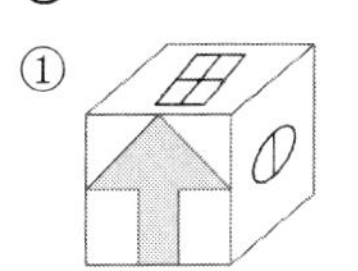 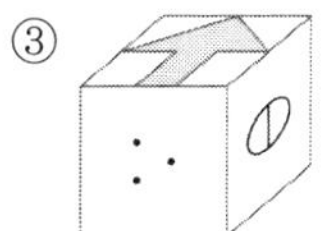 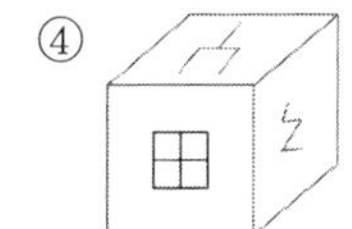

23 ④

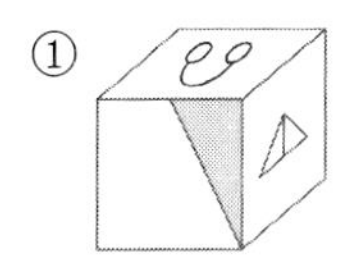 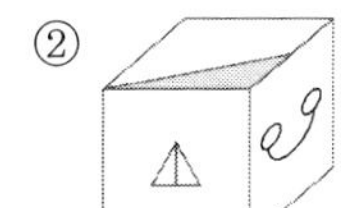 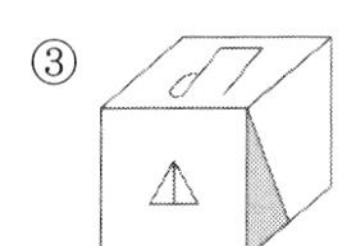

24 ②

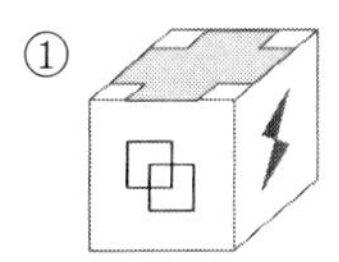 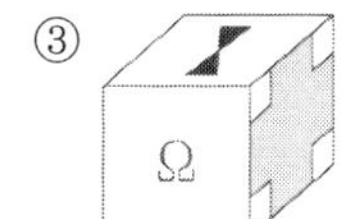 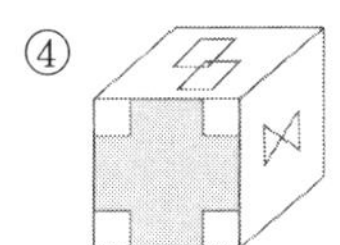

25 ③

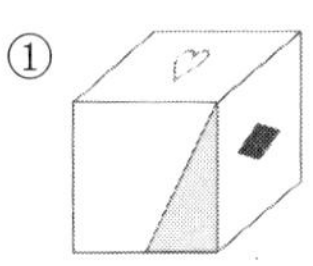 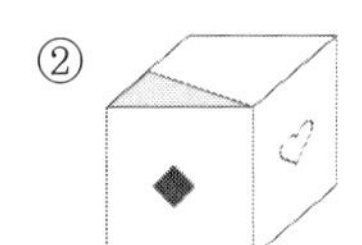 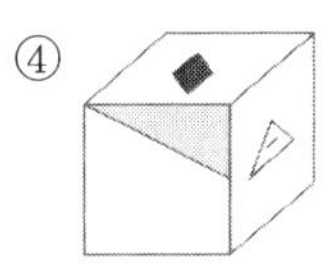

26 ①

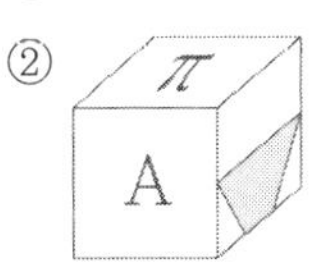 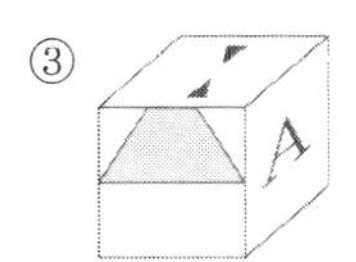 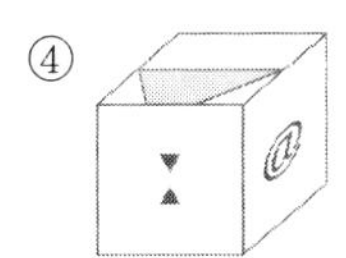

27 ②

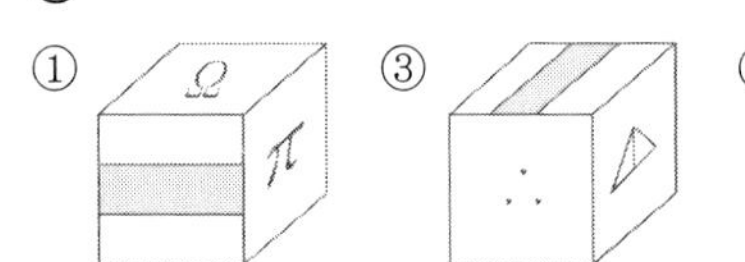

28 ①

1단 : 15개, 2단 : 7개, 3단 : 2개, 4단 : 1개, 5단 : 1개
총 26개

29 ④

1단 : 21개, 2단 : 9개, 3단 : 4개, 4단 : 2개, 5단 : 1개
총 37개

30 ③

1단 : 13개, 2단 : 7개, 3단 : 1개, 4단 : 1개
총 22개

31 ③

1단 : 16개, 2단 : 12개, 3단 : 4개, 4단 : 2개
총 34개

32 ①

1단 : 14개, 2단 : 9개, 3단 : 5개, 4단 : 1개, 5단 : 1개
총 30개

33 ①

1단 : 9개, 2단 : 4개, 3단 : 3개, 4단 : 2개, 5단 : 1개
총 19개

34 ②

1단 : 12개, 2단 : 8개, 3단 : 2개, 4단 : 2개, 5단 : 1개
총 25개

35 ④

1단 : 13개, 2단 : 9개, 3단 : 3개
총 25개

36 ④

1단 : 13개, 2단 : 6개, 3단 : 4개, 4단 : 2개
총 25개

37 ④

1단 : 14개, 2단 : 11개, 3단 : 5개, 4단 : 1개
총 31개

38 ③

1단 : 9개, 2단 : 6개, 3단 : 4개, 4단 : 2개
총 21개

39 ①

1단 : 13개, 2단: : 8개, 3단 : 4개, 4단 : 2개
총 27개

40 ②

1단 : 14개, 2단 : 9개, 3단 : 4개, 4단 : 3개
총 30개

41 ①

1단 : 11개, 2단 : 7개, 3단 : 5개, 4단 : 3개
총 26개

42 ①

화살표 방향을 정면으로 왼쪽에서부터 1열이라고 할 때, 1 - 2 - 2 - 4층으로 보인다.

43 ④

화살표 방향을 정면으로 왼쪽에서부터 1열이라고 할 때, 3 - 2 - 1 - 1 -1층으로 보인다.

44 ③

화살표 방향을 정면으로 왼쪽에서부터 1열이라고 할 때, 1 - 2 - 1 - 1 - 2 - 3층으로 보인다.

45 ④

화살표 방향을 정면으로 왼쪽에서부터 1열이라고 할 때, 4 - 3 - 2 - 2층으로 보인다.

46 ②

화살표 방향을 정면으로 왼쪽에서부터 1열이라고 할 때, 2 - 2 - 3 - 4 - 2층으로 보인다.

47 ④

화살표 방향을 정면으로 왼쪽에서부터 1열이라고 할 때, 1 - 2 - 3 - 1 - 4층으로 보인다.

48 ③

화살표 방향을 정면으로 왼쪽에서부터 1열이라고 할 때, 5 - 2 - 2 - 1 - 3 - 1층으로 보인다.

49 ②

화살표 방향을 정면으로 왼쪽에서부터 1열이라고 할 때, 3 - 2 - 2 - 1 - 3층으로 보인다.

50 ①

화살표 방향을 정면으로 왼쪽에서부터 1열이라고 할 때, 2 - 2 - 3 - 3층으로 보인다.

51 ②

화살표 방향을 정면으로 왼쪽에서부터 1열이라고 할 때, 3 - 1 - 2 - 2 - 3층으로 보인다.

52 ①

화살표 방향을 정면으로 왼쪽에서부터 1열이라고 할 때, 3 - 2 - 1 - 3층으로 보인다.

53 ③

화살표 방향을 정면으로 왼쪽에서부터 1열이라고 할 때, 4 - 2 - 3 - 1층으로 보인다.

54 ②

화살표 방향을 정면으로 왼쪽에서부터 1열이라고 할 때, 3 - 3 - 2 - 4 - 4층으로 보인다.

지각속도

01	02	03	04	05	06	07	08	09	10	11	12	13	14	15	16	17	18	19	20
①	①	②	①	①	①	①	②	②	②	②	②	②	②	②	①	②	①	①	①
21	22	23	24	25	26	27	28	29	30	31	32	33	34	35	36	37	38	39	40
②	②	②	②	②	①	①	②	①	②	①	①	①	②	②	②	④	③	①	③
41	42	43	44	45	46	47	48	49	50	51	52	53	54	55	56	57	58	59	60
①	①	③	②	①	②	②	④	③	②	④	③	③	①	②	②	①	③	①	④
61	62	63	64	65	66	67	68	69	70	71	72	73	74	75	76	77	78	79	80
③	③	①	②	②	②	①	④	①	③	①	④	③	①	②	③	①	②	④	③

01 ①

c = 加, R = 無, 11 = 德, 6 = 武, 3 = 下

02 ①

1 = 韓, 21 = 老, 5 = 有, 3 = 下, Z = 體

03 ②

6 R 21 c 8 − 武 無 **老** **加** 上

04 ①

A = 예, P = 높, W = 특, G = 표, J = 활

05 ①

D = 약, S = 도, D = 약, O = 글, Q = 유

06 ①

F = 해, G = 표, J = 활, A = 예, S = 도

07 ①

$2 = x^2$, $0 = z^2$, $9 = l^2$, $5 = k$, $4 = z$

---

08 ②

3 7 4 6 1 − $\underline{k^2}$ l z x y^2

---

09 ②

8 1 5 2 0 − y y^2 k $\underline{x^2}$ z^2

---

10 ②

강 서 이 김 진 − Ⅷ Ⅱ **X** Ⅰ Ⅸ

---

11 ②

박 윤 도 신 표 − Ⅵ Ⅲ Ⅻ Ⅳ **Ⅴ**

---

12 ②

신 이 서 강 윤 − Ⅳ Ⅹ Ⅱ **Ⅷ Ⅲ**

---

13 ②

a 2 j p 1 − 울 둘 줄 **률** 툴

---

14 ②

5 3 k q 7 − 술 **물 굴** 쿨 불

15 ②

1 j k p 3 － 툴 줄 **굴** 룰 **물**

16 ①

전 라 도 광 주 － g b f e a

17 ②

도 전 바 주 라 － f g **h** a b

18 ①

전 화 도 아 주 － g d f c a

19 ①

G Q W W E O C P － 8 7 1 1 2 5 4 3

20 ①

S O S P Q E W C G － 6 5 6 3 7 2 1 4 8

21 ②

C O P W O G P Q S － 4 5 3 **1 5** 8 3 7 6

22 ②

오 팀 플 랜 던 － 2 h **T** F 4

23 ②

템 룻 전 토 덤 − 1 **3** k 0 j

---

24 ②

전 오 랜 덤 팀 − k 2 F j **h**

---

25 ②

행 보 병 참 급 − ◑ ♥ ◎ △ ♧

---

26 ①

군 = ○, 통 = ▽, 정 = ◈, 군 = ○, 부 = ★

---

27 ①

병 = ◎, 정 = ◈, 행= ◑, 신 = ▶, 보 = ♥

---

28 ②

ㅍ ㅚ ㄴ ㅇ ㅕ − k m ♓ **s** ✖

---

29 ①

ㅜ = †, ㅟ = ✚, ㅋ = t, ㅟ = ✚, ㅕ = ✖

---

30 ②

ㅋ ㅛ ㄴ ㅛ ㅗ − t e ♓ **e** ✕

31 ①

$ = (가), ₱ = (나), ₤ = (다), ฿ = (라), ₦ = (마)

32 ①

₮ = (바), ₯ = (사), ₪ = (아), ¥ = (자), ₩ = (차)

33 ①

¤ = (카), ₣ = (타), $ = (가), ₤ = (다), ₦ = (마)

34 ②

₱ = (나), ฿ = (라), ₯ = (사), ¥ = (자), **¤ = (카)**

35 ②

₣ = (타), ¤ = (카), ₩ = (차), **¥ = (자)**, ₪ = (아)

36 ②

아**름**다운 이 땅에 금수강산에 단군 **할**아버지

37 ④

0319**2**3**2**0513578101**2**53199**2**5900

38 ③

♤♠♡♥♧♣♧♥♡♠♤♠♥♣♧♥♡♠♤

39 ①

木花春風南美北西冬木日**火**水金

40 ③

욕망에 따른 행위는 모두 자발**적**인 **것**이다.

41 ①

☺◆↗⊙♡☆▽◁♧◑†♬♪▣**♣**

42 ①

ㅸ ㅹ ㅺㅫㅪㄽㅨㅦ**ㅉ**ㅻ ㅷ ㅳ ㅰ ㅱ

43 ③

97**88**962**8**5014**8**59725**8**65157**8**05

44 ②

ΣШβ Ψ**Ξ**ԿϮϬЪϑπ τ φ λ μ ξ ήΟ**Ξ**ΜΫ

45 ①

오른쪽에 α는 없다.

46 ②

역사를 기**억**하고 기록하느냐에 따라 **의**미**와** 깊**이**가 변할 수 **있**다

47 ②

₠₡₢₣₤₥₦₧₨**₩**₪₫€₭₮₯₰₱

---

48 ④

머루나비**먹**이**무**리**만**두**먼**지**미**리**메**리나루**무림**

---

49 ③

GcAshH7**4**8vdafo25W6**4**1981

---

50 ②

걆겮걺게겗겖겔겕겆겍겡겚겥겍**괄**걥

---

51 ④

軍事法院**은** 戒嚴法**에** 따른 裁判權**을** 가진다.

---

52 ③

ゆよ**る**らろくぎつであぱ**る**れわゐを

---

53 ③

④❾**②**⑧⑥⑤①7❶⑨❺843❼**②**

---

54 ①

≦≇≍≢≏≁≄≕≗≙≑**≒**≲

55 ②

∪∬∈∄∌∑∀∩∯≮∓∗∌∈△

---

56 ②

%#@&!&@*%#^!@$^~+−₩

---

57 ①

오른쪽에 $\frac{3}{2}$이 없다.

---

58 ③

𝄞♪𝅘𝅥𝅲♪𝅘𝅥𝅯♫♬𝅘𝅥𝅯𝅗𝅥𝅘𝅥𝅯♬♩.♪𝄢♫

---

59 ①

the뭉크韓中日rock서**를**bus피카소%3986as5$₩

---

60 ④

dbrrn**s**gorn**s**rhdrn**s**qntkrhk**s**

---

61 ③

강**물**, 추위, 햇빛 따위가 어떤 대상에 **미**치지 **못**하게 하다.

---

62 ③

My head wa**s** **s**pinning from an exce**ss** of plea**s**ure.

63 ①

Listen to the song here in my he**a**rt

64 ②

100594786**2**89486**2**498**2**49**2**314867

65 ②

一三車軍**東**海善美參三社會**東**

66 ②

67 ①

68 ④

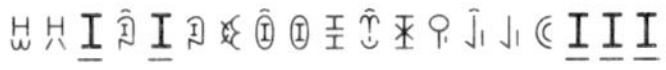

69 ①

70 ③

71 ①

72 ④

[illegible]

---

73 ③

[illegible]

---

74 ①

[illegible]

---

75 ②

[illegible]

---

76 ③

ㄅㄗㄐㄓㄓㄍㄝㄝㄛㄨㄓㄚㄧㄨㄇㄫ

---

77 ①

ク ス ト シ ホ ハ ヒ ス ト ヌ ハ ヒ フ フ ラ ム ル

---

78 ②

□ □ □ □ □ □ □ □ □ □ □ □ □ □ □

---

79 ④

☹☺♉☯☼☺😐☺✆☢♉☯😐☹😐😐♉☯

---

80 ③

🕐🕑🕒🕓🕗🕕🕘🕔🕖🕕🕗🕘🕕🕙🕚

언어논리

01	02	03	04	05	06	07	08	09	10	11	12	13	14	15	16	17	18	19	20
⑤	④	①	④	④	①	②	③	②	④	⑤	③	③	④	⑤	④	④	②	①	③
21	22	23	24	25	26	27	28	29	30	31	32	33	34	35	36	37	38	39	40
③	②	②	③	②	②	④	③	②	④	④	②	③	②	①	③	⑤	②	③	②
41	42	43	44	45	46	47	48	49	50	51	52	53	54	55	56	57	58	59	60
③	③	②	②	①	②	①	②	③	③	④	③	⑤	⑤	③	①	④	②	③	②
61	62	63	64	65	66	67	68	69	70	71	72	73	74	75					
②	④	④	③	④	③	①	①	⑤	①	④	①	③	②	③					

01 ⑤

⑤ 어떤 재화나 용역을 일정한 가격으로 사려고 하는 욕구
① 간결하게 추려 낸 주요 내용
② 필요로 하거나 요구되는 바
③ 조용하고 잠잠한 상태
④ 어떤 체제나 상황 따위가 혼란스럽고 술렁임

02 ④

④ 열심히 하려는 마음이 없고 게으름
① 이름과 늦음을 아울러 이르는 말
② 스스로 흡족하게 여김
③ 태도나 행동이 건방지거나 거만함 또는 그 태도나 행동
⑤ 남을 속여 넘김

03 ①

① 징계 절차를 거쳐 임면권자의 일방적 의사에 의하여 공무원 관계를 소멸시키거나 관직을 박탈하는 행정 처분
② 여러 번 보아서 낯이 익은 사람
③ 죄를 용서하여 형벌을 면제함
④ 겨울이 되면 동물이 활동을 중단하고 땅속 따위에서 겨울을 보내는 일
⑤ 예전부터 알고 있는 처지. 또는 그런 사람

04 ④

④ 훈련을 거듭하여 쌓음
① 가엾고 불쌍함
② 터무니없는 고집을 부릴 정도로 매우 어리석고 둔함
③ 간절히 생각하며 그리워함
⑤ 의지나 사람됨을 시험하여 봄

05 ④

④ 다른 사람의 이익이나 어떤 목적을 위하여 목숨, 재산, 명예, 이익 따위를 빼앗긴 사람을 비유적으로 이르는 말
① 우두머리가 되어 어떤 일이나 음모 따위를 꾸미는 사람
② 어떤 일을 꾀하여 일으킨 바로 그 사람
③ 어떤 일이나 사건에 직접 관계가 있거나 관계한 사람
⑤ 행사나 모임을 주장하여 여는 개인이나 단체

06 ①

① 가치, 능력, 역량 따위를 알아볼 수 있는 기준이 되는 기회나 사물을 비유적으로 이르는 말
② 어떤 것에 대한 대가로 더 주는 점수
③ 심하게 맞거나 지쳐서 녹초가 된 상태
④ 출병할 때에 그 뜻을 적어서 임금에게 올리던 글
⑤ 하늘의 뜻을 앎. 또는 쉰 살을 달리 이르는 말

07 ②

② 재물이 계속 나오는 설화상의 보물단지
① 말이나 소가 하여야 할 만큼 힘들고 천한 일
③ 옷감이나 재목 따위를 치수에 맞도록 재거나 자르는 일
④ 늙었지만 의욕이나 기력은 점점 좋아짐. 또는 그런 상태.
⑤ 못난 사람이나 사물 또는 언짢은 일을 비유적으로 이르는 말

08 ③

③ 어렵고 고된 일이나 생활에서 벗어날 수 없는 형편
① 손쉽게 많은 이익을 얻을 수 있는 일감을 비유적으로 이르는 말
② 덧없는 세상일을 비유적으로 이르는 말
④ 물가나 시세 따위가 오르는 형세
⑤ 조화되지 아니하는 어설픈 느낌

09 ②

③ 일부러 애써
① 어떠한 일이 있더라도 반드시
② 마땅히 머뭇거리거나 두려워할 상황에서 태도나 기색이 아무렇지도 않은 듯이 예사롭게
④ 드디어 마지막에는
⑤ 전체로 보아서. 또는 일반적으로

10 ④

④ 돈이나 물건이 들고 나고 하는 것을 기록하는 책
① 죽이고 살릴 사람의 이름을 적어 둔 명부
② 공사 따위에서 일정한 순서를 적은 문서
③ 어떤 사실을 기록한 글
⑤ 원본을 본떠서 베낀 책

11 ⑤

㉤에서 '독점해야 한다'는 앞 문장에 있는 정보보호의 특징과 반대되므로 내용의 흐름상 맞지 않는 문장이다.

12 ③

제시된 글은 기업이 상위 고객을 대상으로 고급 서비스를 제공하는 마케팅에 대한 우려와 함께, 최근 비용 부담으로 인해 서비스를 중단하는 사례를 들고 있다. 따라서 ㉢은 글의 흐름상 통일성을 저해한다.

13 ③

제시된 글은 유전자의 자기 보존 본능으로 모든 것이 결정된다는 도킨스의 주장에 대한 설명으로, 환경의 영향을 역설하는 ㉢은 그 흐름에 맞지 않다.

14 ④

제시된 글은 수학적 문제 해결을 위한 언어적 능력의 필요성에 대해 언급하고 있다. ㉣은 글의 내용과 관련이 없는 문장이다.

15 ⑤

제시된 글은 아이가 가족 구성원과의 접촉을 통해 사회화되어 가는 내용에 대해 언급하고 있다. ㉤은 글의 내용과 관련 없는 문장으로 통일성을 해친다.

16 ④

제시된 글은 사람들이 역동적인 활동을 즐기면서 휴가를 보내는 추세에 따라 모험 여행이나 익스트림 스포츠 관련 관광 상품이 증가하고 있다고 언급하고 있다. ㉣은 이러한 글의 내용과 관련 없는 문장이다.

17 ④

제시된 글은 인구 노령화, 기술 발전 등에 따라 변하게 될 다음 세기 직업의 우위 및 일자리 양상 등에 대해 논하고 있다. 따라서 전통적인 유형의 직업을 선호한다고 한 ㉣은 글의 흐름상 맞지 않다.

18 ②

① 씀씀이가 넉넉함
② 소유 · 권력의 범위
③ 사람의 팔목에 달린 손가락과 손바닥이 있는 부분
④ 일손
⑤ 다른 곳에서 찾아온 사람

19 ①

① 서로 마주 보게 되다.
② 비, 눈, 바람 등을 맞게 되다.
③ 관계를 맺다.
④ 산, 강, 길 등이 서로 엇갈리거나 맞닿다.
⑤ 어떤 사실이나 사물을 눈앞에 대하다.

20 ③

'상대편의 작전을 읽다.'에서 '읽다'는 '표현이나 행위 따위를 보고 뜻이나 마음을 알아차리다.'의 의미로 사용된 것이다.
①⑤ 글을 보고 거기에 담긴 뜻을 헤아려 알다.
② 그림이나 소리 따위가 전하는 내용이나 뜻을 헤아려 알다.
③ 사람의 표현이나 행위 따위를 보고 뜻이나 마음을 알아차리다.

21 ③

① 화자가 기대하는 마지막 선을 나타내는 보조사로 쓰였다.
② ('하다', '못하다'와 함께 쓰여) 앞말이 나타내는 대상이나 내용 정도에 달함을 나타내는 보조사로 쓰였다.
③ ('-어도, -으면'의 앞에 쓰여) 어떤 것이 이루어지거나 어떤 상태가 되기 위한 조건을 나타내는 보조사로 쓰였다.
④ 동안이 얼마간 계속되었음을 나타내는 말로 쓰였다.
⑤ 앞말이 뜻하는 동작이나 행동에 타당한 이유가 있음을 나타낸다.

22 ②

① 인맥이 넓음을 뜻한다.
② 가늘게 쪼갠 대오리나 갈대 같은 것으로 엮어 무엇을 가리는데 쓰는 물건을 의미한다.
③ 어떤 자리에 드나들거나 어떤 일에 몸담음을 의미한다.
④ 몸을 움직일 수 없거나 활동할 수 없는 형편이 됨을 의미한다.
⑤ 사람이나 동물의 다리 맨 끝 부분을 의미한다.

23 ②

① '꾸지람, 욕 등을 듣다'의 뜻으로 쓰였다.
② '귀나 코가 막혀 제 기능을 못하다'의 뜻으로 쓰였다.
③ '어떤 마음 · 감정을 품다'의 뜻으로 쓰였다.
④ '물 · 습기를 빨아들이다'의 뜻으로 쓰였다.
⑤ '구기 경기에서, 점수를 잃다'의 뜻으로 쓰였다.

24 ③

① 주먹으로 얼굴을 **치다**.
② 그는 삐걱거리는 의자에 못을 **쳐서** 고정시켰다.
④ 그는 강 건너편까지 헤엄을 **쳐서** 갔다.
⑤ 몸서리 **치다**.

25 ②

① 물을 한 모금 입에 **물다**.
③ 그는 돈 많은 사장 딸을 **물었다**.
④ **물어도** 준치 썩어도 생치.
⑤ 아기가 젖병을 **물다**.

26 ②

① 오늘 점심에는 감자를 **쪄서** 먹자.
③ 오랜만에 본 그는 살이 너무 **쪄서** 알아볼 수 없을 정도였다.
④ 할머니는 새 각시처럼 곱게 머리 빗어 쪽을 **찌고** 있었다.
⑤ 송편을 찔 솔잎은 어제 도가가 안골로 들어가서 청솔가지를 한 짐 **쪄** 왔다.

27 ④

① 허위적허위적 → 허우적허우적
② 괴팍하다 → 괴팍하다
③ 미류나무 → 미루나무
⑤ 닐리리 → 늴리리

28 ③

문장의 의미상 '반드시, 꼭, 틀림없이'의 의미를 갖는 '기어이'가 들어가야 한다.

29 ②

앞 문장에서는 표준어는 국가나 공공 기관에서 공식적으로 사용해야 하므로 표준어가 공용어이기도 하다는 것을 말하고 있고, 뒷 문장에서는 표준어가 어느 나라에서나 공용어로 사용되는 것은 아님을 말하고 있으므로 앞 뒤 문장의 내용이 상반된다. 따라서 상반되는 내용을 이어주는 접속어 '그러나'가 들어가야 한다.

30 ④

뒷 문장은 앞 문장의 내용에 대한 부정과 반박에 해당한다.

31 ④

제시된 지문은 김연아 · 장미란 · 이상화 단 세 명의 예를 통해 대한민국 여성들을 모두 일반화시키는 성급한 일반화의 오류를 범하고 있다.

① 군중에의 호소
② 합성의 오류
③ 의도확대의 오류
④ 성급한 일반화의 오류
⑤ 인신공격의 오류

32 ②

분명하게 드러내 보임이라는 뜻의 '명시'와 상반된 의미의 단어는 뜻하는 바를 간접적으로 나타내 보인다는 '암시'이다.

33 ③

전 문장을 통해 다음 문장은 동물과 식물의 세포 구조의 차이점에 대한 설명임을 알 수 있다. 따라서 동물과 식물 세포 구조의 차이점을 나타내는 ③이 들어가야 한다.

34 ②

같은 전기적 힘을 받는 조건 하에서 이온은 질량에 따라 이동 속도가 달라지기 때문에 검출판에 도달한 이온들을 통해 각 이온의 질량을 구할 수 있다.

35 ①

글의 첫 문장을 보면 '인간이 언어를 통해 사물을 인지한다고 말한다.'고 나타나 있고, 이에 대한 예시로 이어진다.
따라서 '언어와 인지'가 적절한 답이 될 수 있다.

36 ③

주어진 문장은 '정보화 사회의 그릇된 태도'에 대한 내용으로, 앞에서 제기한 문제에 대해서 본격적으로 해명하는 단계를 나타낸다. 따라서 앞에는 현상의 문제점을 제시하여 화제에 대한 도입이 이루어지는 내용이 나와야 하고, 다음에는 '올바른 개념이나 인식촉구'가 드러나는 내용이 이어져야 하므로 ㈐의 위치가 가장 알맞다.

37 ⑤

이 글은 오래된 물건의 가치를 단순히 기능적 편리함 등의 실용적인 면에 두지 않고 그것을 사용해온 시간, 그 동안의 추억 등에 두고 있으며 그렇기 때문에 오래된 물건이 아름답다고 하였다.

38 ②

①③④⑤는 지문에서 확인할 수 있으나 ②는 지문을 통해 알 수 없는 내용이다.

39 ③

③ 뒤의 문장에서 '하지만~수단 역할을 하는 데 있다.'라는 말이 나오기 때문에 앞의 문장은 동물의 수단과 관계된 말이 와야 옳다.

40 ②

② 과학은 두 가지 얼굴이 있는데, 어떤 '특정한' 얼굴을 하고 있지 않다고 하므로, 과학의 얼굴은 우리가 만들어 간다는 결론이 오는 것이 적절하다.

41 ③

미봉'은 빈 구석이나 잘못된 것을 그때마다 임시변통으로 이리저리 주선해서 꾸며 댐을 의미한다. 필요에 따라 그 때 그 때 정해 일을 쉽고 편리하게 치를 수 있는 수단을 의미하는 ③이 정답이다.

① 말이나 글을 쓰지 않고 마음에서 마음으로 전한다는 말로, 곧 마음으로 이치를 깨닫게 한다는 의미이다.

② 눈을 비비고 다시 본다는 뜻으로 남의 학식이나 재주가 생각보다 부쩍 진보한 것을 이르는 말이다.

④ 주의가 두루 미쳐 자세하고 빈틈이 없음을 일컫는다.

⑤ 푸른 산에 흐르는 맑은 물이라는 뜻으로, 막힘없이 썩 잘하는 말을 비유적으로 이르는 말이다.

42 ③

③ 역사적 사실이란 역사가가 이를 창조하기까지는 존재하지 않는다.

43 ②

- ㉠의 앞 문장 : 역사는 현재의 상황 속에서 역사가의 이상에 따라 해석된 과거이다.
- ㉠의 뒷 문장 : 과거는 역사가가 이해할 수 없는 한 그에게 있어서는 무의미한 것이다.

그러므로 이어질 수 있는 의미인 '따라서'가 들어가야 한다.

44 ②

위 글에서 '모든 역사는 사상의 역사'라는 것이며 또한 '역사는 역사가가 자신이 연구하고 있는 사람들의 이상을 자신의 마음속에 재현한 것'이라는 것으로 보고 있으므로 ②가 적절하다.

45 ①

마지막 문장의 '어느 한 종이 없어지더라도 전체 계에서는 균형을 이루게 된다.'로부터 ①을 유추할 수 있다.

② 생태계는 '인위적' 단위가 아니다.

③ 생태계의 규모가 작을수록 대체할 종이 희박해지므로 희귀종의 중요성이 커진다.
④ 지문은 생산자, 소비자, 분해자가 서로 대체할 수 없는 구별되는 생물종이라는 전제 하에서 논의를 진행하고 있다.
⑤ 지문에서 유추할 수 있는 내용이 아니다.

46 ②

② 원형감옥 안에서는 감시자는 죄수를 볼 수 있지만 죄수는 감시자를 살필 수 있다. 이로 인하여 죄수는 비록 보이지 않지만 지속적인 감시를 받고 있다는 생각이 들게 되므로 자기 자신을 스스로 통제하게 되는 것이 원형감옥의 가장 중요한 점이다.

47 ①

제시된 글은 영어 공용화에 대한 부정적인 입장이므로 반론은 영어 공용화에 대한 긍정적인 입장에서 근거를 제시해야 한다. ①은 영어 공용화에 대한 부정적인 입장이다.

48 ②

② 필요로 하는 정보를 제공하지는 않는다는 점에서 인간과 동물에게 공통적으로 적용되지 않는다.

49 ③

(나)가 수신자에게 요구하는 내용이 구체적이지 못하므로 설득 효과가 낮다.

50 ③

모르는 사람들은 서로에 대한 완벽한 정보를 가지고 있지 않지만 최소한 상대가 나를 위협하거나 침해하지는 않을 것이라는 규범적 기대를 하면서 서로 이 기대를 어기지 않도록 도덕적 의무를 실천한다.

51 ④

① 기체의 용해도는 용매의 온도가 상승함에 따라 감소하므로 병 안의 온도가 높아지면 용해도가 감소하게 된다.

② 기체의 용해도는 용매의 온도가 상승함에 따라 감소하므로 병 안의 온도가 낮아지면 용해도는 증가하게 된다.

③ 기체의 용해도는 일정한 온도에서 압력에 비례하므로 병 안의 압력이 높아지면 용해도가 증가하나 병 마개를 한 번 열게 되면 탄산의 톡 쏘는 맛이 점차 사라지게 되므로 이산화탄소가 음료 안으로 녹아드는 것이 아니라 음료 밖으로 날아가는 상황이라고 볼 수 있다.

⑤ 기체의 용해도는 압력에 비례하고 용액의 온도가 상승함에 따라 감소하므로 병 안의 압력이 낮아지면 용해도가 감소하는 것은 맞지만 병 안의 온도가 낮아지면 용해도는 증가한다.

52 ③

① 3문단 첫째 줄 ② 2문단 ④ 3문단 ⑤ 1문단

53 ⑤

① 문단의 앞부분에서 문화의 타고난 성품이 기원, 설명, 믿음임을 알 수 있다.

② 마지막 부분에서 신화는 단지 신화일 뿐 역사나 학문, 종교, 예술자체일 수는 없다고 말하고 있다.

③④ 신화는 역사, 학문, 종교, 예술과 모두 관련이 있다.

54 ⑤

⑤ 조선 후기의 사회 변화가 국가 전체 문화 동향을 서서히 바꿨다고 말하고 있다.

55 ③

글쓴이는 자신의 주변에서 경험하고 있는 문제적 상황을 해결하기 위해 의도한 것으로 볼 수 있다.

56 ①

사람들은 고급문화가 오랫동안 사랑을 받는 것이고, 대중문화는 일시적인 유행에 그친다고 생각하고 있다.'라는 말의 바로 뒤에 '모차르트의 음악은 지금껏 연주되고 있지만 비슷한 시기에 활동했고 당대에는 비슷한 평가를 받았던 살리에리의 음악은 현재 아무도 연주하지 않는다.'는 말로 미뤄보아 이러한 판단이 옳지만은 않다는 이야기가 들어와야 한다. 따라서 ㉠문장 앞에 들어가야 적절한 배열이 된다.

57 ④

① 비틀즈의 음악은 대중문화다.
② 고급음악을 했던 인물이다.
③ 고급문화로 인정해야 한다는 것은 제시되지 않았다.
⑤ 비슷한 시기에 활동했던 살리에리의 음악은 현재 아무도 연주하지 않으며 그렇게 사라진 예술가가 한둘이 아닐 것이라고 예상하고 있다.

58 ②

② 교수라면 학문을 연구하고 그 결과에 대한 논문을 작성하는 것이 당연하나, 교수이긴 하지만 학자가 아닌 사람들에게는 어쩔 수 없이 해야 하는 것이라는 뜻으로 쓰이고 있다.

59 ③

제시된 글에서 ㈏는 학문에서 진리를 탐구하는 행위는 논리로 이루어진다고 말하면서 논리의 중요성을 강조하고 있다. 그러면서 ㈑를 통해 논리에 대한 의심이 생길 수 있으나 학문은 논리를 신뢰하는 이들이 하는 행위라고 이야기하고 있다. 이러한 논리에 대한 믿음은 ㈎에서 더욱 강조되고 있다. 마지막으로 ㈐에서는 학문하는 척 하면서 논리를 무시하는 일부의 교수들을 막아야 한다고 주장하고 있다.

60 ②

정신과 신체를 서로 다른 것이 아니라 하나로 보았다는 내용에서 정신과 신체의 관계는 확인할 수 있으나 유래는 확인할 수 없으므로 정답은 ②이다.

61 ②

스피노자는 사물이 다른 사물과 어떤 관계를 맺느냐에 따라 선이 되기도 하고 악이 되기도 한다고 말했다. 그렇기 때문에 선악은 사물 자체가 지닌 성질로 볼 수 없다.

62 ④

그것'은 앞에 제시된 순환형 사회기본법, 폐기물처리법, 자원유효이용촉진법을 가리킨다.

63 ④

윗글은 폐기물에 대한 일본의 법 체계(서론), 문제점은 늘어났지만, 상황은 나아지지 않고 있으며(본론), 생산자의 재생 이용에 관한 이념을 법의 기본에 놓는 것이 적절하다(결론)는 내용이다.

64 ③

① 매워 울면서도 어쩔 수 없이 겨자를 먹는다는 것으로 싫은 일을 억지로 마지못하여 함을 의미한다.
② 윷놀이에서 맨 처음에 모가 나오면 그 판은 실속이 없다는 뜻으로 상대방의 첫 모쯤은 문제되지 않는다는 의미이다.
③ 지각없이 굴던 사람이 정신을 차려 일을 잘할만하니 망령이 들어 일을 그르친다는 것으로 무슨 일이든 때를 놓치지 말고 제때에 힘쓰라는 의미이다.
④ 시작을 했으면 끝까지 최선을 다해야 한다는 의미이다.
⑤ 헤치려는 마음을 가지고 있으면서, 겉으로는 생각해주는 척하는 것을 의미한다.

65 ④

④ 일부는 불평을 하나 일부는 불평하지 않는다는 말에 따라 찬반 주장이 있을 수 있는 것이 적절하다. 온실효과의 경우 그 주가 되는 대기오염은 산업발전 과정에서 화석연료를 사용함으로써 야기된다. 이에 따라 선진국과 후진국에서의 입장 차이가 있을 수 있다.

66 ③

첫 번째 문단에서 소비자가 구독경제를 이용하기 위해서는 회원 가입을 한다는 것을 알 수 있으며 네 번째 문단에서 생산자가 상품을 사용하는 고객들의 정보를 수집한다는 내용을 확인할 수 있으므로 정답은 ③이다.

67 ①

매월 일정 금액을 지불하고 정수기를 사용하는 서비스는 장기 랜털 모델에 해당하므로 ㉠이 아니라 ㉢에 해당한다.

68 ①

① ㈏ 출판계현황, ㈑ 종이책과 전자책의 공존, ㈎ 정보 전달방식의 새로운 양상에 종이책이 적응해야 함, ㈐ 디지털의 장점을 이용한 종이책의 생존전략의 예, 이 순서대로 배열하는 것이 문맥상 가장 자연스럽다.

69 ⑤

① 1문단의 '한 사회에 살면서 끝내 동료인 줄도 모르고 생활하는 현대적 산업 구조의 미궁에'에서 알 수 있다.
② 3~4문단을 통해 알 수 있다.
③ 3문단의 (중략) 뒷 부분을 통해 알 수 있다.
④ 4문단을 통해 알 수 있다.

70 ①

소설의 특성에 대해 설명하는 글로 허구와 진실을 소설의 특성으로 보고 있다.

71 ④

허구적인 요소들이 있다고 본문에 제시되어 있다. 따라서 설화, 우화, 동화, 민담 등은 허구적 요소들을 가진 이야기이지만 전기는 한 사람의 일생 동안의 행적을 적은 기록으로 허구적인 요소들과는 거리가 멀다.

72 ①

질소는 공기의 주성분 중 하나이다. 따라서 비례식이 성립하기 위해서는 괄호 안에 염화나트륨을 주성분으로 하는 소금이 들어가는 것이 적절하다.

73 ③

공방(攻防)은 '공격'과 '방어'를 이른다. 모순(矛盾)은 '창'과 '방패'로 어떤 사실의 앞뒤, 또는 두 사실이 이치상 어긋나서 서로 맞지 않음을 이르는 말이다. 따라서 비례식이 성립하기 위해서는 괄호 안에 창이 들어가는 것이 적절하다.

74 ②

러시아는 세계에서 가장 면적이 넓은 국가이고, 캐나다는 그 다음으로 넓은 국가이다. 중국은 세계에서 인구가 가장 많은 국가로, 비례식이 성립하기 위해서는 괄호 안에 다음으로 인구가 많은 국가인 인도가 들어가는 것이 적절하다.

75 ③

단무지는 김밥에 들어가는 재료 중 하나이다. 따라서 비례식이 성립하기 위해서는 괄호 안에 잡채의 재료 중 하나인 당면이 들어가는 것이 적절하다.

자료해석

01	02	03	04	05	06	07	08	09	10	11	12	13	14	15	16	17	18	19	20
①	②	③	④	①	②	④	④	②	④	④	④	④	④	④	④	③	③	②	④
21	22	23	24	25	26	27	28	29	30	31	32	33	34	35	36	37	38	39	40
②	④	①	④	④	④	①	②	①	①	①	③	①	③	④	④	④	④	①	④
41	42	43	44	45	46	47	48	49	50	51	52	53	54	55	56	57	58	59	60
③	③	①	③	②	①	③	①	③	③	②	③	③	③	③	③	②	③	④	②
61	62	63	64	65	66	67	68	69	70										
④	④	②	①	④	②	③	①	④	②										

01 ①

① 총 8명으로 충청도가 인원이 가장 많다.

② 충청도 출신 차장 6명, 경상도 출신 차장 3명이다.

③ 서울과 강원도 출신의 부장은 0명이다.

④ 충청도와 전라도 출신 이사의 수는 1명으로 동일하다.

02 ②

① A지역의 인터넷 사용자 수는 매년 증가하였다.

② B지역의 인터넷 사용자 수는 2003년에 줄어들었다.

③ 기울기를 비교해볼 때, A지역의 인터넷 사용자 수가 더 급속도로 늘어났다.

④ $\frac{52-47}{47} \times 100 \fallingdotseq 10.6\%$ 이다.

03 ③

③ 친구와 대화는 기타의 4.2배이다.

04 ④

① 삼림의 면적은 매년 증가하였다.

② 습지 면적의 최대치는 95,000㎡이고, 초지 면적의 최소치는 255,000㎡이다.

③ 2004년 삼림 면적은 습지 면적의 80배이다.

④ 2003년 대비 2004년 초지 면적의 기울기는 증가(증가량은+)하였지만 습지의 기울기는 감소(증가량은−)하였다.

05 ①

① 주택과 공장물건의 보험금액은 9,000만 원으로 가장 높다.

② 일반물건과 동산의 보험금액은 6,000만 원으로 동일하다.

③ 공장물건의 보험금액은 동산 보험금액의 1.5배이다.

④ 일반물건, 창고물건, 동산의 보험금액의 합은 190,000,000원이고 주택, 공장물건의 보험금액의 합은 180,000,000원이다.

06 ②

① 기독교와 천주교의 구성비는 34%로 동일하다.

② 위 자료만으로 종교인의 수는 알 수 없다.

③ A부대에서 불교 종교인의 비율은 32%이다.

④ B부대에서 불교 종교인의 비율은 44%이다.

07 ④

노인 부부 가구의 비율이 남자는 40.1%로 여자보다 높다.

08 ④

④ $\frac{(16,377+9,281+6,197+6,432+3,953)}{5}=8,448$개이므로 대구, 인천, 광주 3곳이다.

09 ②

② $\frac{(6,457-3,881)}{3,881}=66\%$로 고지한 범위를 넘어선 목적 외 이용 또는 제3자 제공 유형의 증가율이 가장 높다.

10 ④

① 2017년에 55개소의 새마을금고를 운영했다.

② $\frac{(244+140+102+54+110)}{5}=130$개소이다.

③ 부산 : 감소 → 유지 → 유지 → 감소
대구 : 감소 → 감소 → 유지 → 감소

④ $\frac{259}{688} \times 100 =$ 약 37%로 35%를 넘는다.

11 ④

④ 2016년의 경우 외국번역행정사 수의 7배(462명)보다 기술행정사의 수(429명)가 적다.

12 ④

① 2017년(100,888건)이 2018년(94,887건)보다 많다.

② 2018년에는 전년대비 생활안전 신고가 감소했다.

③ $\frac{11,699}{236,002} \times 100 =$ 약 4.95%로 4%를 넘는다.

④ 2018년 전년대비 안전신고가 증가한 분야는 교통안전, 산업안전, 학교안전으로 총 3개 분야이다.

13 ④

① 증가 → 감소 → 증가 → 증가로 동일하다.

② 자료에서 최근 5년간 저수지에서 발생한 물놀이 안전사고가 없음을 확인할 수 있다.

③ 2019년 전년대비 물놀이 안전사고가 증가한 장소는 해수욕장, 계곡, 유원지 3곳이다.

④ $\frac{6}{33} \times 100 =$ 약 18%로 20%를 넘지 않는다.

14 ④

① 덤웨이터의 수는 매년 감소했으며, 휠체어리프트의 수는 매년 증가했다.

② $\frac{(602,786 - 562,949)}{562,949} \times 100 =$ 약 7.07%로 10%를 넘지 않는다.

③ 2015년을 제외한 나머지 연도에서는 휠체어리프트 수의 10배에 미치지 못 한다.

④ $\frac{34,474}{641,453} \times 100 =$ 약 5.37%로 5%를 넘는다.

15 ④

① $\frac{663,154}{12,382}$= 약 53.55명으로 50명 이상이다.

② 부산, 대구, 인천 3곳이다.

③ 기술지원대 1대당 대원수가 100명 이상인 곳은 부산(108명)뿐이다.

④ $\frac{3,212}{5}=642.4$로 600대를 넘는다.

16 ④

2000년대의 노인부양비는 20%이고, 2050년대의 노인부양비는 약 50%이다.

17 ③

① 5개 지역 모두에서 1월에 낙뢰가 발생하지 않았다.

② 1년 동안 낙뢰가 가장 많이 발생한 지역은 인천이다.

③ $\frac{1,656}{12}=138$이므로 서울에서 월 평균 138회의 낙뢰가 발생했다.

④ $\frac{365}{5}=73$회이다.

18 ③

① 31층 이상 건물의 수는 부산이 가장 많다.

② 대구와 광주는 11-20층 건물의 수가 6-10층 건물의 수보다 더 많다.

③ $\frac{73,020}{139,622}\times 100=52\%$

④ $\frac{(3,528+2,582+1,085+1,552+567)}{5}=1,862$개이므로 대구, 인천, 광주 3곳이다.

19 ②

총 여성 입장객수는 3,030명

21~25세 여성입장객이 차지하는 비율은 $\frac{700}{3,030}\times 100 ≒ 23.1(\%)$

20 ④

총 여성 입장객수 3,030명

26~30세 여성입장객수 850명이 차지하는 비율은

$\frac{850}{3,030} \times 100 \fallingdotseq 28(\%)$

21 ②

중량이나 크기 중에 하나만 기준을 초과하여도 초과한 기준에 해당하는 요금을 적용한다고 하였으므로, 보람이에게 보내는 택배는 10kg지만 130cm로 크기 기준을 초과하였으므로 요금은 8,000원이 된다. 또한 설희에게 보내는 택배는 60cm이지만 4kg으로 중량기준을 초과하였으므로 요금은 6,000원이 된다.

$\therefore 8,000 + 6,000 = 14,000$(원)

22 ④

제주도까지 빠른 택배를 이용해서 20kg미만이고 140cm미만인 택배를 보내는 것이므로 가격은 9,000원이다. 그런데 안심소포를 이용한다고 했으므로 기본요금에 50%가 추가된다.

$\therefore 9,000 + (9,000 \times \frac{1}{2}) = 13,500$(원)

23 ①

㉠ 타지역으로 보내는 물건은 140cm를 초과하였으므로 9,000원이고, 안심소포를 이용하므로 기본요금에 50%가 추가된다.

$\therefore$ 9,000 + 4,500 = 13,500(원)

㉡ 제주지역으로 보내는 물건은 5kg와 80cm를 초과하였으므로 요금은 7,000원이다.

24 ④

표집 대상 인원이 성별 학력별로 동일하므로 비율이 높을수록 사람의 수도 많아진다.

㉢에 대한 내용은 알 수가 없다.

25 ④

(가)는 관료제, (나)는 탈관료제의 한 종류인 팀제를 의미한다. 관료제는 명확한 권한과 책임, 연공서열, 업무의 세분화, 수직적 의사결정, 경직성을 특징으로 한다. 팀제에서는 개인의 능력, 수평적 의사결정, 유연성, 자율성이 강조된다.

26 ④

표에서는 비중만 제시되어 있으므로 ①의 출생아 수와 ③의 여성의 수는 파악할 수 없다.

② 5명 이상을 출산한 여성은 37.4%에 불과하다.

④ 3명 이상 출산 여성은 전체의 34.2%로 22%의 1명 이하 출산 여성보다 많다.

27 ①

일반 한국인 중 과반수가 결혼 이민자 자녀에 대하여 한국인 또는 한민족이라고 보고 있으므로, 일반 한국인 중 과반수가 결혼 이민자 자녀를 외집단의 구성원으로 본다고 볼 수 없다.

28 ②

① 맞벌이 부부가 공평하게 가사 분담하는 비율이 부인이 주로 가사 담당하는 비율보다 낮다.

③ 60세 이상이 비 맞벌이 부부가 대부분인지는 알 수 없다.

④ 대체로 부인이 가사를 주도하는 경우가 가장 높은 비율을 차지하고 있다.

29 ①

① 47%로 가장 높은 비중을 차지한다.

30 ①

자료에서 교사의 인식 변화 때문이라고 설명한 것으로 보아 갑의 입장은 미시적 관점의 상징적 상호작용론에 해당한다.

31 ①

㉠ ㈏는 백제대가 아님을 알 수 있다.

㉡ 각 지역별 학생 수가 가장 높은 곳을 찾아보면 1지역과 3지역은 ㈏, 2지역은 ㈎인데 ㉠에서 ㈏는 백제대가 아니므로 ㈎가 백제대이고, 중부지역은 2지역임을 알 수 있다.

㉢ ㈏, ㈐ 모두 1지역의 학생 수가 가장 많으므로 1지역은 남부지역이고, 3지역은 북부지역이 된다.

㉣ 백제대의 남부지역 학생 비율이 $\frac{10}{30}=\frac{1}{3}$로, ㈏의 $\frac{12}{37}<\frac{1}{3}$, ㈐의 $\frac{10}{29}>\frac{1}{3}$과 비교해보면 신라대는 ㈐이고, 고구려대는 ㈏임을 알 수 있다.

∴ 1지역 : 남부, 2지역 : 중부, 3지역 : 북부, ㈎대 : 백제대, ㈏대 : 고구려대, ㈐대 : 신라대

32 ③

㉠ $\frac{\text{한별의 성적} - \text{학급평균 성적}}{\text{표준편차}}$이 클수록 다른 학생에 비해 한별의 성적이 좋다고 할 수 있다.

국어 : $\frac{79-70}{15}=0.6$, 영어 : $\frac{74-56}{18}=1$, 수학 : $\frac{78-64}{16}=0.75$

㉡ 표준편차가 작을수록 학급 내 학생들 간의 성적이 고르다.

33 ①

① 매학년 대학생 평균 독서시간 보다 높은 대학이 B대학이고 3학년의 독서시간이 가장 낮은 대학은 C대학이므로 ㉠은 C, ㉡은 A, ㉢은 D, ㉣은 B가 된다.

34 ③

③ B대학은 2학년의 독서시간이 1학년보다 줄었다.

35 ④

㈎ 해당 연령층 여성의 출산 · 육아 부담에 따른 퇴직과 관련된 부분이다.

㈏ 농촌 인구의 고령화에 따라 상대적으로 고연령층의 경제 활동 참여가 증가하게 된 것과 관련된다.

㉢ 1차 산업 비중이 높은 농촌에서는 연령에 관계없이 노동 시장 참여가 용이하다.

36 ④

경제적으로 활성화된 지역은 실증적 검증 결과 전출률과 전입률이 높아 인구 이동이 활발함을 알 수 있다.

37 ④

① 청년층 중 사형제에 반대하는 사람 수(50명) > 장년층에서 반대하는 사람 수(25명)

② B당을 지지하는 청년층에서 사형제에 반대하는 비율 : $\frac{40}{40+60}=40(\%)$

B당을 지지하는 장년층에서 사형제에 반대하는 비율 : $\frac{15}{15+15}=50(\%)$

③ A당은 찬성 150, 반대 20, B당은 찬성 75, 반대 55의 비율이므로 A당의 찬성 비율이 높다.

④ 청년층에서 A당 지지자의 찬성 비율 : $\frac{90}{90+10}=90(\%)$

청년층에서 B당 지지자의 찬성 비율 : $\frac{60}{60+40}=60(\%)$

장년층에서 A당 지지자의 찬성 비율 : $\frac{60}{60+10}\fallingdotseq 86(\%)$

장년층에서 B당 지지자의 찬성 비율 : $\frac{15}{15+15}=50(\%)$

따라서 사형제 찬성 비율의 지지 정당별 차이는 청년층보다 장년층에서 더 크다.

38 ④

x와 y의 상관관계를 표로 나타내면 다음과 같다.

x	1	2	3	…
y	4	7	10	…

x가 1 증가할 때 y는 3씩 증가하므로 y를 x에 관한 식으로 나타내면

$y=3x+1$ ($x=1, 2, 3, \cdots$)이 된다.

39 ①

국어점수 30점 미만인 사원의 수는 3 + 2 + 3 + 5 + 7 + 4 + 6 = 30명

점수가 구간별로 표시되어 있으므로 구간별로 가장 작은 수와 가장 큰 수를 고려하여 구한다.

영어 평균 점수 최저는 $\frac{0\times 8+10\times 16+20\times 6}{30}=9.3$이고 영어 평균 점수 최고는

$\frac{9\times 8+19\times 16+29\times 6}{30}=18.3$이다.

40 ④

④ A지역에는 (4 × 400호) + (2 × 250호) = 2,100이므로 440개의 심사 농가 수에 추가의 인증심사원이 필요하다. 그런데 모두 상근으로 고용할 것이고 400호 이상을 심사할 수 없으므로 추가로 2명의 인증심사원이 필요하다. 그리고 같은 원리로 B지역도 2명, D지역에서는 3명의 추가의 상근 인증심사원이 필요하다. 따라서 총 7명을 고용해야 하며 1인당 지급되는 보조금이 연간 600만 원이라고 했으므로 보조금 액수는 4,200만 원이 된다.

41 ③

(343 + 390 + 505) × 3,500원 + 621 × (3,500원 × 0.8) = 6,071,800원

42 ③

② 1월부터 4월까지 제품 X의 총 출하량은 254 +340 +541 +465 = 1,600개이고, 제품 Y의 총 출하량은 343 + 390 + 505 + 621 = 1,859개이다.

③ 제품 X : 3,000원 × 1,600개 = 4,800,000원, 제품 Y : 2,700원 × 1,859개 = 5,019,300원. 따라서 제품 Y의 출하액이 더 많다.

④ 3월의 출하액은 1,000원 × 541개 = 541,000원이고 4월의 출하액은 1,200원 × 465개 = 558,000원으로, 4월의 출하액이 더 많다.

43 ①

㉢ 자료에서는 서울과 인천의 가구 수를 알 수 없다.

㉣ 남부가 북부보다 지역난방을 사용하는 비율이 높다.

44 ③

① 서울은 7월에, 파리는 8월에 월평균 강수량이 가장 많다.

② 월평균기온은 7~10월까지는 서울이 높고, 11월과 12월은 파리가 높다.

④ 서울의 월평균 강수량은 대체적으로 감소하는 경향을 보인다.

45 ②

월별 평균점수

월	1	2	3	4	5	6	7	8	9	10	11	12
평균	82.5	86	89.5	94.5	87	85.5	86	78.5	83.5	83.5	89	85

46 ①

ⓛ 금성은 수성보다 태양에서의 평균 거리는 멀지만 자전주기는 길다.
ⓒ 공전주기와 자전주기 간의 관계를 찾기 힘들다.

47 ③

a가 b의 2배가 됨을 알 수 있다. 표의 '태양에서의 평균 거리' 항목을 살펴보면 토성이 14.3, 천왕성이 28.7로 2에 가장 가깝다. 따라서 행성 X는 천왕성이다.

48 ①

①② 매출량 증가폭 대비 매출이익의 증가폭은 기울기를 의미하는 것이다.
매출량을 x, 매출이익을 y라고 할 때,
A는 $y=2x-(20{,}000+1.5x)=-20{,}000+0.5x$
B는 $y=2x-(60{,}000+1.0x)=-60{,}000+x$
따라서 A의 기울기는 0.5, B의 기울이는 1이 돼서 매출량 증가폭 대비 매출이익의 증가폭은 투자안 A가 투자안 B보다 항상 작다.
③④ A의 매출이익은 매출량 40,000일 때 0이고, B의 매출이익은 매출량이 60,000일 때 0이 된다. 따라서 매출이익이 0이 되는 매출량은 투자안 A가 투자안 B보다 작다.

49 ③

㉠ A의 매출이익
- 매출액 = 2 × 60,000 =120,000
- 매출원가 = 20,000 + (1.5 × 60,000) = 110,000
- 매출이익 = 120,000 − 110,000 = 10,000

㉡ B의 매출이익

- 매출액 = $2 \times 60,000 = 120,000$
- 매출원가 = $60,000 + (1.0 \times 60,000) = 120,000$
- 매출이익 = $120,000 - 120,000 = 0$

∴ 투자안 A가 투자안 B보다 크다.

50 ③

마이너스가 붙은 수치들은 전년도에 비해 지출이 감소했음을 뜻하므로 주어진 보기 중 마이너스 부호가 붙은 것을 찾으면 된다. 중학생 대상의 국 · 영 · 수 학원의 학원비 부담 계층은 대략 50세 이하인데 모두 플러스 부호에 해당하므로 전부 지출이 증가하였고, 30대 초반의 오락비 지출은 감소하였다.

51 ②

$40 \times \frac{30}{60} + 20 \times \frac{15}{60} = 20 + 5 = 25\text{km}$

52 ③

올라갈 때 걸은 거리를 x라 하면, 내려올 때 걸은 거리는 $x+4$가 되므로

$\frac{x}{3} + \frac{x+4}{4} = 8$

양변에 12을 곱하여 정리하면 $4x + 3(x+4) = 96$

$7x = 84$

$x = 12\text{km}$

53 ③

1분은 60초, 10분은 600초

15cm의 초가 600초에 다 타므로 1cm에 40초가 걸리는 셈이므로

30cm의 초가 다 타려면 1,200초 즉, 20분이 걸린다.

54 ③

지도상 1cm는 실제로 10km가 된다.

$10\times\frac{7}{4}=17.5\text{km}$

55 ③

5일 동안 매일 50페이지씩 읽었으므로

$5\times 50=250$

총 450페이지이므로

$450-250=200$ 페이지를 읽어야 한다.

56 ③

벤치의 수를 x, 동료들의 수를 y로 놓으면

$5x+4=y$

$6x=y$

위 두 식을 연립하면

$x=4,\ y=24$

57 ②

원래 가격은 1로 보면

$0.7\times 0.8=0.56$

원래 가격에서 56%의 가격으로 판매를 하는 것이므로 할인율은 44%가 된다.

58 ③

A 주식의 가격을 x, B 주식의 가격을 y라 하면

$x=2y$

두 주식을 각각 10주씩 사서 각각 30%, 20% 올랐으므로

$1.3x\times 10+1.2y\times 10=76{,}000$

B 주식의 가격을 구해야 하므로 y에 대해 정리하면

$1.3\times 2y\times 10+1.2y\times 10=76{,}000$

$38y = 76,000$

$y = 2,000$원

59 ④

엄마의 나이를 x, A의 나이를 y, 아빠의 나이를 $x+4$라고 할 시에,

$x+x+4=5y$ ⋯ ㉠

$x+4+10=2(y+10)$ ⋯ ㉡

㉠과 ㉡의 두 식을 연립하여 계산하면, $x=38, y=16$이므로, 엄마는 38세, A는 16세, 아빠는 42가 된다.

60 ②

$$\frac{3,000 \times 8.0 + 2,000 \times 6.0}{3,000 + 2,000} = \frac{36,000}{5,000} = 7.2$$

61 ④

합격자의 수를 x, 불합격자의 수를 y로 놓으면

$x+y=500$

$80x+50y=65 \times 500 \rightarrow 80x+50y=32,500$

두 식을 연립하여 계산하면

$x=250$명, $y=250$명

62 ④

- $10x > 50$, $\therefore x > 5$
- $5x-20 < 40$, $\therefore x < 12$
- $5 < x < 12$

따라서 x값 중 가장 큰 값은 11

63 ②

$x^2-11x+33=(x-5)Q(x)+R$가 x에 대한 항등식 이므로,

$x^2-11x+33$을 인수분해하면 $(x-5)(x-6)+3$이 되므로 상수 R은 3이 된다.

64 ①

십의 자리 수를 x라 하면,

$10\times5+x=4(10x+5)-9$

$\therefore x=1$

65 ④

$$\frac{32\times8+4\times x}{32+x}=5$$

$32\times8+4x=5(32+x)$

$256+4x=160+5x$

$x=96\text{g}$

66 ②

$$\frac{200\times0.1+300\times0.2}{200+300}\times100=16\%$$

67 ③

㉠ 여성 비율이 62%이면 남자 비율은 38%이므로, 남자 직원의 수는 $300\times0.38=114$명

㉡ A메신저를 사용 중인 남자 직원은 50%이므로, $114\times0.5=57$명

㉢ A메신저를 사용 중인 남자 직원은 전체의 $\frac{57}{300}\times100=19\%$에 해당한다.

68 ①

모의고사에 응시한 남성 수를 x라 하면,

$$\frac{76\times40+74\times x}{40+x}=75$$

$\therefore x=40$명

69 ④

45보다 크고, 54보다 작은 정수가 되려면

- 십의자리에 4가 오는 경우 6이 가능하다.
- 십의자리에 5이 오는 경우 1, 2, 3이 가능하다.

따라서 $46 + 51 + 52 + 53 = 202$

---

70 ②

㉠ 3일간 작업량 : $(\frac{1}{6}+\frac{1}{10})\times 3=\frac{4}{5}$

㉡ 작업량이 전체에서 차지하는 비율 : $\frac{4}{5}\times 100=80\%$

CHAPTER 02 국사

국사

01	02	03	04	05	06	07	08	09	10	11	12	13	14	15	16	17	18	19	20
②	①	③	④	②	④	③	②	④	①	①	③	②	③	④	①	③	②	④	②
21	22	23	24	25	26	27	28	29	30	31	32	33	34	35	36	37	38	39	40
①	③	②	①	③	③	③	④	①	①	①	①	④	②	②	④	①	④	④	③
41	42	43	44	45	46	47	48	49	50	51	52	53	54	55	56	57	58	59	60
④	④	①	①	③	①	③	③	④	④	③	③	④	①	③	①	③	③	③	②
61	62	63	64	65	66	67	68	69	70	71	72	73	74	75					
②	①	④	④	③	③	④	③	③	④	②	②	①	④	②					

01 ②

① 미국 상선 제너럴셔먼호가 통상을 요구하다 평양 주민과 충돌하여 침몰하였는데(1866), 이를 구실로 미국의 함대가 강화도에 침입하였다(신미양요, 1871).

② 독일인 오페르트는 통상요구가 거부당하자 충남 덕산에 위치한 흥선대원군의 아버지 남연군의 묘를 도굴하였다.

③ 정제두는 강화도로 옮겨 살면서 양명학 연구에 힘써 강화학파를 이루었다.

④ 일본의 운요호가 한강을 거슬러 오자 강화도의 포대가 경고 사격을 하였다. 일본은 이를 빌미로 조선에 개항을 요구하였고 결국 우리나라 최초의 근대적 조약이자 불평등 조약인 강화도 조약이 체결되었다.

02 ①

① 비폭력주의를 원칙으로 하였으나 점차 무력적인 저항으로 변모되었다.

② 우리나라의 사회주의는 레닌의 약소민족 지원약속과 3 · 1운동의 영향으로 대두되었다.

③ 일제는 3 · 1운동을 계기로 1910년대의 무단정치에서 1920년대 문화정치로 그 통치방식을 변경하였다.

④ 시기적으로 3 · 1운동(1919) – 6 · 10만세운동(1926) – 광주학생항일운동(1929) 순으로 전개되었다.

03 ③

㉠ 1882년 11월 이홍장의 추천으로 우리나라 정부의 통리아문 협판에 부임하였다.

㉡ 1653년 8월 일본으로 가는 도중 풍랑을 만나 제주도에 표착하게 된 동인도회사 소속의 직원이다.

㉢ 1866년 충남 아산만에 들어와 통상요구를 한 독일의 상인이다.

㉣ 1628년 한국에 표류된 네덜란드 선원으로 대포를 만드는데 공헌하였다.

04 ④

서문은 홍영식에 대한 설명이다. 홍영식은 1873년(고종 10) 식년문과에 병과로 급제, 규장각의 정자 · 대교 · 직각 등을 역임하였고 1881년 신사유람단 조사로 선발되어 주로 일본 육군을 시찰하였다.
귀국 후 통리기무아문의 군무사부경리사가 되었으며, 1882년 홍문관부제학과 규장각직제학에 임명되었고, 부호군이 되어 임오군란의 수습에도 활약하였다. 1883년 6월 한미수호조약에 따른 보빙사 전권 부대신으로 미국을 다녀와 11월에 그 결과를 보고하였으며, 개화에 깊은 관심을 가지고 있던 그는 미국에서 돌아온 뒤부터 개화당(開化黨) 활동에 적극적으로 임하였다. 1884년 함경북도병마수군절도사 겸 안무사로 임명되었다가, 곧 협판군국사무로 전임되고, 병조참판에 임명되었다. 그 해 3월 27일에는 우정국총판을 겸임하여 우정국을 세우는 데 전력하였다. 10월 17일 김옥균 · 박영효 등과 우정국의 개국 축하잔치가 벌어지는 틈을 이용해 갑신정변을 일으켰다.

05 ②

㉠ 카이로회담(1943) – ㉢ 모스크바 3상회의(1945. 12) – ㉣ 제주 4 · 3항쟁(1948. 4) – ㉡ 대한민국 정부수립(1948. 8)

06 ④

㉠은 1961년 5월, ㉡은 1972년 10월에 일어난 사건이므로 박정희를 중심으로 한 제3공화국의 해당 내용을 찾으면 된다.

① 제1공화국
② 제2공화국
③ 제5공화국의 탄생이 일어나는 제8차 개헌내용
④ 베트남 국군 파병은 1965년 7월의 사건으로 제3공화국 시기에 해당한다.

07 ③

① 임오군란을 계기로 청의 내정 간섭이 심화되었다.
② 갑신정변을 통해 청으로부터의 독립을 꾀했으나 실패하였고, 그 후 일본에 더욱 의존하게 되었다.
③ 거문도사건은 영국과 러시아의 대립을 촉발한 사건이다.
④ 동학농민운동 저지를 위해 청 · 일 양국의 군대가 개입되었으며, 이 운동의 실패로 일제에 의한 식민지화를 재촉하는 결정적 계기가 마련되었다.

08 ②

① 한인애국단은 김구에 의해 1925년에 조직되었다.
② 조소앙에 의해 주장되었던 삼균주의는 1941년 임성에 의해 건국강령으로 채택되었다.
③ 대한민국임시정부는 한국광복군을 창설하여 일본에 정식으로 선전포고를 하였다.
④ 교통국과 연통제는 대한민국임시정부 수립초기에 활용된 연락체제들이다.

09 ④

④ 독립협회는 관민공동회에 정부 대신들을 합석시켜 국권 수호와 민권 보장 및 정치개혁을 내용으로 하는 헌의 6조를 결의하여 국왕의 재가를 받았다. 독립협회는 서구식 입헌군주제의 실현을 목표로 하였고 이에 보수세력은 고종에게 독립협회가 왕정을 폐지하고 공화정을 실시하려 한다고 모함하여 박정양 내각을 무너뜨리고 독립협회를 탄압하였으며 이로 인하여 독립협회는 3년만에 해산되고 말았다.

※ 관민공동회의 헌의 6조

㉠ 외국인에게 의지하지 말고 관민이 한마음으로 힘을 합하여 전제 황권을 견고하게 할 것
㉡ 외국과의 이권에 관한 계약과 조약은 각 대신과 중추원 의장이 합동 날인하여 시행할 것
㉢ 국가재정은 탁지부에서 전관하고, 예산과 결산을 국민에게 공포할 것
㉣ 중대 범죄를 공판하되, 피고인의 인권을 존중할 것
㉤ 칙임관을 임명할 때에는 정부에 그 뜻을 물어서 중의에 따를 것
㉥ 정해진 규정을 실천할 것

10 ①

서문은 한국광복군에 대한 설명이다. 한국광복군은 1937년 중일전쟁 후 중국 충칭으로 이동한 임시정부는 독립운동을 효과적으로 수행하기 위하여 정부조직을 주석제로 바꾸고 독립운동의 세력을 결집시키고 체계적이고 조직적인 독립전쟁을 위하여 독자적인 군대가 필요하여 1940년 창설한 임시정부 하의 정규군대이다. 중국 각지 활동 중인 독립군 부대원 및 신흥 무관학교 출신 독립군, 조선의용대를 흡수하여 조직의 확대를 꾀하였다.

11 ①

② 김구, 김규식 등은 남한의 단독선거가 남북의 영구적 분단을 초래할 것을 우려하여 남·북 총선거를 실시하려고 시도했으나 실패하였다.
③ 모스크바 3상 회의에서 한국 임시민주정부를 수립하기 위해 미·소공동위원회를 설치하고, 한국을 최고 5년간 미·영·중·소 4개국이 신탁통치를 하기로 결정하였다.

④ 제주도 4 · 3사건은 좌 · 우익의 대립이 격화되어 일어난 사건으로, 남한의 5 · 10 단독 총선거 반대, 미군 철수 등을 주장하며 시위하던 제주도민들에 대해 미군정과 토벌대가 무차별로 가혹하게 대처하면서 확대된 사건이다.

12 ③

흥선대원군은 집권 후 안으로는 문란해진 기강을 바로 잡아 전제왕권의 강화를 꾀하였고, 밖으로는 외세의 통상 요구와 침략에 대비하는 정책을 강행하였다.

13 ②

② 대한민국임시정부는 3 · 1운동의 결과로 수립되었으며, 민족유일당운동의 결과로 범국민적 항일운동단체인 신간회가 결성되었다.

14 ③

③ 민족유일당운동으로 조직된 신간회가 후원한 것은 광주학생항일운동이었다.

15 ④

조 · 일통상장정은 일본이 조선에 대한 경제적 침략을 용이하게 하기 위해 맺은 것으로서, 이 조약 이후 일본 상인의 곡물 유출이 심각하여 조선은 식량난을 겪게 되었다. 이에 대한 저항책으로 방곡령을 선포하였으나 배상금을 물어 주는 등 실패로 돌아갔다.

16 ①

① 러 · 일전쟁 이후(1904 ~ 1905)
② 강화도조약(1876)
③ 제물포조약(1882)
④ 갑신정변(1884)

17 ③

7 · 4남북공동성명(1972. 7. 4) … 조국통일의 3원칙(자주적 · 평화적 · 민족적 통일)에 합의하고, 서울과 평양간에 상설 직통전화를 가설하며, 남북조절위원회의 구성과 운영에 합의하는 등 남북대화의 획기적 계기가 마련되었다.

18 ②

제시된 내용은 이승만 정권에서의 개헌과정으로, 1인 장기집권을 위한 비민주적 개헌과정은 결국 4 · 19 혁명을 일으키게 하였다.

19 ④

갑신정변, 동학농민운동, 갑오개혁에서 공통적으로 제기된 것은 신분제 폐지와 재정과 세제의 개혁이다.

20 ②

② 민족적 · 민중적 · 반제국적 성격의 동학은 개항 전에 창시되었다(1860).

21 ①

882년에 일어난 임오군란은 정부고관의 집을 습격하는 등의 반정부운동, 일본인 교관 살해 및 일본 공사관 습격의 반일운동, 흥선대원군에게의 도움 요청과 대원군 재집권 지지운동, 구식군인의 주도와 신식군대인 별기군에 대한 반발 등의 개화반대운동의 성격이 있었다.

22 ③

갑신정변은 급진개화파로 이루어진 개화당이 일으켰다. 이들은 국내 민중의 지지기반 없이 일본에 의존하여 개혁을 추진했기 때문에 실패했으며, 또한 지주 출신이 대부분이었기 때문에 토지의 재분배를 추진하지 않았다.

23 ②

동학농민운동의 시작은 탐관오리의 수탈에 대한 반발로 일어났으나, 점차 봉건체제에 대한 개혁을 주장하면서 반봉건의 성격으로 나아갔다.

24 ①

일본의 제국주의적 침략의도에서 강요된 측면이 있었으나, 전체적인 면에서 보면 우리 민족의 개혁의지에서 이루어진 근대적 개혁이었다.

25 ③

갑신정변은 김옥균, 박영효를 비롯한 급진 개화파들이 일본의 힘을 얻어 추진하였다. 실패 후에는 청의 내정간섭이 더욱 심해졌고, 개화세력이 위축되었다. 그러나 근대국가 건설을 목표로 하는 최초의 정치개혁 운동이라는 점에 그 의의가 있다.

26 ③

① 청과 일본이 조선 문제를 놓고 대립한 것은 갑신정변 이전부터의 일이다.
② 서양과의 수교는 갑신정변 이전부터 이루어지기 시작했다.
④ 청에 대한 사대관계의 청산은 갑오 · 을미개혁 때의 사실이다.

27 ③

강화도조약(1876) – 임오군란(1882) – 갑신정변(1884) – 갑오개혁(1894) – 삼국간섭(1895) –아관파천(1896) – 대한제국 성립(1897)

28 ④

④ 독립협회는 전제군주제를 입헌군주제로 개혁하고, 행정 · 재정제도를 근대적으로 개혁하며, 신교육과 산업개발의 필요성을 역설하였다.

29 ①

① 신민회는 비밀단체로 표면적으로는 애국계몽단체, 이면에는 독립운동 기지건설에 노력하였다. 1910년 국권이 박탈되자 국내 뿐 아니라 해외에서도 펼쳐졌으며, 미국으로 건너간 안창호는 샌프란시스코에 흥사단을 조직하여 새로운 운동을 펼쳤고, 이동휘는 간도 · 시베리아에서 항일독립운동을 펼쳤다. 신민회는 105인 사건을 계기로 투옥되면서 해산되었다.

30 ①

3 · 1운동 이후 무장 항일투쟁은 주로 만주와 연해주를 중심으로 전개되었으나, 국내에서도 보합단 · 천마산대 · 구월산대 등의 무장단체가 결성되어 일본 군경과 치열한 전투를 전개하였다.
㉢㉣ 대한광복회와 조선국권회복단은 1910년대에 국내에서 조직된 항일결사단체이다.

31 ①

① 독립협회가 추구한 정치형태는 입헌군주제였고, 공화정치의 실현을 추구한 최초의 단체는 신민회였다.

32 ①

② 애국계몽단체들은 의병 투쟁을 잘못된 노선으로 규정하고 협조하였다.
③ 정부의 탄압을 받아 해체하기도 하였다.
④ 한말 의병들은 주로 일본의 침략적 행위에 대해 투쟁하였다.

33 ④

임시정부의 초기활동은 이승만의 외교독립론에 근거하여 진행되었기 때문에 무장투쟁론을 주장한 만주와 연해주의 독립운동세력의 지지는 얻지 못하였다.

34 ②

② 봉오동전투에서는 홍범도가 이끈 대한독립군이 승리하였고, 청산리대첩은 김좌진이 이끈 북로 군정서군이 승리하였다.

35 ②

㉣ 사회주의 사상이 우리나라에 유입된 것은 3 · 1운동 이후의 사실이었으며, 민족 진영과 사회주의 진영 간에 갈등이 일어나자 이를 극복하기 위하여 1920년대 후반에 민족유일당운동이 일어났다. 신민회는 일제의 탄압으로 1911년에 해체되었으므로 이와 관련이 없다.

36 ④

④ 중추원은 친일 귀족들로 구성된 형식적인 자문기관으로 단 한 차례도 회합한 일이 없었다.

37 ①

1972년에는 남북한 당국자 사이에 7 · 4남북공동성명이 발표되었는데, 이 성명은 민족통일의 원칙을 천명한 것으로서 자주통일, 평화통일, 민족적 대단결의 3대 원칙을 그 내용으로 삼았다.

38 ④

1948년 7월 17일 제헌국회는 대한민국 임시정부의 법통을 계승한 민주공화국체제의 헌법을 제정하였다. 제헌국회는 이승만을 대통령으로, 이시영을 부통령으로 선출하고, 이어서 이승만 대통령은 정부를 구성하고 대한민국의 수립을 국내외에 선포하였다(1945. 8. 15). 그리고 이러한 사실은 유엔총회에서도 승인을 받아 대한민국은 한반도에서 유일한 합법정부로 인정받게 되어 그 정통성을 가질 수 있었다.

39 ④

제시된 내용은 일제의 문화통치기(1919 ~ 1931)에 관한 설명이다.
① 헌병경찰통치기(1910 ~ 1919) ②③ 민족말살통치기(1931 ~ 1945)

40 ③

③ 물산장려운동은 조선물산장려회가 주동이 된 민족경제의 자립을 기하려는 민족운동으로 일본 상품의 배격과 국산품애용운동이다. 일본의 차관제공에 맞선 운동이 국채보상운동이다.

41 ④

④ 제시된 내용은 국채보상운동에 대한 내용으로 일제강점기의 물산장려운동과는 직접적인 연관이 없다. 국채보상운동은 우리 경제 파탄을 목적으로 도입된 일본 차관을 상환하려는 전국적 움직임이었다.

42 ④

제시된 내용은 대한민국 정부수립 직후에 단행된 농지개혁법의 내용이다. 이 시기 농민의 대부분은 소작농이었으므로 농지개혁을 실시하여 소작농들이 어느 정도 자기 농토를 소유하게 되었다.

① 남한의 농지개혁에 대한 설명이다.
② 유상몰수, 유상분배의 원칙하에 실시되었다.
③ 토지국유제가 아니었으며, 소유권을 나누어 준 것이다.

43 ①

국채보상운동 … 일제는 통감부 설치 후 그들의 식민지 시설을 갖추기 위해서 시설 개선 등의 명목을 내세워, 조선 정부로 하여금 일본으로부터 1,300만원(대한제국의 1년 예산에 해당)에 달하는 차관을 들여오게 하였다. 이를 국민의 힘으로 국채를 갚아 국권의 수호를 위한 국채보상운동이 대구에서 시작되어 전국적으로 확산되었다.

44 ①

일제의 경제수탈정책은 1910년대에는 회사령과 토지조사사업으로, 1920년대에는 산미증식계획을 통한 식량의 수탈로, 1930년대에는 대륙 침략을 위한 병참기지화정책과 국가총동원령을 통한 인적 · 물적 자원의 총체적 수탈로 나타났다.

45 ③

일제는 태평양전쟁 도발 후, 한국의 인적 · 물적 자원의 수탈뿐 아니라 민족문화와 전통을 완전히 말살시키려 하였다. 우민화정책과 병참기지화정책도 민족말살통치의 하나이다.

46 ①

① 청 · 일전쟁 후 내정 간섭을 강화한 일제는 러 · 일전쟁 이후에는 화폐정리를 명목으로 차관을 강요하였다. 이는 대한제국을 재정적으로 일제에 예속시키기 위한 조치였다.

47 ③

③ 메리야스공장, 양말공장 등은 서민 출신의 상인들이 1 ~ 2대에서 3 ~ 4대의 기계로 제품을 생산하는 정도에 불과하였다.

48 ③

③ 조선농민총동맹(1927)의 결성 후 보다 조직적으로 쟁의가 전개되었고, 항일민족운동의 성격을 띠면서 더욱 격렬해졌다.

49 ④

④ 소작쟁의는 1919년에 처음으로 발생하였고, 1920 ~ 1930년대에 더욱 적극적으로 전개되었다. 초기의 쟁의는 소작권 이전이나 고율 소작료에 대한 반대 투쟁임에 비해 1930년대 이후의 쟁의는 항일민족운동의 성격을 띠었다.

50 ④

④ 1987년 이후 정치적 민주화가 추진되면서 노동운동도 임금의 인상, 노동조건의 개선, 기업가의 경영 합리화 등을 목표로 활성화되었다.

51 ③

③ 우리 농민은 증산량보다 훨씬 초과한 양의 미곡을 수탈당함으로써 식량사정이 극도로 악화되어 기아선상에 허덕이게 되었다.

52 ③

① 헌병경찰 통치시기(1910 ~ 1919) ②④ 민족말살 통치시기(1931 ~ 1945)

53 ④

일제는 대한제국 말기에 차관제공을 통해 화폐 정리 및 금융 지배를 해나갔다. 이에 우리 민족은 1907년 국채보상운동을 전개하여 일제의 침략정책에 맞섰으나 일제의 방해로 중단되었다.

54 ①

진주에서 일어난 백정신분해방운동은 조선형평사가 주도하였다.

55 ③

㉠ 종래 우리 나라의 농민은 토지의 소유권과 함께 경작권도 보유하고 있었는데, 토지조사사업으로 많은 농민이 기한부 계약에 의한 소작농으로 전락하고 말았다.

56 ①

신간회 … 민족주의계와 사회주의계가 이념과 방략을 초월하고 단일화된 민족운동을 추진하고자 결성한 단체이다. 이들은 민족의 단결과 정치 · 경제적 각성의 촉구, 친일 기회주의자를 배격하자는 강령 아래 활동하였다. 광주항일학생운동에 조사단을 파견하고 수재민구호운동을 벌였으며, 재만동포옹호운동을 전개하고, 농민운동과 학생운동을 지원하였다. 그러나 일제의 탄압과 내부의 이념대립으로 1930년대 초에 해체되고 말았다.

② 외국 상인들의 상권침탈에 대항하여 시전상인들이 조직한 것으로 상권수호운동을 전개하였다.

③ 국권의 회복과 공화정체의 국민국가 수립을 궁극적인 목표로 하여 표면적으로는 태극서관 · 도자기회사 등 문화적 · 경제적 실력양성운동을 전개하였고, 내면적으로는 서간도의 삼원보와 밀산부의 한흥동 등에 독립군기지를 건설하여 군사력을 양성하였으나, 1910년 12월 105인사건으로 해체되었다.

④ 일제의 황무지 개간권요구에 대한 반대운동을 전개하여 이를 저지시켰다.

57 ③

① 신간회는 민족주의 진영과 사회주의 진영이 단일화된 민족운동이다.

② 물산장려운동은 민족진영의 운동이다.

③ 농민 · 노동운동은 초기에는 소작쟁의를 중심으로 한 생존권 투쟁이었으나, 후반으로 갈수록 일제의 수탈행위에 항거하는 항일민족운동이었다.

④ 여성들의 참가가 활발하였다.

58 ③

③ 신민회에 대한 내용으로 신민회는 안창호 · 양기탁 · 이동녕 등이 사회 각계각층의 인사를 망라하여 조직한 비밀결사단체이다. 실력 배양으로 독립역량 강화를 달성하고자 교육 · 문화 · 산업에 치중하였으며, 국외의 독립운동기지 건설에 선구적 역할을 하였다. 민족의 실력을 양성하기 위한 시책으로 민족교육기관(대성학교, 오산학교)과 민족기업(평양 자기회사, 대구 태극서관)에 역점을 두어 활동하였다.

59 ③

민족유일당운동

㉠ 신간회 : 민족유일당운동에 의하여 민족주의 진영과 사회주의 진영이 이념을 초월하여 단일화된 민족운동을 추진하자는 취지에서 비롯되었다.

㉡ 근우회 : 여성계의 민족유일당으로 조직되었다.

60 ②

임오군란(1882) … 개화정책과 외세의 침략에 대한 반발로 구식군인들에 의해서 일어난 사건으로 신식군대인 별기군을 우대하고 구식군대를 차별대우한 데 대한 불만에서 폭발되었다.

61 ②

독립협회는 의회 설립에 의한 국민참정운동과 국정개혁운동을 전개하였다. 이와 같은 활동을 통하여 보수적 내각을 퇴진시키고, 박정양의 진보적 내각을 수립하게 하는 데 성공하였으며, 의회식 중추원관제를 주장하였다.

62 ①

① 1919년 일본에 유학하고 있던 유학생들이 도쿄에 모여 독립을 요구하는 2 · 8독립선언문을 선포하고 이를 일본정부에 통고한 뒤 시위를 전개하였다. 이는 3 · 1운동의 도화선이 되었다.

63 ④

④ 토착상인은 외국상인의 침략에 대해 다각적으로 대항하였으며, 근대적 민족자본 형성에는 국민의 자율적 노력이 크게 작용했다.

64 ④

① 1910년대 : 해외독립운동기지 건설, 비밀결사운동

② 1920년대 : 신간회 활동, 무장독립전쟁, 조선교육회 설립

③ 1930년대 : 조선어학회의 활발한 활동, 해체는 1942년

④ 1940년대 : 광복군의 활동, 신사참배거부운동

65 ③

사회주의 사상은 청년 · 지식인층을 중심으로 청년운동, 소년운동, 여성운동, 농민운동, 노동운동 등 각 방면에 걸쳐 우리 민족의 권익과 지위 향상을 위한 활동을 하였다.

66 ③

③ 1951년 조인된 샌프란시스코 강화조약에 대한 설명이다.

※ 1945년 7월 포츠담 회담에서는 일본에 대한 전쟁 종결의 조건을 발표하였고 일본 군대의 무장해제, 일본 전범자 처벌, 일본 군수산업의 금지와 평화산업의 유지, 일본 민주주의정부 수립과 동시에 점령군의 철수, 일본군의 무조건 항복, 한국 독립 재확인 등의 내용이 선언되었다.

67 ④

④ 1930년대의 소작쟁의는 일제의 수탈에 저항하는 민족운동의 성격을 띠면서 더욱 격렬해져 갔다.

68 ③

㉢ 홍익인간의 교육이념 수립(정부 수립 후) → ㉠ 멸공 필승의 신념과 집단안보의식의 고취(6 · 25 중) → ㉣ 재건국민운동의 추진(5 · 16 후) → ㉡ 국민교육헌장 선포(1968)

69 ③

원산학사 … 덕원 · 원산 주민을 비롯하여 민간에 의해 세워진 최초의 근대적 사립학교로 배재학당보다 2년 앞서 설립되었으며 일종의 과도적 근대학교라 할 수 있다.

70 ④

1920년대에 들어와 사회주의 사상이 유입되면서 민족의 독립운동에 이념적인 갈등이 초래되었다. 이러한 문제를 해결하기 위해 민족주의계와 사회주의계의 통합이 논의되었고, 그 결과 결성된 단체가 신간회와 근우회였다.

71 ②

ⓔ 물산장려운동은 지주자본가 계층이 중심이 되어 민족자본의 형성을 목표로 일으킨 경제적 민족운동이다.

72 ②

② 수출주도형 경제 개발로 인해 농업은 희생을 감수하였다. 산업화에 따른 노동자의 저임금정책을 뒷받침하기 위하여 저곡가정책을 실시하였기 때문이다.

73 ①

제시된 설명은 대종교에 관한 설명이다. 대종교는 단군을 숭배하는 민족종교로 중광, 단군교라는 명칭에서 대종교로 바꾸었다. 처음 서울에서 창시되었다가 북간도로 옮겼으며 항일구국운동을 펼쳐 청산리전투를 수행한 북로군정서군의 군인이 대부분 대종교의 교인이었다.

② 동학을 개칭한 것으로 자주독립선언문을 발표하고 제 2 의 3 · 1운동을 추진하였다.

③ 신사참배를 거부하였다.

④ 1916년에 박중빈이 창시한 종교로 개간사업과 저축운동 등을 전개하였다.

74 ④

④ 가톨릭이 간행한 순 한글 주간지는 1906년에 간행된 경향신문이다.

75 ②

제시된 내용은 혼을 강조한 박은식의 한국통사 서문에 나오는 글이다.

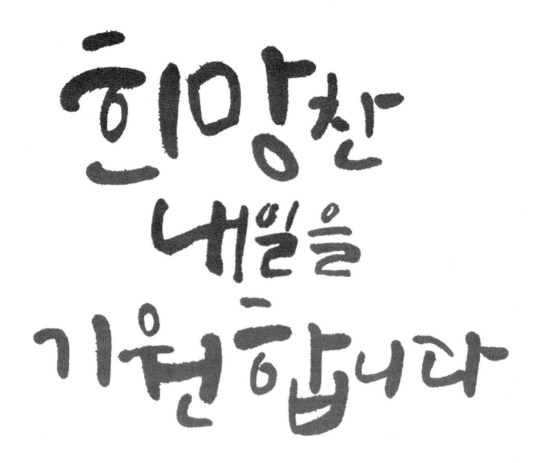